国家社科重点项目“基于文本挖掘的中国政治话语国际传播研究”
（18AYY006）阶段性成果

# 文本挖掘概论：研究设计、数据收集与分析

## An Introduction to Text Mining: Research Design, Data Collection, and Analysis

[美] 加布·伊格纳托（Gabe Ignatow）
[美] 拉达·米哈尔恰（Rada Mihalcea） 著
汪顺玉 陈瑞哲 译

重庆大学出版社

**版贸核渝字(2022)第 040 号**

**图书在版编目(CIP)数据**

文本挖掘概论:研究设计、数据收集与分析 / (美)加布·伊格纳托 (Gabe Ignatow), (美) 拉达·米哈尔恰 (Rada Mihalcea) 著; 汪顺玉, 陈瑞哲译. -- 重庆: 重庆大学出版社, 2023.8
(万卷方法)
书名原文: An Introduction to Text Mining: Research Design, Data Collection, and Analysis
ISBN 978-7-5689-3908-9

Ⅰ. ①文… Ⅱ. ①加… ②拉… ③汪… ④陈… Ⅲ. ①数据采集—概论 Ⅳ. ①TP274

中国版本图书馆 CIP 数据核字(2023)第 095142 号

**文本挖掘概论:**
**研究设计、数据收集与分析**
An Introduction to Text Mining: Research Design, Data Collection, and Analysis
[美]加布·伊格纳托(Gabe Ignatow)
[美]拉达·米哈尔恰(Rada Mihalcea) 著
汪顺玉 陈瑞哲 译
策划编辑:林佳木
责任编辑:石 可 版式设计:林佳木
责任校对:刘志刚 责任印制:张 策
*
重庆大学出版社出版发行
出版人:陈晓阳
社址:重庆市沙坪坝区大学城西路 21 号
邮编:401331
电话:(023)88617190 88617185(中小学)
传真:(023)88617186 88617166
网址:http: / / www. cqup. com. cn
邮箱:fxk@ cqup. com. cn (营销中心)
全国新华书店经销
重庆华林天美印务有限公司印刷
*
开本:787mm × 1092mm 1/16 印张:16 字数:325 千
2023 年 8 月第 1 版 2023 年 8 月第 1 次印刷
ISBN 978-7-5689-3908-9 定价:68.00 元

# 作译者简介

加布·伊格纳托

拉达·米哈尔恰

**加布·伊格纳托（Gabe Ignatow）**

社会学副教授，2007年起任教于北得克萨斯州大学（UNT）。研究方向为社会学理论、文本挖掘和分析、新媒体以及信息政策。

目前与计算机科学和统计学领域的专家合作，将文本挖掘和主题模型技术应用于社会科学研究。1990年以来，加布一直致力于文本的混合分析方法，并在以下期刊发表了研究成果：*Social Forces*，*Sociological Forum*，*Poetics*，*Journal for the Theory of Social Behaviour*，*Journal of Computer-Mediated Communication*。共发表或出版三十余篇论文和图书章节，担任以下期刊的编委会成员：*Sociological Forum*、*Journal for the Theory of Social Behaviour* 和 *Studies in Media and Communication*。

曾担任北得克萨斯州大学社会学系研究生项目副主任和本科生项目主任，耶鲁大学文化社会学中心理事会成员。研究生项目搜索引擎公司GradTrek的联合创始人和首席执行官。

**拉达·米哈尔恰（Rada Mihalcea）**

密歇根大学计算机科学与工程专业教授，研究兴趣为计算语言学，尤其是词汇语义学、多语自然语言处理和计算社会科学。担任以下期刊的编委：*Computational Linguistics*，*Language Resources and Evaluation*，*Natural Language Engineering*，*Research on Language and Computation*，*IEEE Transactions on Affective Computing* 以及 *Transactions of the Association for Computational Linguistics*。

2015年计算语言学协会北美分会（NAACL）会议主席，2011年计算语言学协会会议联合项目主席，2009年自然语言处理中的经验方法会议联合项目主席。曾获2008年美国国家科学基金会CAREER奖和2009年美国青年科学家与工程师总统奖。2013年，获得家乡罗马尼亚克卢日-纳波卡颁发的“荣誉公民”称号。

**汪顺玉**

二级教授，博士，博士生导师，“西外学者”领军学者，西安外国语大学研究生院院长。先后主持国家社科重点项目、教育部人文社科项目、省市级哲学社会科学规划课题、教改重点课题、教育考试院课题等10余项。在《外语教学》《英语研究》《重庆大学学报》《上海科技翻译》《天津外国语大学学报》等刊物发表学术论文30余篇，出版学术专著、译著、教材8部。学术兴趣包括语言测试与评价、学术翻译、话语研究、社会研究方法等。

**陈瑞哲**

西安外国语大学在读博士,西安邮电大学人文与外国语学院讲师。发表学术论文10余篇,出版书籍5部,译著2部。曾获陕西省第十五次哲学社会科学优秀成果奖二等奖,陕西高等学校人文社会科学研究优秀成果三等奖。研究兴趣为文本挖掘和话语分析。

# 前 言

在当今时代，五花八门的网络社群到处都活跃着学生们的身影。对于选修社会学和计算机科学课程的学生来说，在Facebook、Twitter、Snapchat和Instagram等平台以及其他博客、论坛、软件或者网站上社交时，他们往往希望可以研究网络社群中的社会互动。本书是为计划使用网络工具和数据开展研究的本科生和研究生而写作的，尤其针对以下领域：人类学、传播学、计算机科学、教育学、语言学、市场营销学、政治学、心理学和社会学。无论是撰写学期论文或毕业论文，还是开展独立研究或者参与导师的研究项目，都需要学习如何采用文本挖掘技术进行社会科学研究。

网络社群中存在大量有趣的语言和社会现象，包括表情符号、缩略语、称呼语、主题、隐喻和各种人际对话形式。可供研究的数据和工具软件汗牛充栋，让人无从选择，《文本挖掘概论：研究设计、数据收集与分析》应运而生。本书首先告诫读者在研究初期思考伦理、哲学和逻辑问题（第一部分），随后概述文本挖掘、文本分析以及社会学和计算语言学领域的研究方法。附录A至附录I介绍了数据和软件资源，建议读者提前阅读，在学习前几章和设计研究项目时可以酌情参考（见第5章）。

如果把文本挖掘研究比作建房子，本书的第一部分就是讲如何打好地基，地基有缺陷的房子使用寿命不会太长。若一个研究项目的逻辑或伦理站不住脚，即使起初看起来不错，但终会暴露出问题。第5章介绍研究设计，为搭建房子的框架提供指导。针对研究问题设计研究项目面临很多挑战，因此有必要借鉴学者采用文本挖掘方法构建的优秀研究设计。

第三部分至第五部分概述文本挖掘和分析方法。附录A提供了部分网络文本数据资源，可作为研究的原始数据。附录B至附录I介绍了一系列实用工具，包含简易工具和大型软件。在夯实地基、设计图纸和选择研究方法的同时，需要在预算范围内选定研究工具，确保研究的成功开展。

最后为使用本书的教师推荐一些资源。作者以章为单位制作了可编辑的Microsoft PowerPoint课件，包含作业和活动，可以在SAGE官网本书主页下载（http:/study.sagepub.com/introtextmining）。

# 致 谢

《文本挖掘概论：研究设计、数据收集与分析》经历了漫长的撰写过程，感谢所有给予我们帮助的人。

首先，感谢我们的本科生和研究生，他们对研究网络社群的热情促使我们决定撰写本书。

感谢Helen Salmon、Katie Ancheta以及SAGE的编辑和出版团队。Helen促成了本书的撰写，她和全体SAGE同仁，以及专家评审团队，在整个写作和出版过程中提供了大量支持和指导。SAGE的审稿专家基于所在学科的研究和教学经验提供了宝贵的修改意见，对于完善本书至关重要。此类跨学科教材需要顶尖的审稿人，非常荣幸与他们合作。特别感谢Roger Clark、Kate de Medeiros、Carol Ann MacGregor、Kenneth C. C. Yang、A. Victor Ferreros和Jennifer Bachner。

最后，感谢我们的爱人和孩子Neva、Alex和Sara，以及Mihai、Zara和Caius，他们在漫长的研究、写作和编辑过程中给予我们耐心和鼓励。

加布·伊格纳托（Gabe Ignatow）

拉达·米哈尔恰（Rada Mihalcea）

# 读者须知

本书是基于SAGE早期出版的《文本挖掘》(*Text Mining*)一书而写作的，后者是写给研究生和研究者的实用指南，篇幅较短。两本书的核心任务和行文结构一致，旨在帮助读者更有效地应用文本挖掘和文本分析方法，均介绍了社会科学、人文科学和计算机科学等学科开发的文本挖掘工具。

不同的是，《文本挖掘》主要面向高年级的学生和研究者；本书则主要面向本科生或一年级研究生，适用于社会科学和数据科学等相关课程。本书囊括了文本挖掘的伦理和认识论等话题，因此篇幅更长。且另辟一章专门讲解如何撰写基于文本挖掘的社会科学研究论文。本书还增添了附录，介绍了数据资源和用于收集、清洗、组织、分析数据以及对文本特征进行可视化的软件。虽然附录主要针对本科生，但可能对相关研究者也有参考价值。

加布·伊格纳托

拉达·米哈尔恰

# 译者序

在建设“数字中国”的今天，数据资源就像新时代的石油（new oil）。互联网通信技术以及由此产生的海量数据向人文和社会科学研究者提出了新的机遇和挑战。不同领域的学者都在从各种在线平台收集文本数据，并利用这些数据分析社会态度、发展趋势、用户行为、社会互动、人际关系等。

从文本数据中产生知识，分析是关键。对文本数据的分析涉及两个学术概念：内容分析（content analysis）、文本分析或文本挖掘（text analytics, text mining）。前者在17世纪至18世纪被神学家、哲学家或语言学家用于分析宗教文本、文学著作和语言使用实例，旨在发现模式和意义。到了19世纪，弗洛伊德和荣格用内容分析方法研究梦、叙事和其他人类体验。进入20世纪，内容分析被用于媒介话语、宣传语言、公众意见分析。第二次世界大战期间，内容分析还用于情报分析。内容分析主要对有限量级的质性数据进行编码，统计编码信息的一些显性描述特征。

到了21世纪，随着数字媒体和大数据可及性的提升，内容分析方法已不能满足需要。融合了语言学、统计学、计算机科学、自然语言处理等学科的文本挖掘技术迅速发展起来。该技术在处理文本的量级、算法的优化、自动处理技术等方面优势明显，能够从海量非结构化文本数据中发现隐藏的关系、模式、主题、态度和情感或者抽取特定的信息。文本挖掘技术在诸如信息、生命科学、金融等领域都得到广泛应用。然而，遗憾的是，人文社会科学领域还鲜有学者应用文本挖掘技术进行研究和实践。为什么会这样呢？一是大多数人文社科的研究者没有接受过这类对交叉研究能力要求较高的学术训练；二是适合没有数据科学、自然语言处理技术基础的人的学习材料相对而言很少。

此次，我们翻译由加布·伊格纳托和拉达·米哈尔恰于2018年出版的《文本挖掘概论：研究设计、数据收集与分析》一书，期望为广大人文社科的读者解决上述难题提供帮助。

这本书有几个方面的优点：

1. 目标定位精确。本书的目标读者是高年级本科生和低年级研究生。本书内容全面，覆盖文本挖掘的基础、研究设计和工具软件、社会人文科学的文本分析、计算机科学文本分析、撰写研究报告几大部分。内容安排上由浅入深、循序渐进。

2. 学科覆盖面宽。书中讨论的内容以及分析举例，涉及了社会科学、人文科学和工程科学，覆盖了哲学、语言学、文学、传播学、人类学、心理学、统计学、计算机科学等学科。

3. 可学习性强。章节信息安排符合学习者学习新知识的需求。除了正文的递进式安排，在章节的末尾都设计了“本章要点”“简答题”“讨论题”“研究计划”“拓展阅读”等栏目，有的章节还对涉及的资源和软件工具进行了详细介绍。另外，该书配套网站还提供了进一步学习用的PPT。

实际上，过去两年，该书的英文版已经成为我为博士生开设的“计算话语研究”课程的主要参考书之一，其内容和结构安排都受到学生的欢迎。该书的初稿翻译由我的博士生陈瑞哲完成，英国杜伦大学的研究生汪宏见通读了译文，我负责统稿。本书可以用作针对人文社科学生开设的“文本挖掘”类课程的教材，同时，对文本挖掘感兴趣的自学者也是不可多得的参考书。对于文本挖掘有较好基础的理工类学生和研究者，如果需要规划将该创新技术应用到人文社科领域，该书则能够提供拓展交叉研究的新视野。

感谢西安外国语大学科技处对该书提供出版支持；感谢重庆大学出版社出版该书，特别感谢重庆大学万卷方法编辑部林佳木主任对该书学术价值的认可，感谢编辑部石可等编辑对该书出版付出的辛劳。她们的编辑工作做得专业而细致。

由于水平有限，翻译中出现误译、错译或者表达欠地道的情况在所难免。敬请读者不吝赐教。

汪顺玉
西安外国语大学
2023年7月1日

# 简要目录

# 详细目录

# 第一部分
# 基础入门

# 1 文本挖掘和文本分析

## 学习目标

1. 熟悉使用文本挖掘工具完成的各种研究项目。
2. 使用文本挖掘工具解决不同的研究问题。
3. 区分文本挖掘和文本分析的方法论。
4. 比较文本挖掘和文本分析的主要理论和方法。

## 引言

**文本挖掘**（text mining）是一个新兴的研究领域，拥有全新的研究方法和软件工具，在学术界、公司和政府机构中被广泛使用。如今，研究者使用文本挖掘工具展开各类研究，包括预测分析股市走势（Bollen，Mao，& Zeng，2011）和政治抗议活动的发生（Kallus，2014）等各种问题。文本挖掘也被广泛应用于市场研究、商业实践、政府和国防工作。

在过去几年，文本挖掘已经开始在社会科学中流行起来，包括人类学（Acerbi，Lampos，Garnett，& Bentley，2013；Marwick，2013）、传播学（Lazard，Scheinfeld，Bernhardt，Wilcox，& Suran，2015）、经济学（Levenberg，Pulman，Moilanen，Simpson，& Roberts，2014）、教育学（Evison，2013）、政治学（Eshbaugh-Soha，2010；Grimmer & Stewart，2013）、心理学（Colley & Neal，2012；Schmitt，2005）和社会学（Bail，2012；Heritage & Raymond，2005；Mische，2014）。社会学家在应用文本挖掘技术之前，耗费了几十年时间研究转录的访谈、报道、演讲和其他形式的文本数据，并已经开发出一系列复杂的**文本分析**（text analysis）方法，我们将在第四部分介绍。因此，尽管文本挖掘技术源于计算机科学，是一个相对较新的跨学科领域，但文本分析方法在社会科

学研究中享有悠久的历史（见Roberts，1997）。

文本挖掘过程通常包括信息检索（获取文本）、高级统计方法和**自然语言处理**（natural language processing，NLP）的应用，如词性标注和句法分析。文本挖掘也涉及多种技术：命名实体识别（named entity recognition，NER），即使用统计技术来识别命名的文本特征，如人、组织和地名；**词义消歧**（disambiguation），即利用上下文线索来确定多义词的具体词义；**情感分析**（sentiment analysis），即识别主观的文本特征并提取态度信息，如情感、观点、态度和情绪。这些技术将在第三部分和第五部分介绍。文本挖掘也需要获取和处理数据等基本技术，包括：**网络抓取**（web scraping）和**网络爬虫**（web crawling）工具、词典和其他词汇资源、文本处理以及词汇与文本关联技术。这些技术将在第二部分和第三部分介绍。

## 研究聚焦

### Twitter和股市预测

Bollen, J., Mao, H., & Zeng, X.-J. (2011). Twitter mood predicts the stock market. *Journal of Computational Science*, 2(1), 1-8.

计算机科学家Bollen、Mao和Zeng研究了社会中是否存在能影响集体决策的公众情绪，以及公众情绪是否与经济指标相关，甚或说可以预测经济指标。Bollen等用情感分析（见第14章）研究了Twitter订阅，评估公众情绪与道琼斯工业平均指数（Dow Jones Industrial Average）是否相关。他们使用OpinionFinder工具分析了Twitter每日订阅的文本内容，统计积极情绪和消极情绪。同时还使用了Google Profile of Mood States工具从六个维度（冷静、警觉、确信、活力、友好和快乐）评估情绪。他们还研究了公众情绪是否可以预测道琼斯工业平均指数收盘价的变化，发现纳入一些公众情绪维度可以显著提高股市预测的准确程度。

**研究软件：**

OpinionFinder

文本分析涉及对文本的词语使用模式展开系统分析，往往需要融合正式的统计方法和没那么正式但更加人性化的解释性技术。文本分析可追溯至13世纪，多明我会修士Hugh of Saint-Cher带领几百名修士组成的团队编纂了第一个圣经**词汇索引**（concordance），即圣经中术语和概念的对应列表。有证据表明，欧洲宗教裁判所在17世纪后期对报纸文本进行了研究。18世纪，当时的瑞典国家教会认为流行的赞美诗挑战了教会的正统观念，分析了其背后的符号学内涵和意识形态，成为有文献记载的首个量化文本分析研究（Krippendorff，2013，pp. 10–11）。20世纪，随着社会科学和人文学科的研究者开发出大量的文本分析技术，包括质性解释和语言形式统计方法，文本分析领域迅速发展。在19世纪末和20世纪初，Speed（1893）等学者对报纸进行了系统的量化分析，发现纽约的报纸在19世纪末到20世纪初减少了对文学、科学和宗教新闻的报道，转而关注体育、八卦和丑闻。Wilcox（1900）、Fenton（1911）和White（1924）也开展了类似的文本分析研究，对报纸上的不同新闻版块进行量化分析。在20世纪20年代到40年代，Lasswell等首次对政治文本和政府宣传进行了**内容分析**（content analysis）（如Lasswell，1927）。Lasswell推动了大量的内容分析研究，包括哈佛大学的General Inquirer项目，其旨在将句法、语义和语用信息添加到已经标注词性的词典中（Stone，Dunphry，Smith，& Ogilvie，1966）。

虽然文本挖掘源于计算机科学，文本分析始于人文社会科学，但本书将展示这两个领域正在发生的融合。人文社会科学领域的学者正在尝试改进文本挖掘工具，文本挖掘专家也开始研究社会科学领域的社会现象（例如政治抗议和其他集体行为）。

## 文本分析的六种方法

文本挖掘可以依据不同的方法论分为不同的路向，文本分析则基于不同的语言使用理论进行分类。在介绍使用网络数据进行社会科学研究面临的挑战之前，首先需要回顾六种主流的文本分析方法。许多使用这些方法的研究者正在学习第二部分、第三部分和第五部分中的文本挖掘方法和工具，包括**会话分析**（conversation analysis）、**话语立场**（discourse positions）分析、**批评话语分析**（critical discourse analysis，CDA）、**内容分析**、**福柯话语分析**（Foucauldian analysis）以及文本的社会信息分析。这些方法拥有不同的研究策略、理论基础和哲学假设（在第4章中有所讨论），涉及不同的分析层面（微观、中观和宏观）、不同的选择和抽样策略（见第5章）。

### 会话分析

会话分析从两个角度研究日常会话：人们如何协商会话意义，以及当前会话所在的宏观话语的意义。会话分析不仅关注日常会话中的话语，也研究人们如何在语用层面使用语言来定义自己所处的情境。除非对某一情境的理解存在分歧，人们通常不会留意语用意义。教育研究者Evison（2013）研究了“学术口语”，使用语料库语言学（见附录F）对25万字的口语学术话语语料库和一个日常会话的基准语料库进行了研究，探索话轮转换。学术话语语料库包括13337个话轮，取自教师和学生的会话。Evison发现六种话轮转换形式（mhm，mm，yes，laugh，oh，no）可以体现学术话语的特征，总结了学术界和特定学科的语言风格。

会话分析的研究案例还包括O'Keefe和Walsh（2012）的教育会话研究，Heath和Luff（2000）、Heritage和Raymond（2005）以及Silverman（2016）的医疗会话研究，Danescu-Niculescu-Mizil、Lee、Pang和Kleinberg（2012）的维基百科编辑线上会话研究。2012年，O'Keefe和Walsh在研究中融合语料库语言学和会话分析，分析了大学课堂小组教学的会话。语料来自语料库Limerick-Belfast Corpus of Academic Spoken English（LIBEL CASE），共100万字。Danescu-Niculescu-Mizil等（2012）分析了语言蕴含的潜在信息，比如群体互动中的角色和地位等。他们研究了维基百科以及美国最高法院辩论，发现在小组讨论中，参与者之间的权力差异是通过个体即刻响应发问者语言风格的程度而巧妙地体现出来的。在结论中，他们提出了基于语言协作的分析框架，可以用来解释权力关系，适用于分析多种权力类型，包括基于地位差异的静态权力，以及基于情境的人际依赖权力。

Hakimnia等（2015）对瑞典远程护理网站通话记录的会话分析采用了比较研究设计（见第5章），旨在分析来电者拨打电话的原因以及通话结果，即男性和女性是否收到不同类型的转接处理。研究者从超过5000条通话记录的语料库中随机抽取了800条记录，时间范围横跨11个月。通过预先录制的语音告知来电者研究情况，以口头方式告知护士，以征得参与者的同意。对800个通话记录进行分析的第一步是创建一个矩阵（见第5章、附录C和附录D），包括来电者的性别、年龄、瑞典语流利程度以及通话结果（是否转接至全科医生）。研究者发现，男性比女性更有可能被转接给全科医生，尤其是父亲。占比最大的来电群体是瑞典语流利的女性（64%），最小的是瑞典语不流利的男性（3%），70%的来电者是女性。通话涉及儿童时，78%的来电者是女性。研究者基于这些数据得出结论，远程护理不应成为“女性化”的活动，只服务于熟练使用瑞典语的年轻人。由于远程护理人员扮演守门人的角色，可以推断整个医疗系统中也存在类似的问题。

## 话语立场分析

话语立场分析是一种文本分析方法，使研究者能够重构文本的交际互动，从说话者的视角理解文本意义。话语立场是指人们在日常交际活动中所扮演的典型话语角色，立场分析是将文本与其所处的社会空间联系起来的一种研究方式。Bamberg（2004）以人类发展理论和叙事理论为基础（见第10章），研究了青春期和后青春期的青少年讲述自我身份的"小故事"。研究文本摘自五名15岁男生的团体讨论，主题为共同认识的女生，讨论由一位成年人在场控制。这些语料是Bamberg另一大型研究项目的一个组成部分，该项目通过一对一访谈和小组讨论的形式收集了10岁、12岁和15岁男孩的日记和口语谈话转录文本。虽然是开放式的访谈和团体讨论，但主题比较一致，包括朋友和友谊、女孩、个人感受和自我意识，以及对成人的看法和人生目标。研究团队逐行阅读文本，分析男孩如何基于彼此或者所谈论的人物进行自我定位，并进行逐项标注。

与Bamberg的研究类似，Edley和Wetherell（1997，2001；Wetherll & Edley，1999）研究了男性身份的形成，关注男性在日常会话中如何谈论自己和他人，分析了男性谈论女性主义和女性主义者的语料库，总结男性的叙述和修辞背后的模式和规律。语料库由两个样本构成，第一个样本的参与者为17~18岁中产阶级的白人男学生；另一个样本由60个访谈构成，参与者为20~64岁的男性。研究者发现了两种截然不同的"对女性主义和女性主义者的解释"，形成了类似小说"Jekyll and Hyde"的二元对立，认为"女性主义与女性主义者要么合乎情理，要么极端激进"（Edley & Wethherell，2001，p. 439）。

总而言之，话语立场分析很大程度上属于质性文本分析，几乎完全依赖于人对文本的解释（Hewson，2014）。附录D包含一个质性数据分析软件（QDAS）列表，可用于组织和编码Bamberg、Edley、Wetherell以及其他研究者用传统手段分析的文本语料库。

## 批评话语分析

批评话语分析在目标文本或话语中寻找其他话语中同样存在的特征，其基于Fairclough（1995）的"互文性"（intertextuality）概念，即人们在说话或写作时会借鉴社会空间中存在的话语。批评话语分析认为日常口语和写作需要在主导话语中选择和组合成分。

话语通常表示一切写作和口语表达的实践，批评话语分析中的话语则表示写作和口语表达的方式，通过"排除"和"借鉴"来建构关于主题的知识。换句话说，话语"不只是描述事物；也在做事情"（Potter & Wetherell，1987，p.6），使人们认识世界（Fairclough，1992；van Dijk，1993）。

虽然不能直接研究话语，但可以通过分析构成话语的文本来间接研究（Fairclough，1992；Parker，1992）。文本成为话语的碎片，反映和投射主导社会群体的意识形态统治。反过来说，文本也可以成为潜在的解放机制，批判分析家生产的文本可以揭示意识形态话语的权力控制机制，从而将其战胜或消灭。

尽管批评话语分析通常采用解释主义方法，但也有很多研究使用了量化和统计技术（Krishnamurthy，1996；Stubbs，1994），依靠软件来创建、管理和分析文本（Baker et al.，2008；Koller & Mautner，2004；O'Halloran & Coffin，2004）。

2014年，Bednarek和Caple在研究中证明了统计技术可以应用在批评话语分析中，将“新闻价值”的概念引入对新闻媒体的批评话语分析，基于同一个英国新闻话语语料库研究了两个案例。研究文本来自10家全国性报纸（包括5份主流报纸和5份小报）的10个主题，最终包括自2003年以来的100篇新闻报道（总计约70000字）。他们梳理了前100个高频词和双词组（bigrams）的频率，重点分析了体现新闻价值的词，如精英性、高级性、接近性、消极性、及时性、个性化和新颖性。研究结论认为语料库语言技术（见附录F）可以识别新闻话语中反复使用的话语手段，这些话语手段构建和维护了新闻价值。

**研究聚焦**

**批评话语分析和语料库语言学的融合**

Baker, P., Gabrielatos, C., Khosravinik, M., Krzyzanowski, M., Mcenery, T., & Wodak, R. (2008). A useful methodological synergy? Combining critical discourse analysis and corpus linguistics to examine discourses of refugees and asylum seekers in the UK press. *Discourse & Society*, 19(3), 273-306.

Baker等（2008）分析了1.4亿字的英国新闻报道语料库，话题涉及难民、庇难者和移民。他们采用搭配和索引分析（见附录F）总结了这几个群体的共同表述形式。研究也阐释了如何使用搭配和索引帮助研究者对具有代表性的文本进行质性分析。

**研究软件：**

WordSmith

## 内容分析

内容分析采用量化、科学的方法分析文本。与批评话语分析不同，内容分析通常侧重于文本本身，而不是文本与社会历史语境的关系。内容分析的经典方法认为它是“一种客观、系统地从量化角度描述传播内容的研究方法”（Berelson，1952，p. 18）。在实践层面上，内容分析设计了一套可用于文本编码的理论框架，将文本分解为相对独立的信息单元，再进行编码和分类。

Krippendorff（2013）的《内容分析》（*Content Analysis*）是此领域的经典教材，详细阐释了文本和文本成分的统计抽样，以及评分者信度的统计检验。第5章将介绍很多与内容分析相关的研究设计原则和抽样技术。

## 福柯话语分析[①]

哲学家、历史学家Foucault（1973）对互文性这一概念影响深远，但与Fairclough在CDA中的概念截然不同。对于Foucault来说，文本的意义并非来自外部话语对文本的影响，而是在与其他参照话语的对话中产生。这些互动可能是直接的，但更多的是隐性的。在Foucault的互文性分析中，必须解释文本的预设和与之对话的话语。因此，文本的意义一方面来源于与其他文本和话语的相似性和差异性，另一方面来源于文本的隐含预设，可以通过历史性的文本细读获取。

许多理论和应用研究都用到了福柯话语分析。例如，一些研究使用Foucault的互文性分析研究林业政策（见Winkel，2012）。欧洲（如Berglund，2001；Franklin，2002；Van Herzele，2006）、北美和发展中国家（如Asher & Ojeda，2009；Mathews，2005）的研究者使用福柯话语分析方法研究了森林管理、森林火灾和企业责任的政策话语。

Bell、Campbell和Goldberg（2015）研究了护士职业身份的互文性话语。Bell等认为，应该参照医疗行业的其他职位身份去理解护士的职业身份。研究数据来自医学研究数据库PubMed。作者在PubMed官网收集了1986年至2013年于摘要或关键词中使用术语service或者services的论文摘要。下载的摘要被输入SQLite数据库中，用于生成由逗号分隔的文件（CSV），摘要以三年为一个周期。研究者随后花了大约6周时间，手动检查冗余数据或其他错误。最终的样本超过23万篇摘要。Bell等使用文本分析软件Leximancer（见附录C）计算了摘要中概念的频率和共现数据（见附录F），制作了概念图（见附录G），以直观地表示概念之间的关系。在查看初始概念图后，他们发现了一些不相关的术语，进一步清理了数据，最终得出护理概念与其他概念的共现性。

## 社会信息分析

文本的社会信息分析认为文本反映了作者实际拥有的知识，这种方法主要应用于扎根理论研究（见第4章）和专家话语的应用研究。由于文本提供了有关

---

① 福柯话语分析，这里作为一个完整的概念术语使用，所以将人名译出。本书其他地方，为方便读者查找相关文献，人名均没有翻译。——编者注

社会现实的可靠信息，有些学者重视社会信息分析研究的实用价值。当然，由于文本生产者的知识水平不同，社会信息的质量存在差异，并且由于文本生产者都拥有自己的特定视角，信息会有所偏移。

2012年Colley和Neal开展了关于企业安全的心理学研究，应用了社会信息分析。该研究的样本为澳大利亚一家货运和客运铁路公司的高管、主管和工人，对这三个群体进行了开放式访谈。他们使用Leximancer（附录C）进行文本转录和概念图分析（附录G），通过比较三个群体的概念图发现，高管、主管和工人的“职业安全认知”存在显著差异。

## 使用网络数据的挑战和局限

上文介绍了文本挖掘和文本分析，本节将回顾从其他领域获得的经验教训，帮助在网络环境适用社会科学研究方法。本节篇幅不长，但对于打算研究社交媒体平台和网络数据的学生至关重要。由于互联网拥有巨大的用户群体，遍及世界各地，用文本挖掘方法分析网络数据，相较于传统方法更具有成本和时间优势（Hewson & Laurent，2012；Hewson，Yule，Laurent，& Vogel，2003）。互联网的传输速度和全球覆盖范围降低了跨文化研究项目的成本，同时也催生了全新的社会交往模式，使交流方式变得多样和复杂，提升了匿名性和隐私性。互联网数字存储技术，加上匿名性和隐私性，可能会降低社会期望效应（研究参与者倾向于提供为社会广泛接受和期望的反馈信息，而非发自内心）。互联网的独特属性也可以减少因种族、族裔、性别等产生的偏见，促进人们坦诚相待。技术的便利性使参与者能够根据自身日程参与研究，也可以选择熟悉的参与环境（如家中或办公室）。

虽然基于互联网的研究有许多优点（见Hewson，Vogel，& Laurent，2015），但对于社会科学研究来说互联网数据也存在许多缺陷。其中最主要的缺点是互联网数据样本的潜在偏差。**样本偏差**（sample bias）是基于互联网的研究面临的最基本和最困难的挑战之一（见第5章）。同时，与传统研究相比，研究者通常很难完全掌控互联网数据的收集过程。这主要是由于技术原因，如用户不同的硬件和软件配置以及网络性能。使用不同的硬件平台、操作系统和浏览器的参与者拥有着截然不同的社交媒体和在线调研体验，研究者通常很难控制这些体验差异。此外，硬件和软件故障可能会导致不可预知的影响和问题。由于研究者不在场，在基于互联网的研究中，往往缺乏对参与者行为和周围环境变化的掌握。与面对面交流相比，研究者缺乏用来评估参与者的非言语线索，可能导致无法准确判断参与者的意图和真诚程度。

尽管存在不足，学者们早已认识到数字技术作为研究工具的潜力。社会研究者有时会开发基于互联网的全新研究方法，但有时也会改进现有文本分析方法，适应不断发展的数字技术。由于在改进传统研究方法的过程中已经积累了许多可靠经验，下文将会简要回顾一些应用最广的社会科学研究方法，同时进行经验总结。下文将介绍社会调查、民族志和档案研究的线下和线上研究方法，不包括在线焦点小组（Krueger & Casey，2014）和实验法（Birnbaum，2000）。虽然焦点小组和实验法得到广泛使用，但与前三种方法相比，不太适用于文本挖掘。

## 社会调查

社会调查是社会科学最常用的方法之一。自20世纪90年代以来，研究者一直在探索网络调查的方法。即使采用相对小规模的样本，传统的电话和纸质调查往往成本高昂，采用邮寄问卷的大规模调查更是成本惊人。尽管在线调查软件和网络调查服务的成本差异很大，但由于不需要纸张、邮费和数据输入费用，成本通常低于传统的纸张和电话调查（Couper，2000；Ilieva，Baron，& Healey，2002；Yun & Trumbo，2000）。在线调查还可以节省研究者的时间，迅速接触到大量分布在世界各地的人（Garton，Haythornthwaite & Wellman，2007）。研究者可以在新闻网站、聊天室和在线论坛发布调查信息，快速针对大量人群展开调查。除了节省成本和时间以及具有便利性之外，在线调查的另一个优势是利用互联网联系很难接触到的（如果可能实现的话）群体和个人（Garton et al.，1997）。

虽然在线调查与传统纸质调查和电话调查相比具有显著优势，但将传统调查方法应用于网络行为研究也面临新的挑战。在线调查研究者经常会遇到抽样问题，除了基本的人口统计学变量，很难掌握在线参与者的其他特征，甚至连基本信息也可能不实（Walejko，2009）。虽然功能强大，但在线调查本身（比如说多媒体）以及相关服务（例如使用公司电子邮件列表生成调查样本）都会影响用不同方式获取的数据质量。

将社会调查方法运用于网络环境的过程为文本挖掘研究者提供了经验教训。与文本挖掘一样，用户人口学特征成为在线调查的难题，因为在网络环境中，研究者很难推断群体特征。最佳的解决办法就是加强研究设计，详细解释抽样策略（见第5章）。

## 民族志

20世纪90年代，研究者开始将研究地方社区的民族志方法应用于网络环境。网络社群依靠技术手段建立关系，而不是直接接触（Salmons，2014）。这种新的研究方法被称为**虚拟民族志**（virtual ethnography）（Hine，2000）或**网络民族志**（netnography）（Kozinets，2009），即用民族志的方法研究人在网络环境中的互动。网络民族志的先驱Kozinets认为，研究者需要认识到网络环境的特征，"从根本上转变"观察人类的传统民族志方法，对会话行为进行再语境化，形成新的分析模式（Kozinets，2002，p.64）。由于网络民族志相较民族志更难获取参与者的人口学特征，不容易确定讨论者的身份，网络民族志研究者必须尽可能多地了解所研究的论坛、群体和个人。与传统的民族志不同，在确定研究群体时，在线搜索引擎可以帮助了解研究群体（Kozinets，2002，p. 63）。

抽样方法决定了社会调查的质量，案例选择对网络民族志研究也至关重要（见第5章）。研究者必须从研究问题出发，选择合适的在线论坛（Kozinets，2009，p. 89）。

网络民族志研究方法为文本挖掘和文本分析提供了许多经验教训。网络民族志研究已经证明，必须认识到网络环境的独特性，重视对数据选择策略的解释，充分了解目标群体，才能实现成功的研究。以上三点同样适用于文本挖掘研究，能帮助研究者更好地分析在网络环境挖掘到的用户数据。

## 历史研究法

档案研究法是社会科学最古老的研究方法之一。社会学的创始人马克思、韦伯和涂尔干都是在档案研究的基础上进行历史研究。历史学家、政治学家和社会学家目前依然广泛使用档案研究法。

历史研究者先后两次尝试将数字技术应用于档案研究。第一次是在20世纪50年代到60年代，由于人类发明出了计算机，历史研究者开始自学统计方法和编程语言。这一时期，研究者主要采用社会学和政治学的量化方法，在"社会流动、政治认同、家庭形成、犯罪模式、经济增长和民族认同效果"等领域做出了持久的贡献（Ayers，1999）。然而，由于研究效果夸大、方法和工具局限以及学术思潮变迁，量化社会科学研究戛然而止。80年代中期，历史研究和许多人文社会科学领域经历了语言学转向。领军的历史研究者开始诠释哲学和文学文本，比如法国哲学和德国文学，SPSS和计算机编程不再受到青睐。社会科学从社会学转向人类学，文本取代了表格。对于上一代研究者来说，量化方法才是书写历史的客观手段，但新一代的研究者予以坚决反对。第一次计算机革命基本上宣告失败（Ayers，1999）。

20世纪80年代开始，历史学家和部分社会科学家开始重新接触数字技术。目前，历史研究者在每个研究阶段都会使用数字技术，从学术交流到多媒体展示，其中的**数字档案**（digital archives）可能对历史研究产生了最为深远的影响。

高校、研究机构和企业已经建立了大量历史文献的数字档案。历史研究者认识到，数字档案在容量、灵活性、可访问性、多样性、可操作性和互动性方面优势明显（Cohen & Rosenzweig，2005）。然而，数字档案在储存数据上面临质量、耐久性和可读性的问题。同时，也存在访问限制和垄断的风险，或许还会造成研究者的被动态度（Cohen&Rosenzweig，2005）。

数字技术的应用历史值得文本挖掘和文本分析借鉴，尤其是20世纪50年代到60年代数字技术在社会科学领域的失败经验。使用文本挖掘工具的社会科学研究者必须承认其局限性，不能夸大其功能和潜力。与所有社会科学研究方法一样，我们必须承认文本挖掘有利有弊，并在每个研究阶段加以考量。文本挖掘研究者应该特别关注历史研究领域对数字档案存储质量的担忧，以及研究者在数据收集阶段的被动性问题。

## 结语

本章介绍了文本挖掘和文本分析的方法论，概述了文本分析的主要方法，讨论了分析网络数据面临的潜在风险。尽管面临挑战，社会科学和计算机领域的研究者仍在不断开发新的文本挖掘和文本分析工具，以解决学术界、企业和政府面临的应用和理论研究问题。

接下来的章节将介绍如何搜索网络数据（第2章和第6章），以及文本挖掘研究需要考虑的伦理（第3章）和哲学与逻辑问题（第4章）。第5章将介绍社会科学研究设计。第二部分、第四部分和第五部分将介绍如何用文本挖掘技术收集和分析数据，第六部分的第17章将为撰写和展示研究成果提供指导。

## 本章要点

- 文本挖掘过程包括获取数字文本，用自然语言处理和高级统计方法进行分析。
- 文本挖掘在学术和应用领域可以分析和预测公众舆论和集体行为。
- 文本分析起源于中世纪的宗教文本分析，20世纪初由社会学家进一步发展。
- 社会科学的文本分析可以研究访谈、报纸、历史和法律文件以及网络数据。
- 文本分析的主要方法包括话语立场分析、会话分析、批评话语分析、内容分析、互文性分析和社会信息分析。
- 网络数据和社会科学研究方法具有成本低、易收集的优势，可以使用参与者自发产生的文本数据。

- 基于互联网的数据和研究方法面临的风险和局限性包括研究者的控制力有限，样本可能存在偏差，以及研究者在数据收集中的被动性。

## 简答题

- 文本挖掘和文本分析的方法论有什么不同？
- 文本挖掘的主要研究过程是怎样的？
- 话语立场分析与会话分析有何不同？
- 什么软件可以用来分析话语立场和会话？

## 讨论题

- 如果你对批评话语分析感兴趣，你会研究当前社会的哪种话语？又会去哪里获取研究数据？
- 研究者如何通过线下方式收集数据，如面对面访谈，又如何通过线上方式收集数据，如社交媒体平台？
- 使用网络数据面临的最大问题是什么？
- 如果你已经在筹划一个研究项目，就这一项目而言，选择网络数据的优点和缺点有哪些？
- 文本挖掘研究如何为科学和社会做出贡献？

## 研究计划

选择一个感兴趣的社会问题。你会如何分析人们对此问题的讨论？来自不同群体和背景的人对这个问题的看法是否存在差异？人们通常在哪里讨论这个问题（如线上或线下）？你应如何收集数据？

## 拓展阅读

Ayers, E. L. (1999). *The pasts and futures of digital history*.

Bauer, M. W., Bicquelet, A., & Suerdem, A. K. (Eds.), *Textual analysis. SAGE benchmarks in social research methods* (Vol. 1). Thousand Oaks, CA: Sage.

Krippendorff, K. (2013). *Content analysis: An introduction to its methodology*. Thousand Oaks, CA: Sage.

Kuckartz, U. (2014). *Qualitative text analysis: A guide to methods, practice, and using software.* Thousand Oaks, CA: Sage.

Roberts, C. W. (1997). *Text analysis for the social sciences: Methods for drawing statistical inferences from texts and transcripts.* Mahwah, NJ: Lawrence Erlbaum.

# 2　数据获取

## 学习目标

1. 认识数据在文本挖掘中的作用以及适合文本挖掘研究的数据集特征。
2. 识别不同的数据资源，用以建立文本挖掘数据集。
3. 评估使用社交媒体获取数据的优缺点。
4. 分析使用来自不同数据资源的数据集的社会科学研究案例。

## 引言

几十年来，社会科学家一直利用态度调查的数据开展研究。如今，研究者开始关注人类自发生产的海量**非结构化数据**（unstructured data），如文本或图像。其中一些非结构化数据被称为“大数据”，尽管这个说法已经成为一个有点时髦的流行语了。但是，使用文本数据研究社会群体也存在一些问题。总而言之，态度调查和文本数据各有优缺点，因此也出现了同时采用二者的研究。

调查法是收集社群信息的传统方法，围绕不同的数据收集工具形成了许多独立的研究领域。调查法收集的信息往往简单明了且针对性强，与非结构化数据相比，会更“干净”，易于处理。调查法的另一个优点是可以在实验环境下开展，全面获得参与者的信息。但是实验环境也可能存在问题。例如，有人认为调查研究存在偏见，因为通常会选择典型场所进行调查，如选择“心理学导论”课程的全体学生作为研究样本。调查法的另一个挑战是，将不愿意提供信息的人排除在外，很多研究都在讨论如何消除此类参与偏见。最重要的是，调查工具在时间和费用方面的成本一般都很高。

近年来，研究者广泛探索如何从非结构化数据中抽取信息。例如，调查法可以收集受访者的态度是积极还是消极，并获取其地理位置，从而创建“积极态度”的分布地图。研究者也可以选择收集Twitter或博客数据，从个人简介中提取地理位置，实现同样的数据收集目标，最后使用自动文本分类工具分析态度的积极程度（Ruan，Wilson，& Mihalcea，2016）。从网络数据源收集个人信息的主要优点是其“一直存在”的特性，使得持续、廉价的信息收集成为可能。数字资源避免了社会调查造成的偏见，但却带来了其他问题。例如，数据驱动的个体信息收集大多依赖社交媒体或众包平台（如Amazon Mechanical Turk），但这些信息源只能覆盖在社交媒体上发布动态或参与在线众包实验的人群。更重要的是，非结构化数据源在信息抽取过程中缺乏精确性。信息抽取过程通常由自动文本挖掘和分类工具完成，即使功能再强大，也会存在缺陷。当然，这一问题可以由足够的数据量抵消：调查法获得的数据常常受参与人数限制（而参与人数又受时间和成本限制），而从数字资源中收集信息面临的限制相对更少。因此，如果使用得当，从非结构化数据中获得的信息也可以丰富多元，与调查法相媲美，甚至超过后者。

## 网络数据源

研究者通常更喜欢使用现成数据，而不是通过网络爬虫或网络抓取工具收集研究数据。许多数据源对外开放，但有些则需要订购。例如，新闻数据的获取渠道包括地方和区域新闻机构的官方网站，或者私有数据库，如EBSCO、Factiva和LexisNexis，它们收录了全球的新闻资源，包括博客、电视和广播节目以及传统印刷媒体。管理学者Jones、Coviello和Tang（2011）对国际企业经营的研究就采用了新闻数据源，使用EBSCO和ABI/INFORM搜索工具收集研究数据，包含1989年至2009年发表的323篇有关国际企业经营的期刊文章。他们使用主题分析（见第11章）确定了数据中的主题和子主题。

研究者除了获取数字新闻资源外，还可以访问由组织机构发布的文章，包括政府文件、工作日程和事件通报，以及新近发表的网络文章和存储的数字化历史档案。不过许多在线数据源获取访问权并不容易，大多数新闻数据库只允许获取少量文章，通常无法访问整个数据库，因为高校等研究机构在订阅时假设研究者只需要阅读有关某主题的几篇文章，而不是收集大量文章作为研究数据。尽管存在这些限制，依然有大量且不断增加的文本数据库可供文本挖掘研究者使用（见附录A），例如世界上最大的开放英语语料库——美国当代英语语料库（Corpus of Contemporary American English，COCA）。该语料库由杨百翰大学的Davies创建，包含超过5.2亿字的文本，分为口语、小说、杂志、报纸和学术文本几个部分。从1990年到2015年，每年收录2000万字，定期更新。其官网允许搜索精确的单词或短语、通配符、词根、词性或上述元素的任意组合。社会科学家经常使用COCA和类似语料库作为参照语料，对比研究数据和“标准”英语之间的词频差异（例如，Baker et al.，2008）。

另一个主要的数据来源渠道是社交媒体平台，其中大部分提供了应用程序接口（API）用以访问数据。Twitter API允许研究者每天访问一小部分随机的推文，或基于关键词的推文集（例如，收集所有标签为“amused”的推文）。如果需要收集大规模的数据，则可以通过第三方供应商（如Gnip等），其业务就是收集和管理多个社交媒体网站的数据。Twitter还可提供用户的基本信息，比如地理位置和个人简介，包括性别、年龄、行业、兴趣等。

博客也可以通过API访问。例如，通过Blogger平台可以用开发者模式访问博客和博主的个人信息，包括位置、性别、年龄、行业、喜爱的书籍和电影、兴趣等。其他博客网站，像LiveJournal就提供了博客作者的更多信息，比如写博客文章时的心情。

Facebook是另一个主流社交媒体平台，尽管开放访问的内容相对较少。开发者访问Facebook数据的主要方式是通过Graph API，但仅限于对外公开或是Facebook“好友”的数据。还有一个社会科学数据集myPersonality：基于Facebook创建，数据来源于完成了一系列心理调查（如个性、价值观）的用户，收集了其个人信息和发布的内容。

此外，还有其他一些社交媒体网站，目标受众各不相同。比如Instagram（用户主要上传照片）、Pinterest（趣物发布平台，涵盖DIY、时尚、设计和装饰等领域），还有亚马逊、Yelp等一些评论平台。

如果你对建立数据库感兴趣，第6章会介绍抓取数据和网络爬虫的软件工具，第5章也会提供数据选择和抽样方面的指导。

## 网络数据的优劣

社会科学研究使用在线数字资源有其优缺点，尤其是社交媒体。Salganik（他的书即将出版）总结了大数据的总体特征，其中许多适用于社交媒体，下文将会对其进行介绍。

大数据的优点如下：（1）数据量。可以用来观察黑天鹅事件、进行因果推断，以及进行需要大量数据的高级统计处理；（2）即时性。为数据赋予时间维度，用来研究突发事件并进行实时测量（例如，分析龙卷风受灾地区的推文，捕捉受灾群众在龙卷风期间的反应）；（3）非反应性。由于参与者对研究数据收集不知情，其行为更自然（社会调查反之）。

然而，大数据也存在下列特征：（1）不完整性。网络数据往往缺乏人口学信息或其他对社会研究比较重要的信息；（2）抽样偏差。网络数据的贡献者并不是由随机抽样而来。比如说，每天发很多推文的人和从不发推文的人代表不同类型的群体，拥有不同的兴趣、个性和价值观，即使是最大的推文数据集也无法囊括非Twitter用户的行为；（3）变迁性。用户（谁在产生社交媒体数据以及如何产生）和平台（如何获取社交媒体数据）会随着时间的推移而发生变化，很难进行纵向研究；（4）算法依赖。数据易受算法影响，导致研究数据实际上受到数据收集的底层算法干预。比如，许多人在Facebook上都拥有20个朋友，其实这只是由于Facebook会给用户推荐朋友，直到他们交到20个朋友为止（Salganik，in press）。此外，部分数字资源无法访问，例如电子邮件、搜索引擎的搜索数据、电话等等，这使得很难研究与这些数据类型相关的社会行为。

## 网络数据的应用

本书的大部分章节都包含使用社交媒体数据开展社会科学研究的案例。如果对使用Facebook数据感兴趣，可以阅读第3章有关Facebook伦理问题的内容。社会学家Hanna（2013）使用Facebook研究了社会运动，介绍了如何通过文本挖掘研究Facebook数据，分析了“占领行动”等社会运动，推荐文本挖掘新手阅读。Hanna使用了Natural Language Toolkit （NLTK）和R包ReadMe分析了“埃及4月6日青年运动”的动员模式，他们通过对运动参与者的深入访谈，验证了使用文本挖掘方法得出的结论。

如果想在研究中使用Twitter数据，两个基于Twitter主题分析（见第11章）的研究值得借鉴。第一个是Lazard、Scheinfeld、Bernhardt、Wilcox和Suran（2015）关于疾病控制和预防中心Twitter实时交流的研究，他们收集、整理和分析了用户的推特消息，发现公众关注的主题主要包括病毒感染的症状和周期、疾病的转移和感染、旅行安全和自我保护，该研究使用SAS Text Miner整理和分析了Twitter数据。

心理健康研究者Shepherd、Sanders、Doyle和Shaw（2015）也利用Twitter数据进行了主题分析研究，通过追踪带有标签“dearmentalhealthprofessionals”的相关推文，基于主题分析确定高频主题，评估存在心理问题的个人如何使用Twitter，最终发现了515种与具体话题相关的交流行为，大部分数据涉及四个主要主题：（1）医生的诊断如何影响患者个体身份认同及其对患者护理的影响；（2）医生和患者的权力平衡；（3）医患关系和专业交流；（4）药物治疗、危机应对、服务水平和社会支持等保障体系。

## 结语

本章强调了数据在社会科学研究中的作用，概述了数字资源的优缺点，这是收集人们的信息从而开展以人为中心的研究的一种方式。本章介绍了许多网络数据资源，并且涉及第5章和第6章中的数据获取和数据抽样等相关内容。最后展示了一些采用数字资源开展的社会科学研究，主要是为了说明可以用这类数据回答的研究问题。后续章节将介绍更多此类案例（具体见第10章至第12章）。

## 本章要点

- 社会科学研究的传统方法是调查法，但是新的计算方法支持基于非结构化数据资源获取人们的信息。
- 社会调查能获取结构化的数据集，包括在实验环境中收集的明确的、有针对性的信息。社会调查的缺点是成本高昂，限制了数据收集的频率和数据量。
- 非结构化数据集体量庞大，具有即时性和自发性，可以用来提取或推断社会群体的信息。但非结构化数据也存在缺点，比如说，从中获得的信息往往存在不准确和不完整的问题。此外，也会由于生产数据的群体不同而产生抽样偏差。
- 数字资源可以通过以下渠道访问：成为机构成员（如LexisNexis）、平台API（如Twitter API），或使用第6章介绍的网络抓取和爬虫技术。

## 讨论题

- 描述你所了解的一个基于调查数据的社会科学研究项目，讨论如何利用数字资源进行同样的研究。你会使用哪种类型的数字资源？可能会面临哪些挑战？
- 如本章所述，虽然数字资源具有优点，但某些信息依然无法从非结构化数据中收集。举例说明只能通过社会调查收集的信息类型。
- 设计一个研究项目，将非结构化数据（如Twitter）和结构化数据（如社会调查）的优点结合起来。换句话说，收集每个研究参与者的Twitter数据，并且要求他们参与社会调查。如何收集这个混合数据集？

# 3 研究伦理

## 学习目标

1. 确定研究需要遵循的伦理准则。
2. 决定研究是否需要伦理审查委员会的批准。
3. 设计一项考虑参与者隐私的研究，在必要时根据规范征求参与者的同意。
4. 遵守著作权和出版领域的伦理。

## 引言

2012年1月初，在一个多星期里，近70万Facebook用户的信息推送发生了微妙的变化，因为研究者在没有提前告知这些用户的情况下操纵了信息推送内容。康奈尔大学和Facebook公司的研究团队删除了一组用户推送中的包含积极词汇的内容，删除了另一组用户推送中的包含消极词汇的内容，旨在研究推特好友如何影响彼此的情绪。研究发现只看到积极推送内容的用户倾向于发布更多积极内容，阅读更多消极推送内容的用户反之。

康奈尔大学与Facebook的研究于2014年发表在了*Proceedings of the National Academy of Sciences*上（Kramer，Guillory，& Hancock，2014）。一位博主认为该研究将Facebook用户作为“小白鼠”，引发了公众愤怒。随后，该研究也受到一些研究者和研究协会的严厉批评。Facebook页面展示的广告通过鼓励用户购买Facebook广告商的产品和服务来改变用户行为，但在用户不知情或没有表示同意的情况下改变信息推送的性质与之完全不同，该研究是否违背伦理规范仍值得商榷。虽然没有明确的答案，但此处存在的伦理争议值得其他研究设计参考，从而促使自己的研究符合伦理准则。

Gorski是一名外科医生、研究者，还是博客Science-Based Medicine的编辑。2014年他在博客上写道，对康奈尔大学与Facebook研究的争论体现了社会科学研究者和技术公司之间的“实际文化差异”。他认为，至少应该让用户拥有选择不参与这项研究的权利，因为“仅在网站上点击一个方框就表示知情同意，绝对是荒谬可笑的”（见知情同意部分）。宾夕法尼亚大学医学伦理和健康政策方向的教授Moreno也批评这项研究“向情绪状态不明的用户发送可能会让其不安的内容”（Albergotti & Dwoskin，2014）。威斯康星医学院的社会心理学家Broaddus（2014）指出，该研究缺乏透明度。马里兰大学的法律教授Grimmelmann刊登在2015年5月的Slate上的一篇文章中指出：

> 如果该研究由高校教师在实验室针对招募的志愿者进行，研究者肯定会起草一份详细的实验说明并提交给学校的伦理审查委员会。委员会将详细审查实验说明，确保参与者给予的知情同意信息与研究设计和研究风险相一致。更重要的是，研究者会严格遵守职业道德，尊重参与者，统筹风险和利益，同时确保研究的完整性。这一过程缓慢而审慎，做到充分、明确，在很大程度上以人为本。

该研究也存在法律层面的问题。目前还不清楚研究是否涉及18岁以下或美国境外的用户，后者在研究中可能会受到不同程度的政府审查。

也有很多研究者表示支持，指出Facebook和其他互联网公司经常出于企业利益或以社会实验为目的开展此类研究。例如，根据Newsweek报道，在线约会网站OkCupid多年来一直在操纵用户生成的内容。OkCupid的总裁指出：“在使用互联网时，用户随时都是数百个实验的研究对象。”（Wofford，2014）生物伦理学家Meyer（2014）也为此类研究辩护，认为从科学的角度来看，对Facebook数据所做的研究具有重大的意义，科学界的回应不应该导致此类研究转入地下或扼杀企业与社会科学家之间的合作。

Facebook宣布，在该研究结束后，已经修订了其伦理准则，目前所有研究要经过三次内部审查，包括保护用户数据隐私。不管该研究对社会科学领域的最终影响如何，文本挖掘研究者都应该考虑伦理问题。下文将结合康奈尔大学与Facebook的研究，讨论文本挖掘研究中必须考虑的重要伦理问题，包括人类受试研究的基石——尊重、善行和公正；**伦理准则**（ethical guidelines）；**伦理审查委员会**（institutional review board，IRB）；**隐私**（privacy）；**知情同意**（informed consent）；操纵。本章还会讨论著作权和出版涉及的伦理问题。

## 尊重、善行和公正

现代研究伦理的一个基石是《贝尔蒙报告》(*Belmont Report*)，1979年在美国政府的支持下出台，旨在解决医学研究面临的伦理问题。该报告由一个专家小组撰写，提出三项基本伦理原则，以规范涉及人类的研究：尊重、善行和公正。这些原则后来演化为《美国联邦受试者保护通则》(Common Rule)，用以指导美国高校的研究。在《贝尔蒙报告》中，对人的尊重包括两项原则：尊重个体独立自主的权利，弱势个体有权得到额外保护。这就意味着如果可能的话，研究者应该得到参与者的知情同意（见下文）。善行是指考虑研究参与者的利益。这一原则要求将参与者的风险降到最低，将参与者和社会的利益最大化。公正原则指研究成本和收益的分配问题，确保不会因为要让一个群体获益而牺牲另一个群体的利益。公正原则往往与如何选择参与者的问题有关。

时至今日，《贝尔蒙报告》仍然是伦理审查委员会的重要参考资料，用来审查涉及人类的研究，以确保符合伦理基础（下文将介绍伦理审查委员会）。它还可作为专业协会制订伦理准则的参考依据，包括涉及互联网数据的研究的相关协会。

## 伦理准则

受《贝尔蒙报告》的影响，同时也考虑到线上群体研究的特殊挑战，许多专业协会都发布了线上研究的伦理准则。互联网研究者协会（Association of Internet Researchers，AoIR）在2002年和2012年分别发布了重要指南。2002年的AoIR指南讨论了知情同意和网民的伦理期望等相关问题。2012年的指南特别指出，使用用户生成的在线数据需要考虑以下三个方面：人类受试的概念，公共与私人网络空间，数据或个人。2012年的指南没有规定具体行为准则，而是给研究者提出了一系列的问题，促进研究的伦理思考。

AoIR指南指出，人类受试是一项关键的指导原则，因为“所有的数字信息都会涉及个人，即使不清楚其具体的参与方式和地点，也有必要考虑与人类受试有关的原则。”然而，虽然人类受试一词一直是社会研究的指导性概念，但在互联网研究中却变得有些棘手：

> 在描述许多基于互联网的研究环境时，“人类受试”从来不是一个恰当的表述。学者群体中正在进行的争论表明，对“人类受试”的理解因教育背

> 景而异。本书主张该术语不再是之前那样相对直接的传统定义。作为学术共同体的一部分，我们认为若从主流学术框架之外考虑，“人类受试”的概念并不像其他术语那样具有相关性，如伤害、脆弱性、可识别的个人信息等。应该鼓励研究者继续对“人类受试”的概念进行积极和批判性的讨论，因为在互联网研究中可能会进一步明确其内涵，或者找到更恰当的术语将其取代，以界定可能具有伦理风险的研究。(p. 6)

AoIR指南的第二条准则解释了公共与私人数据的概念。虽然隐私的定义必须包括期望和共识两个方面，但公共和私人之间并不存在“明确的界限”。

> 个体和文化对隐私的定义和期望具有模糊性、争议性和变化性。个体在公共空间活动时，可能又同时对隐私保持强烈的认知或期望。或者，人们可能认同交流内容是公开的，其出现的具体环境意味着信息（应）如何被第三方使用的限制。数据聚合或搜索工具使公众能够获得海量信息，可能超出数据生产者的本意。(p. 7)

AoIR指南的第三条准则或张力是关于数据和人类之间的关系。该报告指出了以下几点：

> 互联网使得基本研究伦理问题复杂化。用户是真正的人吗？数字信息是自我的延伸吗？在美国的监管体系中，首要问题一般是：我们的工作对象是否是人？若直接从个人渠道收集数据，如电子邮件、即时信息或网络访谈，我们很可能会自然地将研究场景定义为涉及人的场景。

例如，如果收集数千条Twitter或Facebook推文，得到的数据似乎就与实际发推文的人没有太多直接关系。研究者可能不相信其研究会直接或间接地影响数据生产者，但有相当多的证据表明，“匿名”研究数据集也可能包含个人信息，泄露数据生产者的隐私。研究者一直在讨论如何在处理数据集时充分保护个人隐私（例如，Narayanan & Shmatikov，2008，2009；Sweeney，2003），这涉及了伤害最小化的基本伦理原则。网络数据与其生产者的联系可能会导致心理、经济甚至身体上的伤害。研究者必须考虑数据是否有可能暴露其生产者，以及是否会给他们造成伤害。

英国心理学会（British Psychological Society）和美国心理学会（American Psaychological Association，APA）等专业研究协会已经制订了在线研究的指导文件和伦理准则。但是由于并非每个专业研究协会都制订了伦理准则，在收集或分析数据之前，有必要将研究计划提交伦理审查委员会。

## 伦理审查委员会

伦理审查委员会（IRBs）隶属于高校，负责批准、监督和审查涉及人类行为和生物医学的研究，所有涉及人类受试的研究都需要得到校级伦理委员会的批准。伦理审查委员会和其他校级伦理委员会持续制订和修订标准，以适应不断发展的社交媒体和大数据技术。

20世纪90年代以来，学术界普遍认识到，在以计算机为媒介和以互联网为基础的传播研究领域，需要伦理审查委员会修改其人类受试原则和伦理政策。这些修改很有必要，因为在网络环境中，通常不可能获得参与者的知情同意（Sveningsson，2003），部分用户反而期望获得曝光率。撰写和修订伦理政策的研究者和伦理学专家将会一直努力解决下文中讨论的几个问题，包括隐私、知情同意、人类受试操纵和出版伦理。

## 隐私

1996年，互联网研究者Sudweeks和Rafaeli认为，社会科学家应该把“以计算机为媒介的交流中的公共话语看作是公开的”，“类似于研究墓志铭、墙壁涂鸦或致编辑的信。它们是否属于私人？是。它们是否属于隐私？否”（p. 121）。Sudweeks和Rafaeli的观点为研究实践开了方便之门，但事实证明，对于使用社交媒体平台数据的研究来说，有时却存在问题。研究者对以下两个问题存在争议：第一，在互联网上发布信息的人是否应被视为研究“参与者”；第二，用户生产的信息是否应被视为已经存在于**公共领域**（public domain）的二手数据。

一些研究者认为，公开数据不具备隐私性。但许多研究者（例如，Attard & Coulson，2012；Coulson，Buchanan，& Aubeeluck，2007）虽然认为数据存在于公共领域，依然坚持研究应获得伦理审查委员会的批准。一些研究者认为，如果不用**注册**（registration）就可以访问网站数据，就可以认为数据是公开的（Attard & Coulson，2012；Haigh & Jones，2005，2007）。因此，如果任何人都可以访问数据，不需要网站注册，就有理由认为这些数据属于互联网公共领域。

如此来看，需要注册和**数据加密**（password-protected data）的网站应被视为私人领域（Haigh & Jones，2005），发帖的用户很可能有隐私保护的需求。需要注册的网站通常都有版权保护，涉及法律层面的数据所有权问题，以及是否可以合理合法地研究其中的帖子和信息。

人们普遍认为康奈尔大学和Facebook的研究侵犯了Facebook用户的隐私。一些网站和社交媒体平台有隐私政策，规定了用户隐私的具体条款，研究者可以将其作为指导方针，判断将该网站的数据视为公共资源是否符合伦理标准，或者是否需要获取知情同意。但在大多数情况下，这些条款并不完善，最多只能作为最低标准，无法满足伦理审查委员会的要求。例如，欧盟有严格的隐私法，Facebook的研究已经违反相关法律。对于试图遵守隐私法的研究者来说，很难判断到底应该遵守哪个地区的法律：研究参与者居住地、研究者居住地、伦理审查委员会所在地、服务器所在地、数据分析所在地，抑或是这些地点的组合。

由于从网上获取用户的文本数据是被动的信息收集方法，通常不会与参与者互动，在大多数情况下，文本挖掘研究在伦理上不会像实验法或其他涉及招募参与者的研究方法那样具有挑战性，因为参与者可能会提供虚假信息。然而，如果伦理审查委员判断用户有保护在线讨论隐私性的需求，通常都会要求研究者获得知情同意（见下一节）。至少，社会科学家都需要对用户名和全名进行**匿名化**（anonymize）处理（使用化名）。

也有人认为，虽然在线互动在公共领域进行，但网站成员可能认为这些互动是私人的。Hair和Clark（2007）提醒研究者，网友通常不会意识到有人会观察他们的在线讨论，事实上他们可能也并不希望被观察。

为了在文本挖掘研究中使用用户数据，研究者必须做出以下几个决定。首先，必须基于一切可用的证据确定数据属于公共或私人领域。第二，如果数据属于公共领域，研究者必须确定用户是否需要合理的隐私保护。为了做出这些判断，研究者应该留意网站、应用程序和其他平台是否要求会员注册，以及是否声明了有关用户的隐私条款。

## 知情同意

知情同意是指个人在全面了解研究要求的基础上明确同意参与研究的过程。《贝尔蒙报告》（见上文）确定了知情同意的三个要素：信息、理解和自愿。尊重原则要求应以可理解的形式向参与者提供相关信息，自愿同意参与研究。在研究过程中，已经给予知情同意的参与者不需要知道研究的理论或假设，但应该清楚要收集他们的哪些数据、要如何处理这些数据，以及退出研究的权利。

知情同意是在第二次世界大战后确立的研究伦理的核心原则。在特殊情况下，若研究问题至关重要，却不可能获得知情同意（或者会妨碍研究公正），可以通过法律渠道取得豁免。但这种情况很少，康奈尔大学和Facebook的研究很明显没有获得用户的知情同意，人为操纵了消息推送。相反，研究者利用Facebook数据条款中容易被忽略的附加条款，在没有得到用户知情同意的情况下进行了研究。尽管研究者与Facebook共同进行了研究设计，但他们似乎是在数据收集完成后才获得伦理批准的（Chambers，2014）。

有些研究者认为，网络环境下的研究不需要知情同意，因为网络数据属于公共领域范畴（Eysenbach & Till，2001；Sudweeks & Rafaeli，1996）。基于研究的科学价值，若可以证明不公开观察的合理性，专业研究协会有时也会认为不需要知情同意。如果不能合法地证明数据属于公共领域，或者数据属于公共领域但受版权法保护，研究者必须征得参与者的知情同意。

由于获得知情同意的过程很繁琐，需要撰写伦理审查委员会批准的知情同意书，文本挖掘研究者通常更倾向于使用明显属于公共领域的数据。

## 操纵

截至目前，本章假设研究者在收集用户自发生产的数据（不是**非自发数据**[prompted data]，如访谈或问卷调查），但社会科学家已经开始尝试操纵在线环境，收集用户的文本数据，评估其反应或回应。康奈尔大学和Facebook的情感研究就是例证。研究者还可以通过在网络环境中发布性别歧视、种族主义或仇视同性恋的内容，记录不同群体成员的反应。从伦理角度来看，此类实验性的在线研究结束后，仅仅对参与者进行匿名化处理是远远不够的。若要进行需要操纵受试的研究，最好咨询伦理审查委员会，遵循各自专业协会的具体规定和指南。

## 出版伦理

如果你准备攻读研究生学位或从事研究和教学工作，有很多渠道可以发表研究论文，比如本科生研究期刊、国家或国际学术会议的本科生展示环节、高校研究数据库中的本科生荣誉论文板块，或者以研究助理或者共同作者的身份在研究期刊和会议论文集上刊登论文。无论目标如何，你都需要了解学术出版的伦理规范。这一节将引用管理学研究者Davis和Mads在2007年撰写的研究伦理案例，均为常见的与著作权和出版有关的违规行为。

## 案例一

假如你近期开始与一位教授合作，其学术成果颇丰，多年来一直在核心期刊上发表文章。但你发现他的研究方法非常蹊跷。他首先收集和分析数据，可能包括学生收集的数据集，观察是否存在值得研究的有趣的地方。你发现该教授经常修改数据，调整因变量，实现有统计意义的显著结果，增加发表重要论文的机会。

*该教授的研究方法是否符合研究伦理？为什么？*
*在这种情况下，你作为一个学生可以或应该做什么？*

## 案例二

一位教授的学术简历内容充实，令人印象深刻，但仔细阅读后发现她的许多成果非常相似。一天，在与这位教授见面时你们一起讨论这些成果，她表示自己从来不会写很难被引用和关注的文章。她会修改一些论文的标题，在学术会议上发表。她认为既然花了大量时间收集数据，为了让工作效率最大化，就必须使用同样的数据和理论产出多篇论文。

*学者可以剽窃自己的成果吗？*
*数据可以在符合研究伦理的情况下多次使用吗？*
*一篇论文可以同时提交给学术会议并在学术期刊上发表吗？*

## 案例三

三个研究生在聊天中抱怨自己的导师。学生甲说，她为导师的课程写了一篇期末论文，询问导师该论文能否提交给学术会议，导师表示同意并建议插入一些参考文献，最后要求将自己列为共同作者。学生乙说在撰写毕业论文时得到了导师的大力支持，但是论文完成后导师要求在所有基于该论文的研究成果中成为第一作者。学生丙的导师最让人头疼，他认为自己是导师，理应拥有所有研究数据和相关**知识产权**（intellectual property，IP）。

*如何确定研究成果的著作权？*
*研究成果的知识产权和数据归谁所有？*

以上案例涉及著作权和出版相关的违规行为，在高校中并不罕见。在这些情况下你会怎么处理？导师对学生未来的学术生涯有巨大的影响力。若导师拒绝为学生写求职或申请研究生所需的推荐信，或者在推荐信中写了不利的内容，会对学生的职业生涯造成永久性伤害。Davis和Madsen在博文中也讲述了其他案例，值得研究者阅读。你也可以参考本章末提供的网络资源和拓展阅读。

## 结语

为文本挖掘研究选择适当的伦理指南难度不小。Watson、Jones和Burns（2007）认为，由于网络平台和社群的多样性，不太可能采用统一的伦理准则解决在线研究面临的问题。Hair和Clark（2007）指出，在一个群体中合乎伦理的研究，可能在其他群体中会违规。鉴于此，需要密切关注研究涉及的网络群体相关的具体伦理规范。应该为文本挖掘研究准备多套不同的伦理准则，适用于不同的研究需求。如果所在学科没有为文本挖掘或其他使用用户数据的研究提供明确的伦理准则，应该参考相关领域的文献。

若研究需要从社交媒体和网站收集用户数据，与其他涉及人类受试的研究相同，研究者需要考虑诸多因素，包括确定适当的知情同意流程，尽量确保自愿参与，保护个人隐私和对数据进行保密，尽量减少参与者的风险。高校的研究者必须在收集或分析用户生产的文本数据之前咨询伦理审查委员会。

## 本章要点

- 伦理审查委员会隶属于高校，负责批准、监督和审查涉及人类行为和生物医学的相关研究。
- 在收集涉及人类的数据之前，需要参考AoIR和其他专业研究协会的伦理指南。
- 必须基于现有证据确定研究数据属于公共或私人领域。
- 如果数据属于公共领域，必须判断用户是否需要合理的隐私保护。
- 在确定用户的隐私保护需求时，关注收集数据的网站、应用程序或其他平台是否需要会员注册，以及是否明确声明了用户隐私条款。
- 研究论文应该使用化名替代网名或全名。
- 由于获取知情同意的过程很繁琐，需要撰写伦理审查委员会要求的知情同意书，文本挖掘研究者通常更愿意采用明显属于公共领域的数据。
- 由于高校内部的权力等级秩序，著作权和出版也面临伦理挑战（见O'Leary，2014，Chapter 4）。如果自己或朋友、同事在著作权和出版上陷入困境，可以参考本章展示的Davis-Madsen研究伦理案例和其他网络资源。

## 简答题

- 社会科学家在哪些情况下可以不用获得知情同意直接收集数据？
- 如何利用文本挖掘研究造福科学和社会？

• 如何处理违背伦理准则收集的数据？它们是否应该像符合伦理准则的数据一样被使用？

## 讨论题

• 阅读三个社交媒体网站或应用程序的隐私条款。是否可以将这些平台上的评论和推文视为处于公共领域？为什么？
• 你的研究将如何影响参与者所在的社群？
• 如何在研究中应用知情同意？

## 网络资源

• 2012 AoIR report "Ethical Decision-Making and Internet Research: Recommendations from the AoIR Ethics Working Committee"
• The APA's report "Psychological Research Online: Opportunities and Challenges"
• The British Psychological Society's "Ethics Guidelines for Internet-Mediated Research"
• The Ethicist Blog from the Academy of Management

## 研究计划

思考你手头的研究计划面临的伦理问题。是否需要人类受试？研究数据属于公共领域还是私人领域？研究数据是否可能暴露研究参与者的个人信息？

## 拓展阅读

Israel, M. (2014). *Research ethics and integrity for social scientists: Beyond regulatory compliance*. Thousand Oaks, CA: Sage.
O'Leary, Z. (2014). *The essential guide to doing your research project*. Thousand Oaks, CA: Sage.

# 4 哲学和逻辑基础

## 学习目标

1. 阐释与文本挖掘相关的社会科学哲学概念。
2. 理解哲学假设和研究方法的依存关系。
3. 梳理学术界“两种文化”的含义。
4. 理解实证主义和后实证主义的区别，定位自己的研究项目。

## 引言

有读者可能会速读甚至略过这一章，研究者当然可以只阅读后续技术性更强的章节，不用过多考虑**认识论**（epistemology）、**本体论**（ontology）、**元理论**（metatheory）或推论逻辑。但对于文本挖掘研究的新手来说，最好仔细阅读本章。正如序言所述，房子的地基必须经过科学的设计和建造才能结实，研究项目的哲学基础也需要如地基般稳固。文本挖掘通过分析人类生产的文本推论其所在社群，研究者认为文本挖掘技术可以用来解读话语，这是话语生产者自身无法做到的，但论证解读的合理性却并不简单。下面这几个学术领域讨论过在什么情况下可以使用数字文本推断社会群体特征，包括科学哲学（Curd，Cover，& Pincock，2013）、技术哲学（Kaplan，2009）和科学技术学（STS；Kleinman & Moore，2014）。

下面举一个例子：同文本挖掘技术一样，一个世纪前，测谎仪是一项革命性的技术，其社会影响不可估量。有人认为测谎技术将拓展科学家的感知能力，甚至能知道他人在想什么，也就是说，测谎仪可能揭示人类不知道或不愿透露的信息。同理，文本挖掘工具也可能获取社群成员的想法和感受。然而，测谎仪真的能揭穿谎言吗？测谎仪产生的数据意味着什么？如何使用这些数据？测谎技术本身并不能回答这些问题。最终，科学家和科学、法律和刑事司法机构花了几十年的时间，才厘清了测谎仪可能和不能完成的任务，以及如何合理使用这些数据（见 Alder，2007；Bunn，2012）。直到今天，人们依然时常质疑测谎仪的结果。科学机构、政府和企业组织目前还在初步探索文本挖掘可以获得哪些结论，主要涉及技术讨论以及有关知识、事实和语言的哲学讨论。

**社会科学哲学**（philosophy of social science）就是讨论如何使用社会研究技术（如测谎仪和文本挖掘工具）的主要领域之一，这一重要的学术研究领域处于哲学和当代社会科学的交汇点。社会科学哲学家们提出和批判的一些概念成为社会科学研究的实践基础（Howell，2013）。他们批判性地分析了社会研究中的认识论假设，即知识的本质，还分析了本体论假设，即世界的本质，以及元理论假设，即科学理论的能力和局限。社会科学家经常需要说明研究结论的有效性和可推广性、研究设计的充分性，以及一种理论为何优于其他理论。这些主张均以认识论、本体论和元理论的隐含立场为基础（Woodwell，2014）。社会科学哲学解释这些基本立场，回答为什么不同的社会科学研究方法能够或不能利用彼此的结论。本章将简要回顾文本挖掘研究中关键的哲学问题，讨论不同哲学立场在实践中的应用。

## 本体论和认识论

如何根据个体或群体的文本得出社会研究结论？文本挖掘研究结果仅仅是夺人眼球，还是要真实、准确地反映现实？

每一种社会科学研究方法都基于某种哲学立场来回答此类问题。文本挖掘研究的哲学基础是独一无二的，因为一般需要采用“混合方法”（Creswell，2014；Teddlie & Tashakkori，2008），其处于科学和人文“两种文化”的交汇点（Snow，1959/2013）。“两种文化”是由英国小说家和科学家 Snow 在 1959 年的演讲和随后的著作中提出的，认为由于西方社会对科学和人文的学科划分，共同文化开始丧失，这一划分也就成为研究社会问题的屏障。

虽然两种文化的提法有些粗糙，但在社会科学中，也存在着科学知识和人文知识的对立。它们有时被称为通则式（nomothetic）知识和个殊式（idiographic）知识（见第 5 章），社会科学称之为实证主义和后实证主义。实证主义研究范式重视量化、假设检验和统计分析。后实证主义是一种更重视解释的范式，包括仔细阅读和对文本的多角度分析。在实践中，文本挖掘和文本分析融合了这两种范式。由于实证主义和后实证主义基于不同的认识论和本体论，其研究结果往往“不可通约”（incommensurable），无法相互借鉴。实证主义和后实证主义的认识论和本体论取向可以分为以下五种哲学立场（Howell，2013）。

## 符合论

**符合论**（correspondence theory）是一种与科学实证主义相关的传统知识和真理模式，是第一种为社会研究提供基础的哲学立场。符合论认为，真理和现实二者存在对应关系，真理和现实的概念与世界上实际存在的事物相对应，比如蚯蚓、彗星、化学反应以及人类的思想和观念。客观现实与对其描述和理解的概念之间存在对应关系，通过概念与客观现实的关系衡量概念的真实性，客观现实的存在与人类如何对其进行思考和谈论无关。真理和知识具有普遍性和绝对性，社会科学、自然科学、物理科学等任何学科理论的目标，均为精确使用思想、语言和符号以准确反映客观现实。

基于符合论，文本分析研究的目标应该是根据网络社群生产的文本了解关于网络社群的客观事实。如果文本挖掘和分析方法应用得当，应该能够发现关于社会群体的客观事实，并且无可争议。

## 融贯论

第二种主要哲学立场是**融贯论**（coherence theory），主张真理、知识和理论必须符合一个连贯的命题系统。该命题系统适用于与其属性一致的客观事实（Hempel & Oppenheim，1948）。世界上可能只有一个知识系统，也可能有许多知识系统，但无论哪种情况，具体事实和普遍命题之间都存在一致性。与符合论一样，融贯论是一种传统的真理和知识模式，与实证主义密切相关。对于文本挖掘研究来说，融贯论认为分析在线社群的方法很多，但研究发现的客观事实必须符合一套连贯的理论和经验命题系统。

## 实用主义

实用主义将真理定义为被证明对其拥护者或使用者有用的宗旨，真理和知识通过经验和实践得到验证（James，1907/1975，1909/1975）。在实用主义本体论中，客观真理不可能存在，因为真理需要与群体实践联系，总是具有主观和客观两个方面（Howell，2013，p. 132）。

基于实用主义的文本挖掘方法认为研究发现的客观事实均真实有效，这些事实不仅与现实或理论体系相关，而且与研究者本身的实践和利益相关，无论它们来自学术界、政府机构或企业。

### 建构主义

社会科学哲学中的**建构主义**（constructionism）立场可追溯到 Berger 和 Luckmann 在 1966 年的社会学经典著作《现实的社会建构》（*The Social Construction of Reality*）。建构主义认为不存在外在的客观现实或系统：真理不是概念与客观现实的对应问题，也不是客观现实与命题系统的一致性问题。相反，社会群体就什么是或不是真理达成共识时，就会产生真理和知识。因此，建构主义范式的核心假设是，社会建构的现实并不独立于观察者，而是由人类在各种社会和文化因素的影响下建构出来的，从而形成了对真实的一致认同（Howell，2013，p. 90）。

与**实用主义**（pragmatism）一样，建构主义认为文本挖掘方法不能消除主观性。但建构主义走得更远，认为追求客观性不是社会研究的可行目标。相反，研究者应致力于为社会现象提供新的解释，使之具有启发性或启蒙性。但是他们也没有理由声称，他们的方法就可以接触到以其他方式无法理解的客观现实。由此，建构主义是后实证主义社会科学的基本哲学立场。

### 批判实在论

由 Bhaskar（1975/2008）提出的**批判实在论**（critical realism）将符合论的实在论与建构主义的社会文化反身性相结合。批判实在论区分了人类的知识生产与客观事物或基于客观事物的知识，一些事物通常比其他事物更具有社会建构性（或“可转变性”[transitive]）。其本体论认为客观现实外在于人类，但“认为人类的知识能力无法完全理解模糊和混沌的真理”（Howell，2013，pp. 50-51）。

对于文本挖掘研究来说，批判实在论认为由于社会群体生产的文本是一种由社会建构的知识形式，对其的认识总是不完整或是存在局限。然而，与建构主义不同，批判实在论认为文本中存在一些“无法转变”的元素，即可测量的客观事实，可成为科学研究的对象。

## 元理论

与认识论和本体论一样，元理论是一个与社会科学研究实践有着特殊关系的哲学领域。元理论探究社会科学研究中研究理论的作用。社会科学研究方法一般都是基于上文概述的认识论和本体论立场，受哲学基础的影响，不同的研究最终可能以迥然不同的方式对待研究理论。换句话说，不同的文本挖掘和文本分析方法基于不同的元理论前提，即关于理论在实证研究中的用途、能力和限制的前提。Howell（2013）介绍了以下社会科学方法论中常见的元理论立场，从抽象到具体依次排序。

### 宏大理论和哲学立场

**宏大理论**（grand theory）是指对社会现象和人类存在的全面抽象解释（例如，马克思的历史唯物主义）。单个研究几乎无法直接检验宏大理论及其哲学立场。但随着时间的推移，大量的实证研究结论一般都能支持或削弱这些理论和哲学立场。

### 中观理论

**中观理论**（meso theory）不如宏大理论全面和抽象，与实证研究联系更紧密。该术语指“中层”（Merton，1949）的理论，包括实证研究发现的实质理论和模型。中观理论在心理学和社会学中很常见，研究者提出、验证并完善与心理学和社会学现象有关的具体理论，如认知偏见或招聘中的性别歧视。

### 理论模型

**理论模型**（theoretical models）是对复杂社会现象的简单化，通常采用图式表述。几乎在所有的实证研究，特别是在以实证主义调查模式进行的研究中都会构建理论模型。

### 实质理论

**实质理论**（substantive theory）由数据分析得出，对社会和历史现实进行概念化。虽然理论和实证研究者都明白，理论越是简化，就越容易确定自变量和因变量之间的因果关系，但这种简化往往使人更难全面理解或解释研究现象。理论模型有时会过度简化，实质理论则更为复杂，通过解释主义的方法（如档案研究和民族志）归纳得出。

## 推论

社会科学研究涉及对理论、数据模式以及数据来源的个体和群体的推论（得出结论）。推论逻辑解释如何以及为何可以从数据中进行推论。基于收集的数据，研究者使用逻辑推论社会现象之间的关系以及社会现象与理论命题之间的关系。研究者在研究初始阶段可能并不清楚将选择哪种推论方法或得出哪种结论，但一般会使用以下一种或多种逻辑推论方式，因此掌握它们对于研究者来说非常重要。

### 归纳逻辑

归纳逻辑是指基于数据展开推论，获得理论层面的概括和命题。研究者采用研究工具分析实证数据，通过综合分析得出一般结论（图4.1）。第3章中的案例一采用了**归纳法**（induction）。

质性研究者使用归纳逻辑时，他们通常将其研究定位为**扎根理论**（grounded theory）（Glaser & Strauss，1967），量化研究则更偏向**数据挖掘**（data mining）。在文本挖掘研究中，扎根理论和数据挖掘都得到了广泛应用。

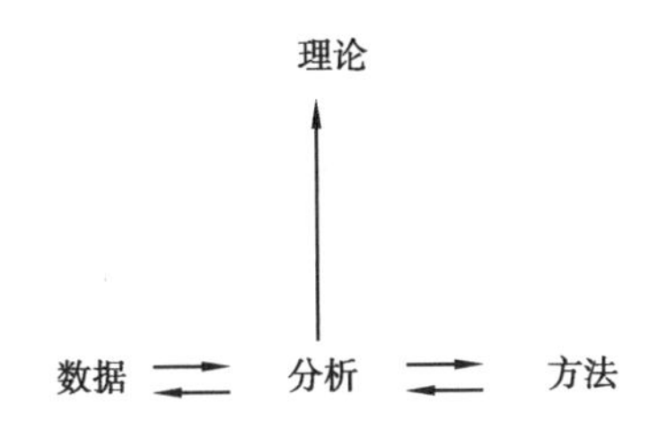


图4.1 归纳逻辑

社会科学家钟爱**归纳推论**（inductive inference）的原因如下。第一，可以快速采用数据集和专业工具展开研究，不必花时间学习深奥的哲学和理论，或设计复杂的研究。第二，具有灵活性和适应性。分析者可以让数据说话，并进而得出相应的结论，而不是先验地将类别和概念强行赋予数据。第三，归纳研究设计允许量化研究者能够立即利用他们所拥有的各种数据集、强大的软件和编程语言。

纯粹的归纳研究也存在一些严重缺陷。首先，其鼓励学者在没有明确研究问题的情况下进行研究，研究者通常认为研究目的将在分析阶段逐渐清晰。但这种做法实际却存在风险，研究者可能会在缺乏明确方向和目的的项目中投入大量时间和资源。

归纳研究的另一个缺点是可能会导致研究者的被动性，不太重视阅读研究领域的研究文献。归纳法鼓励研究者直接开始数据收集与分析，基于研究结果关注本领域的研究空白、问题和分歧，而不是首先阅读现存文献，再设计研究来解决未知问题。在实践中，这往往存在很高的风险。

虽然大量依靠归纳推论逻辑是一项有风险甚至危险的策略，但事实上归纳法在大多数文本挖掘研究项目中都起到了一定的作用。自然语言数据的复杂性要求研究者根据数据调整理论模型和框架，而不强迫数据符合他们偏爱的理论。

下面介绍一个基于归纳逻辑的文本挖掘研究：Frith和Gleeson在2004年对男性本科生的穿着和自我形象进行开放式调查，对参与者的回答进行了主题分析。研究者通过滚雪球抽样的方式招募参与者（见第5章）。为了了解男性的自我形象认知如何影响穿着，Firth和Gleeson分析了四类调查数据，发现了四个主要主题，包括：男性重视实用性；男性不应该关心外在形象；衣服是用来掩饰缺点或展示优点的；衣服是用来满足文化标准的。

第二个案例为Jones、Coviello和Tang（2011）对国际企业经营领域相关学术研究的分析，他们基于1989年至2009年间发表的323篇关于国际企业经营的期刊文章构建了一个语料库，对其中的主题和次主题进行了归纳综合和分类。

## 研究聚焦

### 媒介框架研究中的归纳法

Bastin, G., & Bouchet-Valat, M. (2014). Media corpora, text mining, and the sociological imagination: A free software text mining approach to the framing of Julian Assange by three news agencies. *Bulletin de Méthodologie Sociologique*, 122, 5–25.

社会学家Bastin和Bouchet-Valat在论文中介绍了专门为媒介框架分析而设计的免费文本挖掘软件包R.TeMiS。在R文本挖掘工具中，R.TeMiS具有图形用户界面（GUI），有助于基于大型媒体内容数据库实现语料库建设和管理程序的自动化，并提供一系列统计工具，如单向表和双向表、时间序列、分层聚类、对应分析和地理绘图。Bastin和Bouchet-Valat分析了2010年1月至2011年

12月国际新闻机构法新社、路透社和美国联合通讯社以英文发表的667篇报道，展示了有关Julian Assange报道的媒体框架。该研究对数据采用了对应分析的归纳方法（见附录G），并且基于文本中国家名称进行了地理信息标注和地图绘制。

**研究软件：**

R.TeMiS

## 演绎逻辑

演绎逻辑是与**科学方法**（scientific method）联系最为紧密的推论形式。演绎研究始于理论抽象（图4.2），从理论中推导出**假设**（hypothesis），从而设计研究项目，并基于实证数据检验这些假设。最典型的演绎研究形式是实验室实验，原则上允许研究者控制除研究变量以外的所有变量，论证假设是否成立。

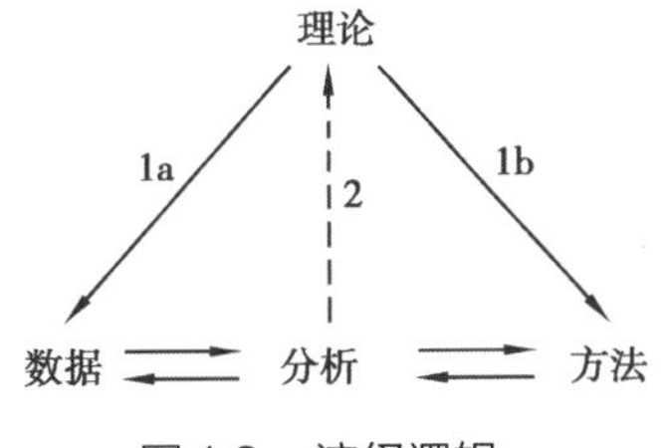


图4.2 演绎逻辑

演绎逻辑已经应用于许多文本挖掘研究。Hirschman（1987）的研究“作为产品的人”，基于男性和女性的征婚广告验证了现有的资源交换理论。她基于该理论建立了16个假设，从*New York*和*Washingtonian*两本杂志收集了一年内的征婚广告，随机选择了100个男性和100个女性征婚广告，基于另外20个征婚广告制订了分析中采用的内容类别。根据该内容类别，一名男性和一名女性编码者会分别对广告进行编码。数据被转换为代表每个样本在每个资源类别编码中的比例权重（例如，金钱、身体状态、职业），采用2×2**方差分析**（analysis of variance，ANOVA）进行统计分析。附录H将介绍方差分析，这是用于分析组间差异的统计模型。在Hirschman的研究中，征婚广告发布者的性别（男性或女性）和城市（纽约或华盛顿）是方差分析中的因素，Cunningham、Sagas、Sartore、Amsden和Schellhase（2004）也使用了方差分析来对比女子和男子体育代表队的新闻报道。

管理学研究者Gibson和Zellmer-Bruhn在2001年研究了不同国家组织文化中的团队概念，旨在证明国家文化会影响员工态度，这是在文本挖掘研究中应用演绎逻辑的另一个例子。Gibson和Zellmer-Bruhn选择了四个国家（法国、菲律宾、波多黎各和美国）的四个组织，对参与者进行了访谈，转录的访谈内容形成了研究语料库。他们使用QSR NUD*IST（后来变为NVivo；见附录D）和TACT（Popping，1997）对五种常见的团队隐喻进行质性编码（见第12章），然后创建因变量使用多项式logit和**logistic回归**进行假设检验。

Cunningham等（2004）采用演绎法分析了NCAA（美国全国大学体育协会）通讯新闻中的男女运动项目报道，随机选择了24期NCAA新闻中的数据，以验证组织资源依赖理论，这是另一个演绎研究设计的例子。从1999年和2001年的每个月中选出一期杂志（见第5章的系统抽样），只分析专门针对运动项目、教练或体育团队的文章，不包括有关委员会、体育设施和其他主题的文章（见第5章关联抽样）。两名研究者对样本中5745个段落的性别、段落在杂志中的位置进行了独立编码。他们还计算了编码的信度系数，包括Cohen's kappa和皮尔逊积矩系数。附录H将介绍信度系数，可以衡量评分者的一致程度，评分者信度可以判断一个特定的量表是否可以正确衡量变量。如果评分者的意见不一致，要么量表有缺陷，要么需要重新培训评分者。

Cunningham等还计算了词语使用频率，还进行了方差分析和卡方检验。附录H将讨论卡方检验，这种方法对于文本挖掘研究非常实用。卡方检验允许在不同大小的文件或文件组中比较词频与预期词频。

用户生成的文本数据往往非常复杂，给社会科学研究中演绎逻辑的使用带来了挑战。研究者无法采用实验法研究网络社群成员互动所产生的文本，很难在网络社区中操纵参与者，并且这也违背伦理（见第3章）。即使研究者一直关注研究领域的相关文献，在开始分析时也可能对研究目的一无所知。出于这一原因，许多文本挖掘研究者主张使用溯因推论逻辑，这是一种更合理的研究逻辑，常用于社会科学研究，也用于很少采用实验法的自然科学领域，如地质学和天文学。

## 溯因逻辑

归纳法和**演绎法**（deduction）的一个共同缺点就是无法解释理论（无论是宏大理论、中观理论还是理论模型）的提出过程（Hoffman，1999）。最能说明理论创新的推论逻辑是**溯因法**（abduction），也称“**最佳解释推论**”（inference to the best explanation）（Lipton，2003）。溯因法与演绎法、归纳法的区别在于，它涉及一种推论过程，其结论是一种假设，然后可以用全新或修正过的研究设计来检验。该术语由哲学家Peirce（1901）定义，他提出为了使科学取得进展，科学家有必要接受“由事实证明”的假设：

> 若要接受结论，即当出现与期望相反的事实时，就需要合理的解释。那么，解释必须是一个命题，可以预测观察到的事实，该事实要么是此命题的

必然结果，要么至少是在该情况下发生概率极高的结果。因此，必须接受很有可能成立的假设，并且使事实成为可能。溯因法就是接受可以由事实推论的假说。(pp. 202-203)

溯因法“不追求算法，而是一种启发式的方法，用于幸运地发现新事物和创造见解”(Bauer，Bicquelet，& Suerdem，2014)。溯因逻辑并不会取代演绎和归纳，而是以反复的方式（多次重复）串联后两者。溯因逻辑是一种“法医式”的推理形式，类似于侦探推理，通过解释线索来重建事件的过程，或者类似于医生基于症状推断病人是否患病。

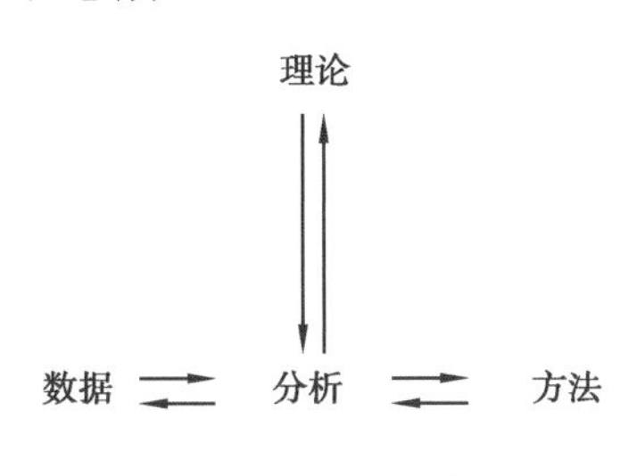


图4.3 溯因逻辑

很多文本挖掘和文本分析研究者主张将溯因法作为最佳推论逻辑，包括Ruiz Ruiz（2009）和Bauer等（2014）。Bauer等（2014）认为，溯因法为文本挖掘研究者免除了以下工作：

面临演绎和归纳的两难选择……可以将溯因逻辑视为折中路线。根据已有证据推论出最合理的解释，同时也要考虑其他可替代的解释。由于这种方法既需要机器推论，也需要人类的直觉，它可以保持人-机器-文本的三方对话。

溯因推论的主要问题是如何规定溯因方法。Peirce提到了“灵光一闪”，或认为溯因能力源于人类解释新奇或意外事实的能力，不过这恰恰证明他并没有一套系统的溯因方法。尽管Peirce没有规定溯因法的标准流程，却指出了如何区分溯因逻辑的好坏。其中包括：溯因逻辑需要提出新观点或解释，需要从假设中得出经验上可对比的预测，以及假设需要符合或充分说明自身的社会和历史背景（Peirce，1901）。

与自然科学和物理学中研究的各种现象相比，语言的复杂性导致不可能单纯依靠归纳或演绎进行文本挖掘研究。即使是最严谨的文本挖掘项目，也并不是单纯依靠演绎推理，而是需要经过研究团队长期采用溯因逻辑来重新确立和提出研究假设，有时甚至需要重新提出研究问题。

溯因推论逻辑可以使用多种复杂的研究工具，也可以辅助演绎研究的设计。例如，Ruiz Ruiz（2009）分析了西班牙的体力劳动者访谈转录文本，发现劳动者批评了摩洛哥的摩尔人移民群体中的沙文主义和顺从性。Ruiz Ruiz在2009年的话语分析方法讨论中描述了如何运用溯因逻辑、归纳逻辑和演绎逻辑。

## 结语

本章回顾了与文本挖掘实践相关的重要社会科学哲学概念，论证了哲学假设和研究方法二者的相互依存关系，并介绍了研究工具，以确定是采用实证主义还是后实证主义进行研究设计。本章最后讨论了文本挖掘和文本分析中可采用的逻辑推论方式。

## 本章要点

- 不同的文本挖掘和文本分析研究方法拥有不同的认识论和本体论立场。
- 理论在不同的社会科学研究方法中发挥着截然不同的作用。
- 文本挖掘和文本分析研究需要采用归纳、演绎和/或溯因推论方法。

## 讨论题

- 社会科学家所说的“建构主义”是什么意思？
- 什么是推论逻辑？为什么社会科学家需要思考这个问题？
- 社会科学研究中演绎推理的局限性是什么？
- 社会科学研究中的溯因推理有什么问题？
- 在社会科学研究中，仅仅使用归纳法有什么风险？
- 本体论的定义是什么？能否举例说明本体论在社会科学研究中的重要性？
- 元理论如何促进研究者解决问题？
- 认识论的定义是什么？能否举例说明认识论在社会科学研究中的重要性？

## 网络资源

*Philosophy of the Social Sciences*

## 研究计划

你的研究会选择实证主义还是后实证主义方法？为什么？

你的研究项目将使用哪种类型的理论？根据所在领域已发表的研究，思考你的研究将如何使用理论。

## 拓展阅读

Reed, I. (2011). *Interpretation and social knowledge*. Chicago, IL: University of Chicago Press.

Rosenberg, A. (2012). *Philosophy of social science*. Boulder, CO: Westview Press.

Snow, C. P. (2013). *The two cultures and the scientific revolution*. London, England: Martino Fine Books. (Original work published 1959)

# 第二部分
# 研究设计和基础工具

# 5 研究设计

## 学习目标

1. 从最初阶段就开始制订研究设计的策略。
2. 确定文本挖掘研究中最关键的决策。
3. 比较采用质性、量化和混合方法的研究设计。
4. 参考有影响力的文本挖掘研究，学习研究设计思路。

## 引言

**研究设计**（research deisgn）是社会科学研究中最重要但也是最困难的话题之一（Creswell，2014；Gorard，2013），主要涉及研究项目的基本架构，将理论、数据和方法衔接的系统，以及在最大程度上实现研究目标的能力（图5.1）。研究设计需要做出一系列选择，必须在项目早期确定，草率或错误的决定可能导致研究结果没有价值，或者缺乏说服力。因此，在投入时间和资源获取文本、学习软件包或编程语言之前，很有必要仔细和系统地思考研究设计。

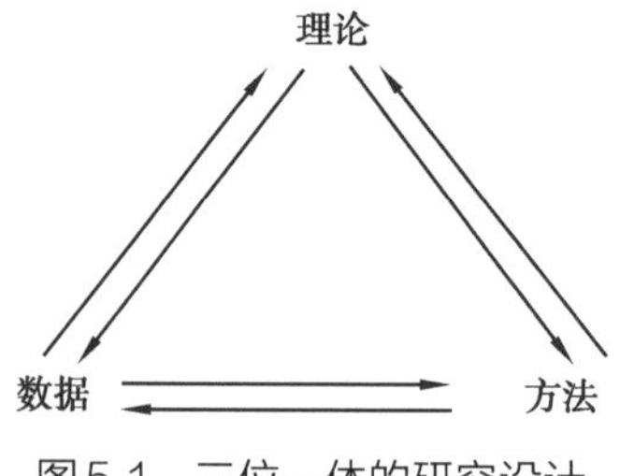

图5.1　三位一体的研究设计

本章首先回顾适用于文本挖掘研究的社会科学研究设计的主要原则。其次讨论**个殊式方法**（idiographic approaches）和**通则式方法**（nomothetic approaches）的区别（见第4章），不同文本**分析层面**（levels of analysis）的区别，以及质性、量化和混合方法的研究设计之间的区别。最后本章将介绍数据选择策略，学习采用不同研究方法的典型文本分析项目，并讨论**案例选择**（case selection）和**数据抽样**（data sampling）的策略。

## 重要决策

研究设计规划研究项目的基本架构以及如何系统地融合理论、数据和一种或多种分析方法。研究设计一般始于有关社会世界的研究问题（Ravitch & Riggan，2016）。下一节将讨论社会科学家为理解社会现象构建询证知识的两种主要形式：个殊式知识和通则式知识。文本挖掘研究者会通过以下方面展开研究设计：文本层面分析、语境层面分析，以及文本与其相关社会背景之间的社会学关系（Ruiz Ruiz，2009）。研究设计通常可以进行以下几种分类：质性、量化或混合方法，使用单份或多份收集文档的研究设计，采用一种或多种案例选择和/或数据抽样方法，以及采用归纳、演绎和/或溯因推论逻辑（见第4章）。

图5.2展示了社会科学文本挖掘项目中涉及的研究设计决策。顶部是最基本和最抽象的决策，从1到5，逐渐变得更由数据驱动。事实上，图5.2中的决策顺序并非一成不变，因为该图简化并忽略了决策之间的兼容性和依存关系。虽然无法预测决策的顺序，而且可能需要多次修改某些具体指标，但图5.2中的每一个决策都至关重要，有助于实现研究目标。

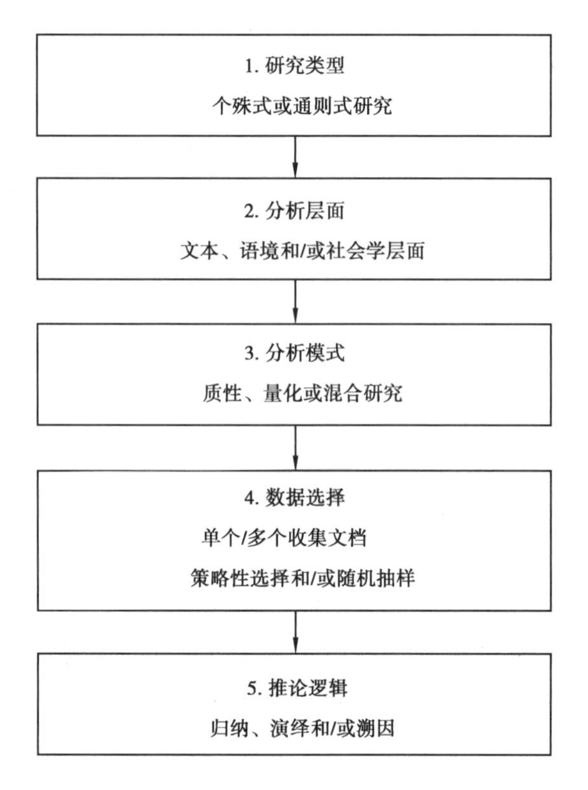


图5.2 研究设计决策

## 个殊式和通则式研究

19世纪末，德国哲学家Windelband（1894/1998）创造了个殊式和通则式这两个词，指代不同的询证知识形式。对Windelband（1901/2001）来说，个殊式知识涉及对特定现象的描述和解释，而通则式知识则涉及发现某一类现象的共有特征，并推导出解释这些共同特征的理论或定律。

个殊式和通则式知识并不一定相互排斥。然而，在过去的一个世纪里，出现了高度专业化，有时甚至相互对立的研究方法，以产生这两种不同形式的知识。通则式（或实证主义）研究方法试图使用推断统计学来分析大型数据集，而个殊式（后实证主义；见第4章）研究方法，如民族志，则关注案例或事件的细节。

文本挖掘方法已有效地用于个殊式研究（例如，Kuckartz，2014）和通则式研究，尽管有些文本挖掘方法、软件包和编程语言更适合其中的一种。

## 分析层面

应用文本挖掘进行研究具有挑战性，但将其用于社会科学研究必然会带来新的复杂性，部分是源于社会科学研究中特有的多层面分析。Ruiz Ruiz（2009）提出了文本研究的三个主要分析层面：文本层面，直接的社会和上下文语境层面，以及**社会学层面**（sociological level）。其中，第三个层面旨在确定文本与其产生的社会背景之间的因果关系。各个学科进行的文本挖掘研究通常在这三个层面中的某一个层面上运作，认识这些层面有助于理解不同研究方法之间的异同。

### 文本层面

社会科学的文本分析在文本层面上“涉及描述或确定话语的构成和结构”（Ruiz Ruiz，2009）。本书第四部分和第五部分介绍的方法大都是在文本层面上分析文本的叙事结构（见第10章）、文本主题（见第11章）、隐喻（见第12章）、主题（见第16章）以及文本构成和结构的其他方面。

### 语境层面

除了揭示文本特征，文本挖掘还可以分析文本生产和消费的社会语境要素，包括话语产生的情景语境和文本作者的特征。社会科学家已经开发了几种文本语境分析方法，包括话语立场分析和会话分析（见第1章）。

### 社会学层面

在社会学层面上分析文本，需要建立文本与其产生和消费的社会空间之间的联系。只有完成了文本和语境两个层面的分析，才能进一步展开社会学分析。虽然根据研究者的研究问题和理论取向，文本和其社会空间的关系非常多元，但大致可以分为两类：将文本作为社会信息的研究，以及将文本作为作者和受众的意识形态的反映的研究（更多介绍见Ruiz Ruiz，2009）。

**将文本作为社会信息**

第一种社会学形式的文本挖掘是将文本视为其作者实践知识的体现。许多应用研究和学术研究项目都将文本视为社会信息予以解释。此类分析在扎根理论研究（见第4章的归纳法）和专家话语的应用研究中很普遍。研究者关注文本中的信息部分是出于实用价值，因为用户生成的文本包含关于社会现实的有效相关信息。最新的信息文本分析研究包括Trappey、Wu等从Facebook页面挖掘用户数据的研究（Trappey，Wu，Liu，& Lin，2013；Wu，Liu，& Trappey，2014）。

**将文本作为意识形态的产物**

除了社会信息，文本中也包含意识形态成分。在分析意识形态的文本挖掘研究中，研究者关注作者的具体观点，通常代表主流意识形态。分析文本中的意识形态是批评话语分析（CDA；Van Dijk，1993）的特征之一，旨在证明强势群体和机构的主导话语如何塑造社会话语（见第1章）。最新的批评话语研究包括Hakimnia、Holmström、Carlsson和Höglund（2014）关于护士和患者的远程电话沟通的研究，以及Merkl-Davies和Koller（2012）关于企业通信的研究。

另一种研究意识形态的文本挖掘方法以Bourdieu和Thompson（1991）的**语言市场**（linguistic markets）理论为中心。Bourdieu主张文本是由作者的社会地位导致的社会产物。文本反映了作者的惯习（habitus），惯习在此指作者的语言能力，源于社会地位及其带来的相关社会经验。不同的交流方式在语言市场上也具有不同的社会价值。口音、措辞、语法和词汇等交流风格的多样性既是社会不平等的体现，也是维护和再生产社会不平等的手段。基于Bourdieu的语言市场理论进行的文本挖掘研究包括Levina和Arriaga（2012）对自媒体平台与用户社会地位的研究，以及Ignatow（2009）对在线暴食者支持群组的研究。

## 质性、量化和混合研究

在文本挖掘项目中，方法工具的选择与研究者希望获得的询证知识类型密切相关。若研究者希望对特定社会现象进行丰富详细的描述，就要依赖质性研究方法，如民族志。若研究者希望发现现象背后的一般规律，通常会利用量化和混合方法（Creswell，2014；Tashakkori & Teddlie，2010），后者结合了质性和量化分析。在社会科学领域，主流的文本分析研究分为质性和量化两大类。一般来说，**话语分析**（discourse analysis）是最有影响力的质性文本分析方法，内容分析则是主要使用量化和混合方法的基于文本的研究方法（见Herrera & Braumoeller 2004）。

### 话语分析

话语分析是一种分析社会现象的方法，以质性方法、个殊性和建构主义

（见第4章）为基础。话语分析与其他试图理解意义建构过程的质性方法不同，因其试图揭示共同意义建构的社会过程（Hardy，2001；Phillips & Hardy，2002）。话语分析假设话语本身没有意义，为了理解其社会建构的作用，研究者必须从社会和历史角度对其进行解读（Fairclough，1995；见第一章批评话语分析）。因此，话语分析主张意义和社会现实源于相互关联的文本集合，这些文本将观点、对象和实践带入世界。从这个角度来看，社会科学就是用质性方法研究使社会现实具有意义的话语。

最新的话语分析研究包括对战后人权话语的研究，启发了当今难民庇护权的思考（Phillips & Hardy，2002），还有对艾滋病话语的研究，有助于向艾滋病患者及其支持群体赋能（Maguire，Hardy，& Lawrence，2004）。

## 内容分析

话语分析使用质性方法理解文本与其所在的社会和历史背景之间的关系，而内容分析则采用了更为量化的实证主义研究方法（见第1章和第4章），涉及假设检验和统计分析（Schwandt，2001）。因此，内容分析一般侧重于文本本身，而不是其与社会和历史背景的关系。其经典定义为："对传播的显性内容进行客观、系统、量化描述的研究技术"（Berelson，1952，p. 18）。内容分析一直依赖量化方法，采用的统计方法已经变得非常复杂。内容分析的特点是重视客观、系统和量化（Kassarjian，1977），主张文本的意义是恒定的，只要利用严格和正确的分析程序，不同的研究者也可以精确获取一致的文本意义（Silverman，2016）。在实践层面上，内容分析会创建具体的分析类别，用来构建文本编码框架，进行文本数据标注。它主要将文本分解成相关的信息单元，以便之后进行编码和分类。话语分析高度依赖理论，内容分析则通常依靠归纳法（见第4章）。

Roberts（1997）将社会科学中的内容分析分为**主题分析**（thematic techniques）、**网络分析**（network techniques）和**语义分析**（semantic techniques）。主题内容分析技术侧重于文本中的显性意义，包括商科以及社会科学中常用的方法，如主题模型（见第16章）。网络文本分析对词语之间的统计关系进行建模，推断群体成员共享的心理模型。语义文本分析也称诠释学（hermeneutic）或结构诠释学（hermeneutic structuralist），包括各种旨在识别文本潜在意义的方法（见第10章和第11章）。

## 混合方法

如果说话语分析涉及对社会背景如何制约文本生产的**质性分析**（qualitative analysis），内容分析则是对文本本身的**量化分析**（quantitative analysis），不需要过多考虑背景因素（Bauer，Bicquelet，& Suerdem，2014；Ruiz Ruiz，2009），大多数文本挖掘研究很难归为其中之一。许多量化研究实际上也在背景和社会学的层面上进行，而许多学者认为，所有量化文本挖掘研究都融合了质性的评估：

> 质性和量化研究之间的二分法其实并不现实，究其原因：其一，没有先验的质性就不可能有量化；其二，没有后验的质性分析就不可能有量化解释。任何社会研究项目从一开始就需要有一个社会（或在文本分析中的语义）类别之间的质性范畴区别，研究者才能判断词语属于哪个类别。同样，在研究的最后阶段，也可能是最关键的阶段，解释量化结果非常关键，通常统计模型越复杂，就越难解释。（Bauer，Gaskell，& Allum，2000）

Bauer等（2000）在2014年发表的成果中进一步对质性-量化的区分提出了质疑，认为这种区分仅浮于表面（也见Ruiz Ruiz，2009），只对于教学实践具有价值：

> 这种区分使课程大纲和教科书能够归类具体的质性和量化方法，以处理各种类型的数据和研究问题。因此，当学生面对问题时，只需要通过简单了解和应用量化或质性技术来解决问题，并且期望获得立竿见影的效果。

复杂的研究项目往往被贴上质性或量化的标签，表示某种方法更优越。但这些标签具有误导性，因其认为这两种研究方法互不相容。虽然文本挖掘方法或多或少地依赖量化分析，但总体上最好归为混合方法（Creswell，2014；Teddlie & Tashakkori，2008）。质性-量化的区分在教科书和教学大纲中占有一席之地，也是快速分类研究的方法，但具有文本挖掘和文本分析经验的研究者知道，这种区分会引起误解。

## 选择数据的程序

下一章（见第6章）将介绍如何获取文本数据（另见附录A和附录B中数据来源和整理及数据清洗的软件）。在获取数据之前，大多数文本挖掘研究（严格的归纳法除外；见第4章）必须仔细思考数据选择。选择数据需要考虑时间和成本等实际问题，还需涉及理论上的考量。

民族志和历史研究者已经发展出了策略性的案例选择方法，而量化研究者则使用统计抽样方法。大多数文本挖掘和文本分析项目需要同时使用案例选择和**抽样**（sampling）方法。

在实践中，许多文本挖掘项目没有明确的研究问题，而是上手只有一个数据集。研究者经常会遇到有趣的或独特的文档集合，想将其用于研究项目，他们可能并不在意“必须消除或弥补数据中的潜在问题”（Krippendorff，2013：p. 122）。这种做法被称为方便抽样（convenience sampling）。方便抽样不用考虑下文讨论的数据选择，研究者可以使用归纳或溯因推论逻辑（见第4章），关键在于数据抽样。相反，基于研究问题（无论是理论问题还是实质问题）的研究则必须仔细考虑数据选择策略，以便在确定数据抽样策略（或可能是多种策略）之前，构建一个可以回答研究问题的研究设计。

## 数据选择

在任何实证研究中，数据选择和数据抽样对于连接理论和数据具有关键意义。在这种情况下，案例选择（case selection）一词是指对少量案例进行质性分析和混合分析，对案例的策略性选择可以增加研究结论的可推广性。本节将借用质性和混合方法中有关案例选择的表述来讨论数据选择（有时称文档选择）。

文本挖掘涉及数据选择，文本选择越有策略性，研究项目就越有可能实现其目标。若研究目标是获得某一现象尽可能多的信息，选择**典型案例**（representative case，代表更大的群体）或**随机抽样**（random sample）可能并不是最佳策略，因为典型或一般案例往往无法提供最丰富的信息。非典型或**极端案例**（extreme case）则可能会揭示更多信息，因为其中涉及更多的参与者和基本机制。极端案例可以戏剧性的方式表达观点，历史上就有典型的研究案例，如Freud（1918/2011）的“狼人”（Wolf-Man）和Foucault（1975）的“全景敞视”（Panopticon）。基于文本的社会科学研究中使用极端案例的例子如下文所示：Bamberg（2004；见第1章）分析了五个十几岁男孩讲述一个共同认识的女孩的话语，Ignatow（见第12章）在2003年研究了高科技行话中采用的动物和死亡隐喻。这些研究中所分析的文本不能在统计学上代表其社会群体，而且这些群体本身也不能代表更大的社会群体。相反，选择这些文本是因为其语言的极端性或反常性，甚至会导致理论争议。

**关键案例**（critical case）就是指对研究一般问题具有战略意义的研究案例：

> 例如，一家诊所想调查有机溶剂是否会造成雇员脑损伤。诊所并没有在所在地所有使用有机溶剂的企业中选择一个有代表性的样本，而是策略性地选择了一个工作场所，这个地方严格遵守所有关于清洁、空气质量等方面的安全规定。该企业成为一个关键案例：如果在此处发现与有机溶剂有关的脑损伤，那么在其他没有严格遵守有机溶剂安全规定的企业中也可能存在同样的问题。（Flyvbjerg，2001）

选择关键案例可以使社会科学家在研究时节省时间和金钱，其假设如下："如果研究假设适用于关键案例，那么这一假设也就适用于所有（或许多）案例"。该假设的否定形式为："如果研究假设不适用于关键案例，那么它也不适用于任何（或少数）案例"（Denzin & Lincoln，2011，p. 307）。在文本挖掘研究中使用关键案例的例子是Gibson和Zellmer-Bruhn在2001年研究的四个国家的员工态度，他们采用混合方法进行隐喻分析（见第4章）。该研究策略性地选择了四个国家进行比较，最大限度地强调了地理和文化差异，使研究结果能够得到推广。

## 数据抽样

在确定了研究的数据来源后，就需要考虑数据抽样。除非可以挖掘所有相关数据（例如，报纸的每一篇文章或社交媒体网站的每一条评论），否则研究者依然需要选择一种抽样策略。

抽样的目的一般是为了构建具有代表性的样本，可以代表总体的特征。通过抽样可以从样本中归纳出有关总体的结论。最理想的代表性样本是**概率样本**（probability sample），允许研究者通过统计方法将结论推广到总体。然而，在文本挖掘研究中，获得具有代表性的概率样本存在很大的障碍。Krippendorff（2013）甚至认为，研究者从一个总体中抽样所面临的挑战"与统计抽样理论需要解决的问题截然不同"（p. 114）。例如，研究者可以在Facebook或Twitter等社交媒体平台上对用户评论进行抽样，但几乎不可能通过这样的抽样方法将结论推广到所有Facebook或Twitter用户。文本数据和用于大规模社会科学研究（如社会调查）的个体层面的数据之间也有根本区别。首先，对于社会调查来说，分析的单位是不可分割的、独立的个体。但对于文本来说，分析的单位可以有多种形式，包括以下几种：

> ……基于层级结构由大到小排列（电影类型、电影、场景、情节、互动、镜头、决定/行动、框架等），这些需要解读为按顺序排列的事件，共同构成叙事。如果改变这些组成部分，就会丧失完整性，或者被解读为互文性的网络（共现、相互参照、相互构建或相互抵消）。没有一种"自然"的方法来实现文本的计算（Krippendorff，2013，p. 113）。

此外，在文本挖掘研究中，抽样单位很少是最终被分析的单位。例如，研究者会抽取报纸文章，但要分析单词或单词共现（而不是文章）。即使研究者从**分析单位**（units of analysis）层面进行抽样，并采用了概率抽样技术，抽样误差同样存在。某些群体可能被系统性地排除在数据收集之外，或者由于自我选择偏差导致代表性不足。一段时间以来，利用互联网收集样本面临很多问题（见

Hewson & Laurent，2012）。

具有代表性的概率样本在文本挖掘研究中很少见，但分析家也开始应用其他抽样策略。任何抽样策略的第一要务是**计数**（enumeration），即为总体中的单位分配数字或进行列举。有些数字档案中的文件已经具有编号，但通常要由分析员将这些单位整理成可计数的有序清单。

在单位排序结束后，就可以使用随机抽样（如软件或在线随机数生成器）从总体中抽样。或者，有时还可以使用**系统抽样**（systematic sampling），即从排好序的总体中抽出第k个个体。然而，由于区间k是一个常数，系统抽样可能会因固定的抽样间隔而产生偏差。例如，从星期六开始对YouTube用户的评论进行抽样，每7天抽样一次，样本会偏向周末的热门视频评论，导致抽样结果偏离周内的视频评论。

研究者也可以使用**分层抽样**（stratified sampling），即基于总体的不同子单位或层抽样。例如，如果要研究读者对报纸文章的评论，可以从热门的报纸栏目（如世界新闻、商业、艺术和娱乐、体育）中建立分层样本，再进行随机或系统抽样。当然，是否选择分层抽样取决于研究问题。也可以使用**差异概率抽样**（varying probability sampling），基于数据的不同规模或重要程度按比例抽样，例如发行量不同的报纸（见Krippendorff，2013，p. 117）。

质性研究中广泛使用的抽样技术是**滚雪球抽样**（snowball sampling），即采用迭代法从一个小样本开始抽样，然后反复应用抽样标准，直到达到最大样本量。例如，可以记录并转录对每个团体成员的访谈，要求每个成员提供三个朋友的联系信息，分别采访这些朋友之后，针对每个朋友重复此抽样过程，直到达到最大样本量。**关联抽样**（relevance sampling）或**目的抽样**（purposive sampling）是一种由研究问题驱动的非概率抽样技术，研究者了解研究群体，根据文本与研究问题的相关性，依次剔除不相关的文本。关联抽样“过于自然，以至于它很少被作为单独的抽样方法来讨论”（Krippendorff，2013，p. 121）。在设计研究项目时，研究者自然会剔除与研究问题不直接相关的数据。例如，若想研究Facebook上的女性团体或网页，可以针对女性团体进行抽样调查，排除与男性相关的团体和网页。关联抽样限制了样本的代表性和结果的可推广性，但对很多研究来说这些目标并不是第一要务。

## 数据标准化

完成了数据收集后，需要用电子表格的形式呈现，从而进行统计分析。这一步通常需要使用电子表格软件，如微软Excel或谷歌表格。行代表案例，即基于分析单位获得的统计数据，如段落、评论、信息或推特。列代表变量，包括两种主要类型：分类变量和数值变量。例如，频率计数和分数就是一种数值变量，作者性别就是一种分类变量。为了方便分析计算，可以用0表示男性，1表示女性，2表示未知。建议保存一份变量编码方案，避免在团队合作或者研究时间间隔较长的情况下出现混淆。数值变量的例子包括频率计数（例如，隐喻、主题或关键词的计数）和情感分数。

当数据被标准化为表格后，就可以使用描述统计（频率、平均值和中位数）和简单的交叉表，分析数据与研究问题之间的关系。随后进一步采用方差分析、卡方检验、回归（见附录H）以及其他统计检验方法，通过演绎法检验研究假设（见第4章）。

## 结语

社会科学研究设计很像盖房子。就像建筑工程施工前需要严密筹划，从研究的初始阶段开始，就必须仔细思考如何进行研究设计。本章旨在介绍文本挖掘研究中最关键的决定，熟悉采用质性、量化和混合方法的各种研究设计。但是，在设计和开展研究时，不能完全依靠本章内容。推荐参考已发表的论文，而不是开辟全新的研究路数。阅读研究领域的相关文献将大有裨益，有助于了解其他研究者新颖和成功的研究设计。

## 本章要点

- 研究设计将研究项目视为一个系统，连接理论、数据和方法，从而促使研究目标的实现。
- 个殊式方法和通则式方法具有不同的研究设计思路。
- 在文本、语境和社会学层面进行的分析需要不同的研究设计。
- 研究设计的不同在根本上取决于采用质性、量化或者混合方法。
- 研究设计可以进一步分为以下几种：使用单个或多个文档集合，采用一种或多种案例选择和/或数据抽样方法，以及采用归纳、演绎和/或溯因推论逻辑。
- 文本数据的统计抽样在某些方面与调查数据抽样有本质区别。
- 由于文本数据的统计抽样难度较高，对于社会科学文本挖掘来说数据选择至关重要。

## 简答题

- 社会科学家在收集数据时经常使用统计抽样方法。这些方法的潜在问题是什么？文本挖掘研究者可以采取哪些措施来确保数据收集的质量？
- 举例说明文本挖掘研究中可以使用的数据选择策略。

## 讨论题

- 你目前的研究项目主要都有哪些分析层面？
- 你的研究有哪些分析单位？

## 研究计划

思考一个关于当前社会的研究话题。利用本章的知识，设计一个研究问题。确定该研究问题对应的研究方法和数据来源。与大家分享研究设计，并仔细思考他们的赞同和反对意见。

## 拓展阅读

Bauer, M. W., Bicquelet, A., & Suerdem, A. K. (2014). Text analysis: An introductory manifesto. In M. W. Bauer, A. Bicquelet, & A. K. Suerdem (Eds.), *Textual analysis* (SAGE benchmarks in social research methods) (Vol. 1, xxi-xvii). Thousand Oaks, CA: Sage.

Creswell, J. D. (2014). *Research design: Qualitative, quantitative, and mixed methods approaches.* Thousand Oaks, CA: Sage.

Gorard, S. (2013). *Research design: Creating robust approaches for the social sciences.* Thousand Oaks, CA: Sage.

Hewson, C., & Laurent, D. (2012). Research design and tools for Internet research. In J. Hughes (Ed.), *SAGE Internet research methods: Volume 1*, 58-78. Thousand Oaks, CA: Sage.

Roberts, C. W. (1997). *Text analysis for the social sciences: Methods for drawing statistical inferences from texts and transcripts.* Mahwah, NJ: Lawrence Erlbaum.

Ruiz Ruiz, J. (2009). Sociological discourse analysis: Methods and logic. Forum: *Qualitative Social Research*, 10(2).

# 6　网络抓取和网络爬虫

## 学习目标

1. 定义网络爬虫的主要技术。
2. 探索可从网页上自动收集文本数据的软件工具。
3. 对比网络爬虫和网络抓取技术的异同。
4. 对比可用于网络爬虫和网络抓取的工具。

## 引言

本章将介绍两类工具，对于获取大量的数字文本数据至关重要：**网络抓取**（web scraping）和**网络爬虫**（web scraping），两者都可以用现成软件或者在Python、R等编程环境中实现。如果从网页上人工收集数据，将耗费大量时间；但研究者也需要投入一定的时间来学习这两种新技术，包括关于万维网结构的知识背景。

网络（web）是万维网（World Wide Web）的常用缩写——由几十亿个相互链接的超文本网页组成，包含文本、图像、视频或声音，通常使用Firefox或Internet Explorer等网络浏览器查看。用户可以直接在浏览器中输入网页的地址（URL），或者点击网页上的链接浏览。

网络可以被视为典型的有向图，网页对应图的顶点，网页之间的链接是有向边。例如，如果https://www.x.y.ccc包括两个链接：https://www.x.ccc和https://www.y.ccc，后者链接到新的页面（https://www.z.ccc），并可以返回到https://www.x.y.ccc，这四个页面因此形成了一个由四个顶点和四条边组成的有向图，如图6.1所示。

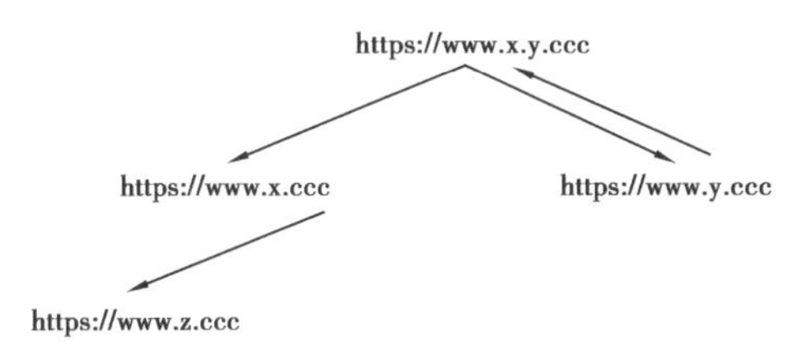


图6.1 网页结构图示

除了“传统”网页（包含大部分网络数据），网络中也有其他数据源，如由用户贡献内容的网站（如维基百科、HuffPost）、社交媒体网站（如Twitter、Facebook、Blogger）、深层网络数据（如存储在网络数据库的数据），或电子邮件（如Gmail、Hotmail）。虽然其中一些数据并未公开（例如，电子邮箱里的私人邮件、Facebook的个人信息等），但仍然属于数字格式的数据，占据网络流量。

使用网络数据面临许多挑战，本书将重点关注其中的一些。此外，本章也将介绍如何解决抓取这类数据面临的困难。

## 网络数据

虽然一般认为无法衡量网络的规模，但可以估算可检索的网络，即搜索引擎所覆盖的网络。2014年由geekwire网站发布的网络统计数据表明，网络上现有500万兆字节的数据，其中大约20%是文本数据。

据估计，网络上有超过6亿台服务器和24亿用户，约有10亿Facebook用户和2亿Twitter用户。Radicati网站估计每天大约有1540亿封电子邮件，其中60%以上是垃圾邮件。

还有一个比较有意思的报告统计了网络上使用的语言。Internet World Stats在2015年收集的语言使用信息如图6.2所示。

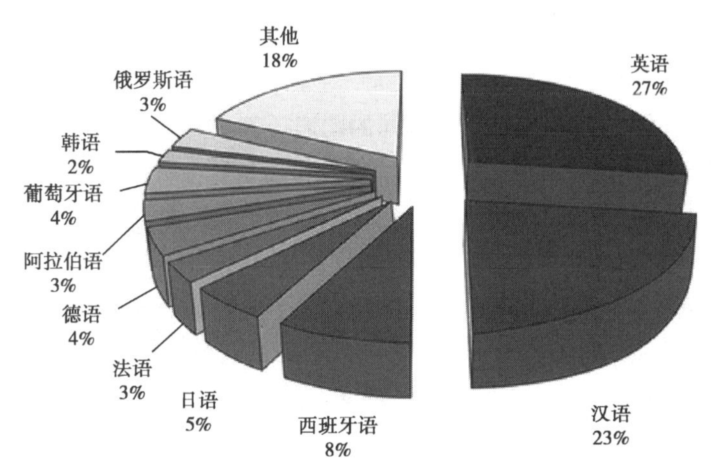


来源：Internet World Stats。

图6.2 2015年互联网排名前十的语言

# 网络爬虫

网络爬虫是指建立网页集合的过程，从一组初始的URL（或链接）开始，遍历递归网页以发现更多的相关链接。建立的网页集合可以用来进行文本挖掘（第15章）、观点分析（第14章）、文本分类（第13章）或其他需要文本数据的研究。

## 网络爬虫的步骤

爬虫会通常执行以下步骤：

1. 爬虫创建并保存待处理的URL列表，由一些人工选择的URL作为种子，迭代扩展为更大的URL集合。
2. 爬虫从列表中选择一个URL（选择策略见下文），将其标记为“已爬取”，爬取该网页并提取其中的链接和内容。该过程相对简单，只需使用正则表达式（regex）提取链接，匹配所有对应网页链接，如<a href="http:// ">，最后删除所有HTML标签，获得网页内容。有时流程会更复杂一些——例如，链接中包括相对链接或片段链接，或者网页内容包括广告或其他需要删除的内容。
3. 爬虫会识别并跳过已经爬取过的网页，没有爬取的网页会被添加到网页集合中进一步处理（例如索引或者分类）。
4. 网页集合中每一个新的网页都要接受验证，确保没有爬取过该网页，该页面存在并且可以被抓取。如果通过验证，该网页就会被添加到步骤1的网页集合中，爬虫返回到步骤2。

## 遍历策略

网络**遍历策略**（traversal strategies）对于爬虫来说至关重要，如前所述，网络类似于有向图，因此可以应用不同的图遍历算法。第一种遍历策略是广度优先（breadth-first），即给定一个网页，首先收集和处理所有可以从该网页URL链接到的网页，然后再转到其他网页。第二种遍历策略是深度优先（depth-first），即给定一个网页，从该网页中提取一个URL，收集并处理从该网页可以链接到的第二个页面，从第二个页面上再次提取第三个网页，如此反复，直到无法链接到新的网页。此时返回上一个网页，再次链接到新的网页。例如，图6.3是一个简单的网页有向图，从A网页开始爬取，展示了两种遍历策略的不同顺序。

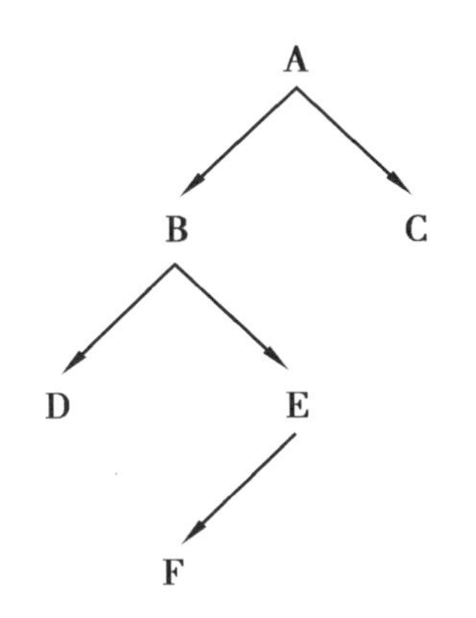


**广度优先遍历顺序：A，B，C，D，E，F**

**深度优先遍历顺序：A，B，D，E，F，C**

图6.3 网络遍历策略

## 爬虫礼仪

大多数网站都有明确的**爬虫**（crawlers）规则，说明爬虫是否可以运行以及网站可以被爬取的内容。主要有两种方式用来声明爬虫规定，最常用的是robots.txt，一般放置在网站根目录中。这个文件可以列举爬虫（或代理）禁止进入的网站具体位置。例如，以下robots.txt表明，禁止爬虫遍历在/tmp或/cgi-bin下的页面；BadBot比较特殊，它被禁止进入整个网站：

User-agent: *

Disallow: /tmp/ Disallow: /cgi-bin/ User-agent: BadBot Disallow: /

声明爬虫规定的第二种方式是通过网页HTML中的元标签。有一个特殊的标签为robots，由两类值组合而成：index或noindex（允许或不允许该网页被爬取）和follow或nofollow（允许或不允许爬虫跟踪该网页的链接）。例如，网页上可以添加robots的元标签，如下所示：

<meta name= “robots” content= “index,nofollow” >

这条元标签说明，爬虫可以爬取这个页面，但不能追踪页面上的链接。

# 网络抓取

有几种基于互联网的方法可用于抓取（“scraping”）社会科学研究所需的文档集合，也有几种获取文本数据的传统方法，包括访谈转录（如Bamberg，2004）和从数据档案中下载文本文件，比如常见的新闻数据档案LexisNexis和Access World News以及其他历史数据档案（Jockers & Mimno，2013）。有许多现成的有用的资源可用于组织访谈转录、检索和使用数据档案，本章只介绍如何基于互联网的方法创建新的语料库。第一种方法就是网络网络抓取，可以使用商业软件，也可基于Python等编程语言识别和下载单个网站中的一个或多个页面或档案中的文本数据。与之相比，网络爬虫则需要使用编程语言来识别和下载众多网站上的文本。虽然网络抓取和网络爬虫都是获取数据的有力工具，但最好在确保研究设计的逻辑性和实用性后再开始实践（见第5章）。

## 网络抓取和爬虫软件

虽然有编程背景的研究者通常更愿意使用Python或其他编程语言，而非商业网络抓取软件。但商业软件对非编程人员来说相当容易上手，有时甚至比Python或其他编程语言更有技术优势。

网络抓取软件可以识别网站中不同类型的内容，抓取和存储用户指定的数据。比如，网络抓取软件允许用户搜索报纸网站，保存文章作者的名字，或者搜索房地产网站，保存房源的价格、地址或描述信息。软件需要基于用户编写的脚本工作。脚本说明软件应该检索的网页、文本类型（例如，某种字体字号或格式的文本）、检索结果处理、文本保存、后续步骤以及脚本重复次数。保存的文本数据以指定的文件格式下载，如逗号分隔值（CSV）文件或Microsoft Excel电子表格。尽管网络抓取软件非常强大，而且相对而言容易上手，但研究者面对结构复杂的网站依然可能会无所适从。在网上有许多视频和论坛可供用户参考学习。

很容易在YouTube和其他视频网站中找到主流免费软件和商业软件的教学视频，或者在Linux上通过*man*命令获取操作手册。笔者的团队经常使用*Lynx*，一个基于Linux的命令行浏览器，允许自动处理网页，抓取链接和内容；也会使用Linux的命令*wget*，允许预先指定爬虫的递归次数；我们还会使用*Helium Scraper*。

## 网络抓取和网络爬虫的软件和数据集

Helium Scraper是一个经济便捷的网络抓取软件，拥有优秀的YouTube和在线支持。

Outwit Hub是与Helium类似的网络抓取软件。

FMiner是一个网络抓取软件，具有一些高级数据提取功能。

Mozenda是一个全面的云端网络抓取软件包，为商用而设计。

RapidMiner是一个带有网络抓取工具的“数据科学平台”。

Visual Web Ripper是一个经济实惠的专业网络网络抓取软件。

Import.io提供一套强大的数据提取工具。

Beautiful Soup是一个从HTML文件中提取数据的Python库。

lynx和wget是适用于几乎所有Unix/Linux环境的在线命令，可直接下载网页。

## 结语

网络抓取和网络爬虫可以直接访问网站上的原始数据。网络抓取通常以获取单个网页或网站的文本为目标，爬虫需要追踪更多新的网页，建立一个大型网络数据集。本章简要概述了网络网络抓取和网络爬虫的主要方法，介绍了相关的编程语言和软件。

## 本章要点

- 网络爬虫是建立一个网页集合的过程，从一组初始的URL或网页链接开始，对其遍历递归以发现更多的网页链接。
- 网络抓取可以使用商业软件，根据需要也可使用Python等编程语言来识别和下载单个网站中的一个或多个页面或档案中的文本数据。

## 讨论题

- 研究者应在何时选择网络爬虫，何时选择网络抓取？
- 在结构复杂的网站上使用爬虫和抓取技术面临哪些挑战，如相互链接的网页、图像和视频？
- 思考自己手头的研究项目（主题、研究问题以及初步研究设计），获取研究数据最理想的工具是什么？考虑时间和资源的限制，对该研究来说最优的网络爬虫或网络抓取工具是什么？

第三部分

# 文本挖掘基础

# 7 词汇资源

## 学习目标

1. 了解不同类型的词汇资源。
2. 描述一些词汇资源的特征和内容。
3. 讨论在文本挖掘中不同词汇资源的作用。
4. 了解开放的词汇资源和软件包。

## 引言

词汇资源包含大量的语言信息，在文本挖掘应用中发挥着重要作用。词汇资源包含多种类型，比如简单的词表（基于大量文本集合生成）、词典（包括音标、含义、用法和其他信息）、**同义词词典**（thesauruses）和**语义网络**（semantic networks）（这两者分别定义了词语相似性或词汇间的其他**语义关系**[semantic relations]）以及**索引**（concordances）（包含词汇出现的不同语境）。词汇资源也可分为单语、双语或多语。开发词汇资源是一项劳动密集型工作，需要词汇学家、语言学家和心理学家等花费大量时间，有些甚至需要花上数年时间。例如，《牛津英语词典》（*Oxford English Dictionary*）被誉为第一部全面的英语**词典**（dictionary），花费27年编纂完成。此外，许多词汇资源已经更新了几个版本。例如，WordNet是目前最热门的英语电子词典，1991年发布了第一版，2012年发布了3.1版。一些最新的词汇资源，如维基百科或维基词典，基于在线众包的方式开发，优点在于拥有大量的贡献者，但牺牲了一致性（有时甚至以质量为代价）。

本章将概述在文本挖掘应用中广泛使用的几种词汇资源，并提供了其中多数资源的下载方式以及应用程序接口（API），方便在文本挖掘软件中使用。

## WordNet

WordNet（Fellbaum，1998；Miller，1995）是一个词典或者网络，1985年由普林斯顿大学的Miller组织创建，涵盖英语中的大多数名词、动词、形容词和副词，以及将这些概念连接起来的一系列丰富的语义关系。WordNet中的词语基于同义关系组织，也称同义词集（synsets）。WordNet 3.1是最新的WordNet版本（截至2016年12月），是一个由15.5万词组成的大型网络，被分为11.7万个同义词集。

WordNet中的许多同义词通过语义关系与其他同义词集相连，如上下义关系（hypernymy）、同音异义关系（homonymy）等。表7.1列出了WordNet中的语义关系，并附有实例。

## 基本概念

词汇资源是包含语言中的词汇信息的数据库，分为单语、双语或多语。

词典是按字母顺序排列的语言词汇表，包括词汇的定义、用法示例、词源、翻译等信息。

同义词词典是基于语言中的词汇相似性对其进行分类的数据库。

语义网络是规定词语之间语义关系的网络。

索引是按字母顺序排列的词汇列表，包含词语出现的直接语境。

**研究软件：**

OpinionFinder

表7.1 WordNet语义关系

| 关系 | 描述 | 例子 |
|---|---|---|
| 上位关系（hypernym）（名词、动词） | A是B的上位词 表示 B是一种A。 | 犬科是狗的上位词。 |
| 下位关系（hyponyms）（名词、动词） | A是B的下位词 表示 A是一种B。 | 达尔马提亚狗是狗的下位词。 |
| 整体关系（holonyms）（名词） | A是B的整体词 表示 B是A的一部分。 | 森林是树的整体词。 |
| 部分关系（meronyms）（名词） | A是B的部分词 表示 A是B的一部分。 | 树是森林的部分词。 |
| 同位关系（coordinates）（名词、动词） | A是B的同位词 表示 A和B有共同的上位词。 | 达尔马提亚犬是贵宾犬的同位词（犬科是二者的上位词）。 |
| 方式关系（troponym）（动词） | A是B的方式词 表示 做A事情是做B事情的一种方式。 | 齐步走是走路的一种方式。 |
| 蕴涵关系（entailment）（动词） | A蕴涵B 表示 做A事情也就是在做B事情。 | 打鼾也就是在睡觉。 |
| 名词派生关系（related nouns）（形容词） | A的名词派生词是B 表示 A由B派生。 | 勤奋的（studious）是学习（study）的名词派生词。 |
| 反义关系（antonym）（形容词、副词） | A是B的反义词 表示 A和B的意义相反。 | 美丽是丑陋的反义词。 |
| 近义关系（similar to）（形容词） | A是B的近义词 表示 A和B的意义相近。 | 美丽是漂亮的近义词。 |

来源：WordNet 3.1. Copyright 2016 by Princeton University. All rights reserved.

基于上下义关系将名词和动词按照层级归类。图7.1展示了WordNet中名词的层级结构。

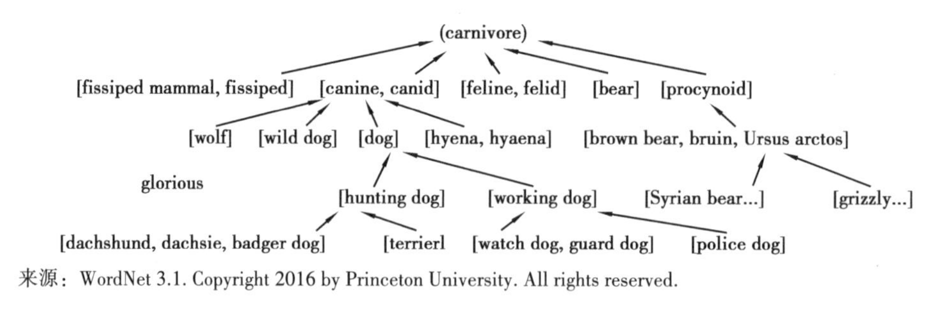

来源：WordNet 3.1. Copyright 2016 by Princeton University. All rights reserved.

图7.1 WordNet中的名词层次结构①

① 出于中英文差异，很多词句在意义上无法一一对应，在这种情况下保留了原文。——编者注

形容词和名词组织成相关的词群，词群顶端的词语一般都是以反义关系出现的。图7.2展示了WordNet中的一个形容词词群。

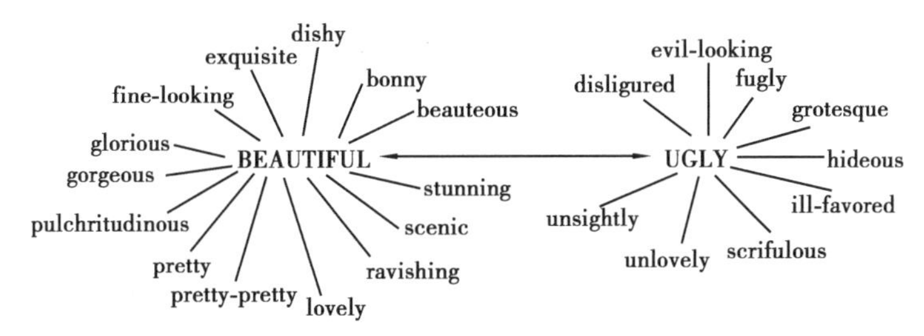




图7.2 WordNet形容词群

下文将详细介绍两个基于WordNet直接构建的词汇资源：WordNet-Affect情感词典和WordNet Domains话题词典。第14章将简要介绍SentiWordNet情感词典。

## WordNet话题词典

WordNet Domains话题词典（Magnini & Cavaglia，2000）是对WordNet的拓展，给同义词集添加了200个领域标签，表明词汇所在的话题领域，比如考古学、艺术、体育等。除了给同义词集添加语义类别等信息，WordNet话题词典还具有以下优势：（1）关联不同词性的单词，因为同一个话题领域会涉及动词、名词、形容词和副词；（2）基于词汇的话题领域合并归类同义词集。WordNet话题词典应用非常广泛，包括词义消歧、文本分类和编写笑话等。表7.2展示了话题领域及其在WordNet中的同义词集示例。

**表7.2 WordNet话题领域示例**

| 领域 | 同义词集示例 |
|---|---|
| Sport | (athlete, jock), (game equipment) |
| Building industry | (hospital, infirmary), (railway station, railroad station, train station, railroad terminal, train depot) |
| Literature | (poetry, poesy, verse), (verse, rhyme), (codex, leaf book) |
| Religion | (chapel service, chapel), (monk, monastic), (convent) |



## WordNet-Affect情感词典

WordNet-Affect情感词典（Strapparava & Valitutti，2004）是另一个基于WordNet创建的资源，主要为同义词集添加情感信息，它融合了几种不同的情感分类资源，包括Ortony、Clore和Collins（1990）的情绪分类。WordNet-Affect情感词典分两个阶段创建，首先通过启发式和半自动化的处理方式建立核心词典，第二阶段利用WordNet中的语义关系自动扩展核心同义词集。

表7.3显示了Ortony等（1990）的六种基本情绪的典型词汇：愤怒、厌恶、恐惧、快乐、悲伤、惊讶。

**表7.3 WordNet-Affect情感词典示例**

| 情感 | 示例词汇 |
| --- | --- |
| Anger | wrath, umbrage, offense, temper, irritation, lividity, irascibility, fury, rage |
| Disgust | horror, foul, disgust, abominably, hideous, sick, tired of, wicked, yucky |
| Fear | terrible, ugly, unsure, unkind, timid, scared, outrageous, panic, hysteria, intimidated |
| Joy | worship, adoration, sympathy, tenderness, regard, respect, pride, preference, love |
| Sadness | aggrieve, misery, oppressive, pathetic, tearful, sorry, gloomy, dismay |
| Surprise | wonder, awe, amazement, astounding, stupefying, dazed, stunned, amazingly |

来源：WordNet-Affect. FBK-irst © 2009. All Rights Reserved.

## Roget英语同义词词典

Roget英语同义词词典（Roget's Thesaurus）（Roget，1911/1987）将英语词汇和短语归入不同的等级类属中。类属通常包括同义词以及语义相关的词。类属分为大类、次类、组和段，根据词性将段进一步分为：名词、动词、形容词和副词。最后，每个段分为几组语义相关的词。最新版本的Roget英语同义词词典（Roget，1911/1987）包括大约25万个词，分为8个类属，包括39个大类、79个次类、596个大组、990个组。

表7.4展示了组408“Informality”下四种词性的词汇。

**表7.4 Roget词典词组示例**

| 词性 | 语义相关的词组示例 |
| --- | --- |
| 名词 | informality, informalness, lack of formality, lack of ceremony, unceremoniousness, lack of convention, indifference, noncomformity, casualness, offhandedness |
| 动词 | be informal, not stand on ceremony, be oneself, be natural, relax, feel at home, make oneself at home, not insist, waive the rules, come as you are, let one' s hair down |
| 形容词 | familiar, natural, simple, plain, unpretentious, homely, folksy, common, unaffected |
| 副词 | freely, indulgently, tolerantly, unconstrainedly, permissively, loosely, irregularly |

来源：Roget's thesaurus。

## LIWC词典和词频统计

LIWC词典和词频统计（Linguistic Inquiry and Word Count，LIWC）是由Pennebaker、Francis和Booth（2001）为心理语言学分析开发的词典，已应用于社会、心理和语言研究中，主要进行心理特征分析（Mairesse et al.，2007；Pennebaker & King，1999）、欺骗分析（Mihalcea & Strapparava，2009；Ott，Choi，Cardie，& Hancock，2011）、会话的社会分析（Stark，Shafran，& Kaye，2012）、预测抑郁症（Resnik，Garron，& Resnik，2013）、识别讽刺（González-Ibánez，Muresan，& Wacholder，2011）等。

2007年版的LIWC包括超过2000个单词和词干，归入近80个词类。每个词类分为四组：语言过程，主要包括功能词和其他常用词；心理过程，包括社会、情感、认知、知觉、生物和时间过程；个人问题，如工作、金钱和宗教；口语类别，包括语气词和其他口语词。LIWC词典的作用已经得到了验证，人工文本情感评分与基于LIWC的文本情感评分的结果显著相关。

表7.5展示了四种LIWC类别，以及各个类别的词汇示例。

**表7.5 四种LIWC类别示例**

| 词类 | 组别 | 示例词组 |
|---|---|---|
| We | 语言过程 | our, ourselves, we, we'd, we'll, us, let's, we've, we're, let's |
| Optimism | 心理过程 | accept, best, bold, certain, confidence, daring, determined, glorious, hope |
| Acheievement | 个人问题 | better, award, ahead, advance, achieve, motivate, lose, honor, climb, first, fail |
| Nonfluencies | 口语类别 | er, umm, uh, um, zz |

来源：LIWC 。

## General Inquirer词典

General Inquirer词典（Stone & Hunt，1963）是由大约10000个单词组成的词典项目，分为大约100个类别。General Inquirer词典中使用最广泛的两个词类是积极和消极的情感类别，这一点会在第14章中详细介绍。除了这两个词类之外，General Inquirer词典还包括许多其他具有社会和心理语言学内涵的词类，并广泛用于内容分析。表7.6展示了三个General Inquirer词典类别，以及对应的单词示例。

表7.6 General Inquirer词典类别示例

| 类别 | 示例词组 |
| --- | --- |
| Academ[ic] | academic, astronomy, biology, chemistry, credit, dean, degree, physician, library |
| Ritual | ambush, appointment, affair, bridge, census, commemorate, debut, demonstration |
| Female | aunt, feminine, girl, goddess, her, heroine, grandmother, mother, queen, she |

来源：General Inquirer dictionary program。

## 维基百科

维基百科是一部自由的在线百科全书，由大批贡献者持续协作开发。几乎任何用户都可以创建或编辑维基百科网页，这种“贡献自由”对维基百科资源的数量（文章数量增长迅猛）和质量（通过协作及时纠正错误）都有积极影响。

维基百科的基本条目是一篇文章（或页面），定义并描述一个概念、实体或事件，由指向维基百科内部或外部其他页面的超链接组成。超链接的作用是将读者引导至与文章相关的实体或事件的页面。文章按照类别归类，这些类别又被组织成层级结构。例如，图7.3中展示的关于Alan Turing的词条包括在英国密码学家的类别中，该类别的父类为英国科学家。

维基百科的文章都有唯一的引用标识符，由一个或多个单词组成，用空格或下划线隔开，偶尔还有括号解释。例如，关于“英国计算机科学家”图灵的文章具有唯一的引用标识符Alan Turing，而关于的Turing的“流密码”文章具有唯一的引用标识符Turing（cipher）。

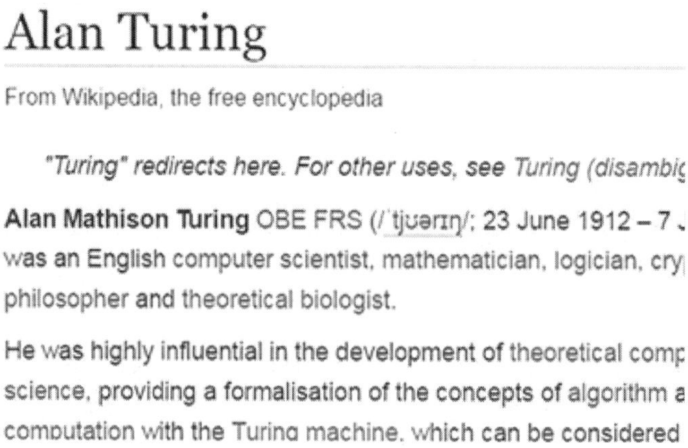

Alan Turing

From Wikipedia, the free encyclopedia

*"Turing" redirects here. For other uses, see Turing (disambi*

**Alan Mathison Turing** OBE FRS (/ˈtjʊərɪŋ/; 23 June 1912 – 7
was an English computer scientist, mathematician, logician, cry
philosopher and theoretical biologist.

He was highly influential in the development of theoretical comp
science, providing a formalisation of the concepts of algorithm a
computation with the Turing machine, which can be considered

来源: Wikipedia。

图7.3 维基百科截图

维基百科中的超链接基于这些引用标识符以及代表超链接表面形式的锚文本创建。比如“Alan Mathison Turing OBE FRS…was an English computer scientist”是图7.3中Alan Turing维基百科页面中的第一句话，包含指向大英帝国勋章、皇家学会会员和计算机科学家等的相关文章链接。

由很多作者共同编辑维基百科文章存在潜在问题，比如在实体的引用标识符方面，有时会缺乏一致性。例如，Alan Turing有时被称为Turing，或者全名Alan Mathison Turing，因此就必须有重定向页面，即从一个替代名称（如Turing）链接到正确的文章（如Alan Turing）。维基百科的另一个特征是歧义消除页，专门为存在歧义的实体创建，由指向该实体不同含义的文章链接组成。歧义消除页面的唯一标识符一般会在实体名称后加上括号注释（disambiguation），例如，sense（disambiguation），是名词sense消除歧义页面的唯一标识符。

维基百科有280多种语言的版本，每种语言的条目数量从几页到400万条或更多。表7.7展示了10个最大的维基百科语种（截至2017年4月），包含文章数量和贡献者数量。语际间的链接直接将不同语言的文章链接起来。例如，单词sense的英文页面与西班牙文sentido、拉丁文的sensus页面互相链接。维基百科中约有一半的文章包含指向其他语言文章的语际链接。每篇文章的语际链接数量各不相同，英语维基百科平均为5个，西班牙语为10个，而阿拉伯语则多达23个。

**表7.7 维基百科文章数量按语种排名及其用户数量**

| 语言 | 维基标识 | 文章数量 | 用户数量 |
|---|---|---|---|
| 英语 | en | 5391707 | 30771377 |
| 宿雾语 | ceb | 4138135 | 33996 |
| 瑞典语 | sv | 3785049 | 543852 |
| 德语 | de | 2048714 | 2616328 |
| 荷兰语 | nl | 1897908 | 830046 |
| 法语 | fr | 1858259 | 2757540 |
| 俄语 | ru | 1384908 | 2078886 |
| 意大利语 | it | 1346331 | 1488417 |
| 西班牙语 | es | 1327066 | 4564582 |
| 瓦瑞语 | was | 1262379 | 31594 |

来源：Wikimedia。

## 维基词典

维基词典是维基百科的姊妹项目，均由维基媒体基金会管理。维基词典由用户自发贡献，涵盖很多语言。维基词典中包含同义词、词义、翻译，以及一些语义关系，如上下义和派生词。维基词典其中的一项实用功能就是介绍了许多单词的词源，展示单词形式的历时演变。

### BabelNet多语词典

BabelNet（Navigli & Ponzetto，2012）是一个多语言词典资源，基于多语种维基百科、WordNet词典、维基词典和其他最新的词典资源如ImageNet和FrameNet等建立。目前BabelNet覆盖大约271种语言，大约有1400万个同义词集，每个同义词集包含一个概念在多种语言中的所有同义词。

### 词汇资源和应用程序接口

WordNet是最大和最常使用的在线英语词典之一，提供了多个API。

Global WordNet网站囊括很多语种的WordNet版本链接（其中许多可以免费使用）。

WordNet话题词典和WordNet-Affect情感词典对WordNet进行注释，包括200个语义领域和多种情感类型。

Roget英语同义词词典是存在时间最长的英语词典之一，1911年的版本开放下载，新版本不可以下载，但可以在线访问。

LIWC词典和词频统计（LIWC）是基于心理语言过程的分类词典，可以在线使用，或购买后在线下使用。

General Inquirer词典将单词分为不同类别，比如积极词汇和消极词汇。

维基百科和维基词典是众包式的词汇资源，有许多语言版本，虽然这些资源不能爬取，但是可以从网站下载维基备份包。目前可以通过几个API访问这些备份包。

BabelNet包括271种语言的1400万个同义词集，该资源和API可免费用于科学研究。

## 结语

词汇资源是文本挖掘研究的基本构件，因为其以能够深入理解语言的方式对词汇和词汇之间的关系进行编码。词汇资源类型繁多，从简单常见的词汇表，到词典、同义词词典、语义网络，以及新型的众包词汇资源，利用“群体”知识跨越多语言的障碍。本章概述了文本挖掘中最常使用的几种词汇资源，介绍了其对词汇的不同表示方法。虽然创建有些词汇资源需要耗费多年时间，但其回报往往很高，已经应用在成千上万的学术研究中。

## 本章要点

- 词汇资源汇编了语言信息，包括词表、词义、翻译、语义关系等。
- WordNet是最常用的英语电子词典之一：将单词归为同义词集（synsets），对同义词集之间的语义关系进行编码。一些词汇资源基于WordNet建立，包括WordNet-Affect、WordNet Domains、SentiWordNet。也有很多其他语种的词汇资源。
- 另外也有一些词汇资源基于词汇的两极分类，或基于其他心理或语言过程进行分组，包括Roget英语同义词词典、LIWC词典和词频统计或General Inquirer词典。大型众包的词汇资源包括多语种的维基百科和维基词典。
- BabelNet自动关联了许多词汇资源，包括271种语言和1400万个同义词集，涵盖了对概念的多语种描述（同义词、定义）。

## 思考题

- WordNet的创建者必须克服哪些挑战？提示：请回忆在WordNet之前就存在的各种词典，以及WordNet的基础——例如，《牛津英语词典》《Roget英语同义词词典》和《韦氏词典》。词汇资源在覆盖面层面存在哪些挑战？
- 思考并讨论WordNet的应用案例。
- 假设你计划建立一个词典以支持自己的研究课题（例如，礼貌识别、道德价值识别）。你该如何创建这一词典？

# 8 基础文本处理

## 学习目标

1. 了解基本的文本处理步骤，如分词、删除停用词、词干提取和词形还原。
2. 解释文本统计和词语在文本中的分布规律。
3. 探索语言模型的基础知识，评估其应用。
4. 讨论高级文本处理的主要目标。

## 引言

文本分析之前几乎无一例外地需要进行某种形式的文本处理。考虑下面这个推文的例子：Today's the day，ladies and gents. Mr. K will land in U.S. :)。如果想把这段文字用于文本挖掘或分析，就必须确定这段文字中的词语——today，'s，the，day，ladies，and，gents，Mr.，K，will，land，in，U.S.，:)——这意味着必须保留缩写（如Mr.）和首字母缩写（如U.S.）中的点号。但有的标点需要从相邻的词语中分离出来（day后面的逗号或gents后面的句号）。此外，文本预处理器通常会对文本进行规范化（例如，将"s"扩展为"is"，或将非正式的"gents"还原为"gentlemen"），识别词根或词干（例如，lady代表ladies，be代表's），甚至会识别并标注特殊符号，如表情符号:)。

文本处理包括一些基本步骤，如从网络文件中删除HTML标签，将标点符号从单词中分离出来，删除功能词，以及**词干提取**（stemming）或**词形还原**（lemmatization）；也可以进行高级处理，如词性标注或用句法依存树标注文本等；还可将单词映射到词典意义或识别话语标记。本章涵盖了一些基本的文本处理步骤，讨论了**语言模型**（language models）的基础知识，为高级文本处理提供了阅读建议。

语言研究的第一步通常都是基础文本处理。通常情况下，只需去除不相关的标签（如HTML、XML）并分离标点符号，就可以获得词汇集，用来收集统计数据或进行其他分析，如情感分析或文本分类。但有时需要删除部分高频词（停用词）或获取词根（基于词干提取或词形还原），具体要根据研究目标确定文本处理方法。例如，如果要研究欺骗话语，需要保留停用词；但如果要对计算机科学文本和生物学文本进行分类，可以删除停用词，同时也可提取词根。在有些情况下，如果需要识别语料库中的所有组织名称，就需要进行更高级的文本标注处理，如**命名实体识别**（named entity recognition，NER）。

## 基本概念

基础文本处理通常是文本挖掘的第一步，由简单的处理流程组成，如分词、词形还原、标准化，或更高级的文本处理，如词性标注、句法解析等。

分词是指在不改变原文意义的情况下，分离标点符号与单词。

删除停用词是指删除功能词的过程，如the、a、of等。

词形还原是基于规则删除词汇屈折变化的过程。

词干提取是确定词汇基本形式（或词根）的过程。

语言模型是语言的概率表示。

词汇在语言中的分布基于以下两个定律：Zipf定律和Heaps定律。

在文本挖掘中经常使用的高级文本处理方法包括词性标注、搭配识别、句法分析、命名实体识别（NER）、词义消歧和词汇相似度。

## 基础文本处理

### 分词

**分词**（tokenization）是在字符序列中识别词汇的过程，主要任务是分离标点符号，也包括识别缩略语、缩写形式等。比如，对于句子“Mr. Smith doesn't like apples”来说，分词结果可能是“Mr. Smith does n't like apples”。分词看似一个微不足道的过程，但有些情况需要特别处理。例如，对于句号，需要区分句尾的句号和首字母缩写中的句号（如U.S.）或缩写标记（如Mr.，Dr.）。在分隔句尾的句号和其前方的单词的同时，需要保留首字母缩写或缩写标记中的句号，使其结构完整。句号也具有特殊意义，在数字（如12.4）、日期（如12.05.2015）或IP地址（100.2.34.58）里面应保持不变。

- 对于缩写标记或所有格标记，需要将其分开，保留独立的词汇。例如，book's应该分为两个词：book和's。缩略语aren't与he's应分为are和n't和he和's。
- 引号也应该与正文分开，例如，"Let it be"应该变为" Let it be "。
- 对于连词符，通常保留原位，表示搭配形式，例如，state-of-art。有时最好将其分开，以便独立处理，例如，将Hewlett-Packard分成Hewlett Packard。

虽然分词通常与语言无关，但在处理一些特殊情况时，也要考虑具体的语种。例如，不同的语言一般拥有不同的缩写和缩略语，因此需要编制一个清单，确保正确处理句号。所有格和连词符也存在相同情况。

有时，分词过程还包括其他文本**标准化**（normalization）处理，如小写转换或更高级的大小写调整（truecasing）（例如，为"There is an apple symbol on my Apple Macbook"中的单词apple判断正确的大小写），或删除网页文本的HTML标签。

分词过程假定空格和标点符号表示词汇边界。许多使用拉丁字母的语言以及其他几个语系都是如此，但大多数亚洲语言不同，需要独立的词汇边界检测，一般通过监督学习算法实现。还有一些语言大量使用复合词，如德语（Computerlinguistik意为"计算语言学"）或黏着语[①]，如因纽特语（Tusaatsiarunnanngittualuujunga意为"我听不太清楚"）。

## 删除停用词

停用词，也称功能词或封闭性词类，由高频词组成，包括代词（如I、we、us）、定语（如the、a）、介词（如in、on）等。停用词可能对于某些研究不可或缺，例如其有助于研究人类个性和行为（Mihalcea & Strapparava，2009；Pennebaker & King，1999）。但在有些研究中，删除停用词后可以将注意力集中在名词和动词等实词上。无论如何，在识别文本中的停用词时一般需要一个预先编制的停用词表和有效的查找算法。

停用词与语言相关，因此需要针对所研究的语言创建停用词表。受到广泛研究的语言，如英语、西班牙语或汉语，都有几个公开的停用词表。如果某种语言没有停用词表，鉴于停用词一般也是高频词（见下一节），可以采用该语言

① 黏着语是一种语言的语法类型，通过在词根的前中后粘贴不同的词尾来实现语法功能。语法意义主要由加在词根的词缀来表示。——编者注

的大型语料库收集词频统计数据，获取前N个高频词作为候选停用词。理想情况下，语料库应该由来自不同领域的混合文本组成，避免某些词因其领域的特殊性而大量出现（例如，计算机科学的文本中computer很有可能是高频词）。建议在制作停用词表时征求母语使用者的意见，因为有时可能会包含频率较高但不能被归为停用词的词汇（例如，have、get、today）。

## 词干提取和词形还原

自然语言中许多词汇互相关联，但具有不同的表层形式，导致其不易识别。虽然其中一些词汇关系源自语义，需要词典知识，例如sick和ill。但也有许多词汇关系可以通过分析字符串获取，例如construction和construct或water和watered。

词干提取是识别词干的最简方法。简单地说，词干提取基于一套规则删除词缀，获得词干，成为相关词汇的共有词干。比如说，computer、computational和computation均具有共同的词干compute。

词干提取有时会生成不是独立单词的词根，但由于这些词根的“消费者”是机器而不是人，并不会导致问题。例如，词干提取用于信息检索时（见第13章），会将词干信息输入索引过程，提高信息检索系统准确度，并不需要用户理解检索过程。然而，若提取结果要供人阅读，就不应使用词干提取，因为不易理解。例如，词干提取过程将“for example compressed and compression are both accepted as equivalent to compress”转化为“for exampl compres and compres are both accept as equival to compres”。

有许多词干提取程序，最受欢迎的是Porter stemmer，操作简单，可以不使用词典直接去除英语单词的词缀。Porter stemmer由一系列转换规则组成，比如说sses→ss，ies→i，ational→ate，tional→tion，程序会反复执行这些规则直到无法转换为止。基于在信息检索系统中的应用，Porter stemmer提取效果良好，提升了检索系统的质量。当然词干提取结果也存在错误，比如说“强行转换”，将organization和organ都转换为organ，将police和policy转换为polic，或者“遗漏错误”，比如不会转换cylinder和cylindrical以及Europe和European。词干提取软件均基于具体语言开发，除英语外，其他几种语言也有对应的软件。

替代词干提取的方法是词形还原，即只删除词汇的屈折词缀。比如说，词形还原把boys转换为boy，children变为child，以及am、are或is变为be。与词干提取不同的是，词形还原能获得一个有效的单词形式，即词汇在词典中的基本形式。因此，词形还原的好处是输出结果可以供人阅读。但由于需要一套语法规则处理规则和不规则变化的词汇，计算过程较为复杂。

# 语言模型和文本统计

## 语言模型

语言模型是自然语言的概率表示，可以用来预测模型或解释模型。简而言之，语言模型收集单词或字符序列的出现概率——例如，若看到dog一词，更有可能看到barks还是writes？因此，语言模型可以基于词汇共现概率提供备选单词——例如，dog后的下一个词最可能是什么？或者语言模型也可用来评估可能性——例如，看到dog barks的概率。

语言模型的应用范围非常广泛，包括拼写修改（基于常见错误，提出最可能的修改）、语音识别（判断口语输入最可能的文本输出）、机器翻译（在所有版本中判断最佳翻译）以及手写识别和语言识别等。

语言模型建立在大型语料库之上（被称为训练语料库），计算文本集上单词或单词序列的出现概率。显然，文本集越大，语言模型就越准确。例如，基于本章的文本与基于几百万个网页文本预测dog eats的出现概率，结果肯定差别很大。

最简单的语言模型基于一元语法，计算单个词汇的出现概率。主要需要计算词频，再计算其在训练语料库中全部单词集的出现概率。例如，在100个单词的集合中，有两个单词是dog，则该单词（或一元语言模型）的出现概率是P（dog）=2/100。

下一步是创建二元语言模型。计算一个词与上一个词共同出现的概率P（$W_i$| $W_{i-1}$），即Count（$W_{i-1}$ $W_i$）/Count（$W_{i-1}$）。例如，P（barks|dog）等于dog barks的出现频率除以dog的出现频率。

接下来是三元语言模型，计算P（$W_i$| $W_{i-1}$ $W_{i-2}$）。以此类推，四元语言模型等于P（$W_i$| $W_{i-1}$ $W_{i-2}$ $W_{i-3}$）。n元语言模型的阶数越高，准确性就越好，预测或解释能力更强。但是需要在语言模型和数据量二者之间取得平衡，高阶n元语言模型需要大型训练语料库，避免数据稀疏性。例如，从100万个词汇的语料库中计算某个单词的出现概率，不同于计算六词序列（六元语言模型）的概率。在语料库中找到某一个单词不难，但很难在同一语料库中找到六个词同时出现的所有可能序列。这就会导致六元语言模型概率估计中会出现很多零，影响模型的准确性。

鉴于语言模型的特征，我们可以用它们来预测整个文本的出现概率。例如，文本"I want to eat Chinese food"，在二元语言模型中，可以计算出P（I want to eat British food）= P（I|start）P（want|I）P（to|want）P（eat|to）P（British|eat）P（food|British）。同理，在三元语言模型中，可以计算出P（I | start start）P（want | start I）P（to|I want）P（eat|want to）P（British|to eat）P（food|eat British），以此类推。

## 文本统计

对文本集可以进行的最简单分析是统计单词频率，确定哪些单词出现的频率更高。有趣的是，尽管自然语言很复杂，但并非不可预测。例如，很容易预测文本集中的高频词或词汇量（即新词的数量）。例如，表8.1展示了Text REtrieval Conference（TREC 3）文本集中的前10个高频词。从表中看出，如上一节所述，高频词一般都是停用词。

若要绘制语料库中的词频，应该会得到类似于图8.1所示的曲线。

该曲线显示，有几个词非常常见。例如，the或of占到文本集的10%。曲线的另一端是低频词，在语料库中占据“主体”位置。有研究表明，一般文本中大约有一半的词只会出现一次（称为hapax legomena，在希腊语中的意思是“只读一次”）。

**表8.1　TREC文本集排名前10的高频词（总词数125720891，唯一词数508209）**

| 高频词 | 词频 | 占总词数的百分比 |
|---|---|---|
| the | 7398934 | 5.9 |
| of | 3893790 | 3.1 |
| to | 3364653 | 2.7 |
| and | 3320687 | 2.6 |
| in | 2311785 | 1.8 |
| is | 1559147 | 1.2 |
| for | 1313561 | 1.0 |
| The | 1144860 | 0.9 |
| that | 1066503 | 0.8 |
| said | 1027713 | 0.8 |

来源：经Bruce Croft博士授权使用。

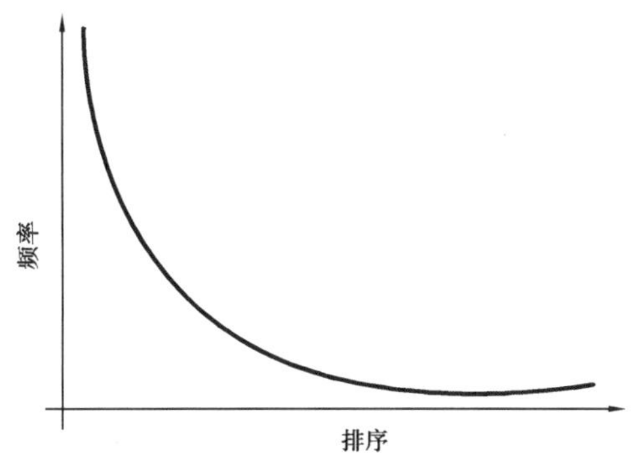


图8.1　语料库中的词频分布

有两个关于词汇分布的定律：**Zipf定律**和**Heaps定律**。Zipf定律针对语料库中的词汇分布建立模型，用数学方法回答下列问题：词汇总量为$N$的语料库中第$r$个高频词出现了多少次？具体来说，假设$f$是词频，$r$是位次，体现词汇降序排列的位置（例如，表8.1中，of的频率为3893790，词频排序第二）。Zipf在1949年发现了以下定律，$k$是常数，取决于语料库。

$$f \cdot r = k \quad (k\text{为常数})$$

Zipf定律可以预测一定词频范围内的词汇数量，展示语料库中的词汇分布。

第二条定律是Heaps定律，将词汇数量作为语料库规模的函数。语料库中词汇量的大小不会随着总词汇数量而呈线性增长。因为随着语料库的扩大，已经出现的词汇开始重复——因此，词汇量与语料库规模的关系一般如图8.2所示。

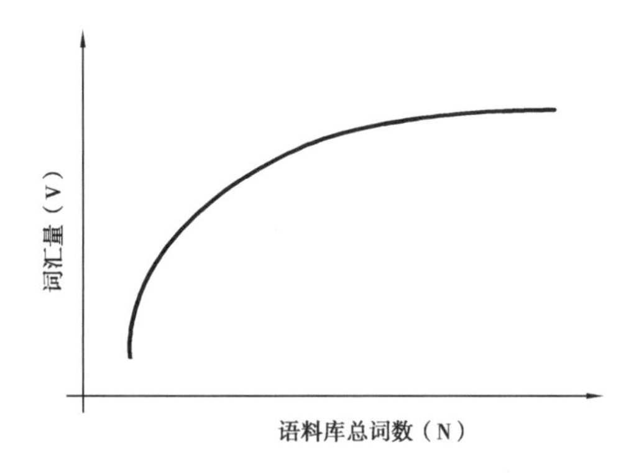


图8.2　词汇量与语料库规模的关系

有趣的是，该曲线也不会出现断崖，因为语言中的某些词类会不断出现新词，如数字和专有名词。因此，无论一个语料库有多大（以及词汇量），添加文本一般都会出现新词。Heaps定律可以用来回答下列问题：词汇总数为$N$的语料库中共出现了多少独立单词？若词汇量为$V$，语料库将包含多少词？假设有一个由$N$个单词组成的语料库，词汇量为$V$，Heaps定律如下（$K$和β是基于文本集确定的参数）：

$$V = KN^{\beta} \quad K\text{为常数}，0 < \beta < 1$$

一般而言$K$的取值范围大约是10~100，β的取值范围大约是0.4~0.6。该定律可以基于语料库大小预测词汇量。例如，若一个法律文本集有1000000个单词，词汇量是135000。Heaps定律可以预测语料库增长到5000000个词时，词汇量有多大。

## 高级文本处理

正如前文所提及的那样，除了基本的文本处理步骤，还有一些高级文本处理技术。下文将简要介绍一些常用的方法。

### 词性标注

**词性标注**（part-of-speech tagging）是指为文本中的词汇分配正确的句法角色，如名词、动词等。大多数词性标注算法均基于监督学习，依赖先前的标注数据，学习如何标注新文本。目前有许多不同的词性标注系统，有些只有几个标记符号（如名词、动词），有些标注系统比较复杂，如Penn Treebank（Marcus，Marcinkiewicz，& Santorini，1993），包含近40个不同的标注符号（如NN=普通名词单数，NNS=普通名词复数，NNP=专有名词，NNPS=专有名词复数）。

基于已经完成词性标注的文本，最基础的方法就是获取每个词汇最高频的词性，用来标注新文本的词性。例如，若要标注race，其动词标注为118次，名词标注为206次，名词词性将成为对race的标注基准。

更高级的词性标注方法除了关注词汇的词性标注频率，也需要考虑上下文。例如，如果需要标注race，且上下文是to race，就应该将其标注为动词；若上下文是the race，则应该标注为名词。词性标注软件基于已经标注词性的数据学习词性排序概率，进行上下文分析。简单来说，词性排序概率会基于上一个词的词性判断词性标注的概率——例如，p（VB|TO）（上一个词是to时标注动词的概率）——但词性标注软件会考虑历史标注记录和更大规模的上下文语境。这种基于上下文的词性标注会导致问题——在上例中，由于词性标注基于概率，如何确定上一个词的词性标注是TO？隐马尔可夫模型（Hidden Markov models，HMMs）可以解决该问题。例如，维特比算法（Viterbi algorithm）是一种递归算法，通过考虑之前所有的词性标注及其概率来计算当前词性标注的概率。隐马尔可夫模型具有另外两个特征，前向算法和后向算法，是用来迭代计算标注序列概率的递归方法。

除了隐马尔可夫模型之外，还有许多其他词性标注方法。例如，基于转换的词性标注，如Brill标注（1992）。首先基于概率大小标注词性，然后使用标注结果来学习转换规则。比如说“如果上一个词是the，将词性从VB改为NN”，“如果下一个词是NN，则将词性从RB改为JJ”。还有其他一些词性标注法，比如最大熵词性标注（Ratnaparkhi，1996）或基于复杂特征图谱的词性标注（Toutanova，Klein，Manning，& Singer，2003）。第9章介绍的机器学习方法也可用于词性标注。

## 搭配识别

**搭配识别**（collocation identification）的目的是自动识别具有特殊意义的词汇序列，如“mother-in-law”或“kick the bucket”。搭配识别有很多用处：在信息检索中，如果知道查询中有mother-in-law，而不是mother、in和law，就可以避免出现与法律相关的检索结果。在机器翻译中，词汇搭配在目标语言中对应的翻译，往往并不是简单地组合单独的词汇。mother-in-law在意大利语的对应翻译是suocera，直接翻译词汇序列中的单词会得出错误的“mama in legge”。

最常用的搭配识别方法基于信息理论度量，可以识别文本中重要的词汇共现。其中包括点互信息（pointwise mutual information，PMI）、杰卡德系数（Jaccard coefficient）、卡方（chi-square）和其他方法（Church & Hanks，1990）。这些方法的要点是，假设搭配中的词共同出现或者彼此独立，分别计算两种共现概率；再结合这两种概率，计算搭配出现的最终概率。例如，若要确定wood和desk是否构成搭配，可以用PMI计算语料库中wood出现的概率p（wood）（语料库中wood的词频除以语料库总词数）、desk的概率p（desk）（计算方法同wood），以及语料库中wood desk共同出现的概率p（wood desk）（语料库中wood和desk两个词相邻出现的次数除以语料库总词数）。基于以上计算结果，PMI（wood，desk）= log（P（wood desk）/（P（wood）×P（desk））），根据设定阈值判断wood desk是否构成搭配（对于本例来说，PMI值可能会非常小，表明wood desk不构成搭配）。

## 句法分析

**句法分析**（syntactic parsing）通常基于词性标注，旨在识别语言成分之间的句法关系。有些分析器会生成句法成分树（Collins，2003），用树形图或括号表示。一个句法成分中可以包含多个元素（例如，名词短语可以由定语、形容词和名词构成）。例如，分析器会将文本“I am happy”输出为：（ROOT（S（NP（PRP I））（VP（VBP am）（ADJP（JJ happy）））（…））），表示句子（S）由一个名词短语（NP）和一个动词短语（VP）组成，VP由动词（VBP）和形容词短语（ADJP）组成，以此类推。

其他分析器主要输出依存关系（Klein & Manning，2004），即文本中各元素之间的二元关系（例如，形容词与名词的修饰关系）。例如，在上例中，分析器可能会输出以下依存关系nsubj（happy-3，I-1）和cop（happy-3，am-2），表示happy和I之间的主语（subj）依存，以及happy和am之间的连系（cop）依存。

最准确的分析器基于人工句法分析数据进行有监督训练，如Penn Treebank（Marcus et al.，1993）。根据人工句法分析语料库，分析器将学习单词之间的关系概率。例如，由名词短语和动词短语组成句子的概率，或者仅由动词短语组成句子的概率。基于训练阶段获取的概率，分析器使用动态规划算法寻找适用于语言输入的句法分析规则。

除了有监督分析器，研究者也在建立无监督分析器，有助于对全新的语言进行句法分析。

## 命名实体识别

命名实体识别（named entity tagging）有时被认为是信息抽取的特例（见第15章），旨在从预定义词汇集中识别命名实体，如人、地点或组织。命名实体标注对于需要识别文本中人物、地点或组织的研究来说必不可少，如问题回答、人机对话技术、文本位置来源以及其他一些文本挖掘应用。例如，可以通过识别文本中提到的人，判断其在文本中的重要性，或者识别组织名称，判断群体对其的情感态度。

最常见的命名实体标注技术将标注规则与监督学习结合起来：标注规则通过词典判断实体可能的词性（如Gazetteers）或实体前后可能出现的词汇（例如，人名前的Mr.或在组织名后的Inc.），监督学习旨在基于已注释文本自动学习命名实体的属性。更确切地说，使用第9章的监督学习框架，标注（训练）文本中的每个实体都转化为学习实例，其特征（或属性）反映了实体的属性，例如实体前后的词、在句中的位置、大小写等。新文本中所有的词语（例如，所有名词）都基于上述属性转化为特征向量，然后使用机器学习算法（例如，Person/NotPerson）标注为具体的命名实体。虽然许多监督算法已开始用于标注命名实体，但条件随机场（conditional random fields，CRFs）是最成功的算法之一。

用于构建命名实体标注器的标注数据可以基于如前所述（Collins & Singer，1999）的规则自动获取，这个过程通常被称为自助法（bootstrapping），在第15章有详细描述，也可以通过人工标注获得（Collins，2002）。

## 词义消歧

**词义消歧**（word sense disambiguation）将词汇映射到词典中的词义，并将词义视为其上下文意义的变量。词义标注可应用于基于规则的机器翻译、信息检索中的模糊查询以及语言学习等。两种最常见的词义消歧方法是基于标注数据的监督方法和基于知识的无监督方法。

若一个词具有标注实例——例如，名词plant具有几条人工标注实例，就可以如第9章所述采用传统的监督方法，建立一个可自动预测新文本中词义的系统（Yarowsky，2000）。

另一种方法是完全采用从词汇资源中获取的信息，如词义、同义词、上义词等（见第7章）。例如，可以寻找句子中所有词汇含义的重合，选择可以使该重合最大化的词义（Lesk，1986）。但是，由于该方法旨在同步处理文本中词语的所有含义，可能导致组合爆炸。一个简化和更有效的替代方案就是每次只消除一个词的歧义，评估词义和其语境之间的重合程度，选择语境重合度最高的词义（Banerjee & Pedersen，2002）。

较新的词义消歧方法开始使用词典以外的词汇资源，如维基百科（Mihalcea，2007）。

## 词语相似度

测量**词语相似度**（word similarity）或更长的词汇序列，如短语、句子或整个文件的相似度是自然语言处理的主要任务之一，也是很多自然语言处理任务的核心工作，如信息检索、抄袭检测、简答题评分、文本蕴含等。过去，人们提出了较多的词和文本相似度测量方法，包含基于语义网络或分类法的距离测量以及基于大型文本集学习的分布相似性模型。

基于语料库的词义相似度测量根据大型语料库确定词汇间的相似度。在分布相似性模型中，基于在大型语料库的分布进行词语表征（例如，在文本集中存在-不存在或权重，在依存句法中的位置），因此两个词语的相似度源于其向量表示的相似性。潜在语义分析（latent semantic analysis，LSA）（Landauer，Foltz，& Laham，1998）将向量表征减少到低维空间，获取词汇之间的语义关系。另一种相关的方法是明确语义分析法（explicit semantic analysis method）（Gabrilovich & Markovitch，2007），将每个词表示为一个向量，表明其在维基百科文章中存在或不存在。也可基于大型数据集计算词语的PMI（Turney，2001），评估两个词语的相似度，即衡量词语共现的可能性。计算公式为 log （P（$w^1$，$w^2$）/（P（$w^1$）P（$w^2$）），P（$w^1$，$w^2$）是两个词语共现的概率，P（$w^1$）和P（$w^2$）反映了两个单词分别出现的概率。相似度高的词语互信息较高，不相关的词反之。最近，深度学习方法开始应用在创建词嵌入中，词嵌入对词汇进行向量表示，从大型文本语料训练的神经网络中获取（Mikolov，Sutskever，Chen，Corrado，& Dean，2013）。例如，谷歌已经发布了word2vec工具，同时发布了基于大型新闻数据训练的词嵌入，通过计算两个词嵌入向量的相似度，衡量词语的相似度。

## 文本处理软件

自然语言处理工具包（Natural Language Toolkit，NLTK）是用于文本处理的Python库，包括分词、词形还原、词性标注等，也包括各种文件集和词汇资源。

Standord CoreNLP是一个Java包，囊括了许多语言分析工具，包括词性标注、句法分析、命名实体标注等。

LingPipe是一个拥有许多文本处理工具的Java工具包，也包括很多自然语言处理核心任务的教程。

Porter stemmer和其他词干提取工具都有多语言版本。

WordNet::Similarity是一个使用WordNet计算词义相似度的软件包。

Word2vec包括预训练的词嵌入模型，以及在新语料库上训练词嵌入的代码。

## 结语

在文本挖掘任务前，一般需要进行文本预处理。基于不同的研究目标，需要进行基础的文本处理（如分词、词形还原或标准化），但有时可能也需要进行高级文本处理（如词性标注、句法分析等）。本章概述了基础文本处理方法，并讨论了主要的相关技术。若要深度学习自然语言处理方法，可以阅读Jurafsky和Martin（2009）的文章。

## 本章要点

- 在应用高级文本挖掘算法前，一般需要进行文本预处理。主要的文本预处理方法包括分离标点符号和词汇、文本标准化、词干提取或词形还原以及其他文本标注方法，如词性标注或命名实体标注、句法关系标注等，为文本挖掘方法的应用打好基础。
- 基础文本处理步骤包括分词、去除停用词、词干提取和词形还原。
- 高级文本处理步骤包括词性标注、句法分析、命名实体识别、搭配识别、词义消歧以及词汇相似度计算。
- 语言模型用概率表征语言，可以基于大型文本语料库建立，成为信息检索、语言识别、各类文本标注等任务的基础。
- 可以用Zipf定律和Heaps定律描述词语分布。这些定律也有实际用途，可以在研究假设中计算词汇量或语料库的大小。

## 思考题

- 假设要为一门全新的语言创建一套基础文本处理工具，包括分词、删除停用词和词干提取，这种语言并不像英语一样存在现成的工具。如何创建该工具集？分别讲述如何创建上文提及的三种基础文本处理工具。
- 如何为全新的语言建立高级文本处理工具？例如，如何为西班牙语创建词性标注工具？提示：假设已有一个平行语料库，由英语-西班牙语对齐文本组成，以及一个英语词性标注工具。
- 选定一个文本挖掘项目，思考所需的文本预处理步骤。

# 9 监督学习

## 学习目标

1. 认识监督学习及其应用范围。
2. 理解监督学习的特征表示和权重以及监督学习算法分类。
3. 评估监督学习方法。
4. 介绍常用的监督学习软件包。

## 引言

**监督学习**（supervised learning）已经在不经意间成为生活中无处不在的技术。例如，根据当前气象信息预测次日的天气，识别垃圾邮件，根据用户（可能包括很多人）喜欢的电影推荐新电影。这些例子表明，**机器学习**（machine learning）能基于已有知识预测未来，影响人类生活。

机器学习是人工智能领域较新且最有影响力的技术之一，已经在计算机科学领域内外获得了广泛应用。简而言之，监督学习（也称监督机器学习或学习）的任务就是使用自动系统学习某个“事件”的历史，预测其未来走向。

比如说，上文提到的预测天气，再具体一点就是学习是否将会下雨。假设现有一组“是否下雨”的记录，以及一些具有代表性的**特征**（features）或**属性**（attributes），如表9.1中第一行至第四行所示。

基于该降雨记录，可以设计一个系统来识别出天空=阴天、湿度=高、风=强风和下雨之间的关联，预测表9.1中第5个实例表示可能会下雨。

因此，机器学习的任务是学习如何有效地预测。基于一组特征（或属性）

以及类别描述事件。不同任务需要不同的特征集，例如上例中使用了四个特征预测下雨这一类别，即天空、温度、湿度和风。然而，这些特征无法用来预测词语的词性，需要选择其他特征，如该词语前面的词和后面的词等。事件通常表示为特征值的向量，代表具体实例的观测值。在上例中，其中一个实例（实例1）的天空特征值为“晴天”，湿度特征值为“高”，以此类推。被预测的事件通常被称为“类别”。在该例中，类别是下雨，有两个值：是或否。对于机器学习的实例（通常被称为训练实例）来说，类别值已知，但对于需要预测的实例（通常被称为测试实例）来说，类别值未知。

**表9.1 “下雨”预测示例**

| 实例 | 天气 | 温度 | 湿度 | 风力 | 下雨 |
|---|---|---|---|---|---|
| 1 | 晴 | 温暖 | 高 | 无 | 否 |
| 2 | 阴 | 温暖 | 高 | 强 | 是 |
| 3 | 阴 | 寒冷 | 无 | 无 | 否 |
| 4 | 阴 | 温暖 | 高 | 强 | 是 |
| 5 | 阴 | 寒冷 | 高 | 强 | ? |

基于事件的**特征向量**（feature vector）表示，结合用特征和类别值向量表示的事件实例，就可以开发许多监督学习算法。这些算法大致可以分为两类：（1）急切算法在收到训练实例时立即学习并建立模型，可以迅速用于预测测试实例。大多数监督学习算法都属于急切算法，比如**决策树**（decision trees）、神经网络、**支持向量机**（support vector machines，SVM）、朴素贝叶斯等。（2）懒惰算法在训练时不集中学习，收到测试实例后进行大部分学习工作，最近邻算法就是一种懒惰算法。

机器学习拥有数百种具体应用，不可能全部列出。其范围包括天气预测（见上例）、语言现象预测（如文本分类、词性标注、词义预测）、心理学（如心理特征预测）、社会学（如传播模式预测）、天文学（如预测行星或其运动）等。只要有先前的实例并已知其结果，机器学习就可以进行预测。虽然训练的数据量对机器学习很关键，但在某种程度上更重要的是如何表征这些数据，即选择什么特征来描述训练和测试实例。下面几节将讨论特征表示和加权，并介绍三种监督学习算法。

## 基本概念

机器学习是人工智能领域的一个分支，需要开发程序，使计算机有能力从过去的经验中展开学习。

监督学习是指基于人工标注的实例（也称训练数据）展开学习，采用学习获得的模型预测新数据。

**无监督学习**（unsupervised learning）是指基于未标注数据进行预测，其中最常见的无监督学习是聚类。

特征（或属性）是事件的可测量属性。

特征向量是属性的集合，用来表征事件的实例。表征过去的实例（事件历史）和未来的实例（事件预测）需要使用同一组特征向量。

训练数据是用于训练机器学习算法的实例集，实例通常需要人工分类。

测试数据是用于测试机器学习算法的实例集，算法将自动对测试数据中的实例进行预测。

## 特征表征和加权

实例的特征有两种不同的表征类型。一种是离散特征，从有限的集合中取值。例如，在图9.1所示的例子中，天空的值是晴天或阴天。离散特征的值不需要事先设定，通常基于正在观察的训练和测试实例来推断。另一种是连续特征，即数值型，可以是整数或实数，正数或负数。也有可能无法获得实例的某个特征值，通常使用问号来表示该特征信息缺失。

并非所有用来描述问题的特征具有同等效用。因此，需要有方法衡量每个特征的权重。这通常由学习算法本身自动完成，基于训练实例计算每个特征的区分度，获得特征权重（即每个特征对正确识别实例所属类别的贡献）。

特征权重也可用来分析和解释分类数据集。例如，若要对文本作者的性别进行分类，决策树等监督学习算法能够以75%的准确率判断文本作者的性别。但是，如果能够确定某些特征对判断作者性别的贡献最大，就可以深入理解不同性别作者的差异，例如文本中的某些代词或其他结构的出现频率。

### 特征加权

有不同的加权指标可用于对特征进行加权，最常用的方法之一是信息增益。计算信息增益是大多数机器学习算法的组成部分，我们在此进行简单描述，因其简单易懂，可以用来分析数据。

给定一个正反两方面的实例集$S$，$p$是实例为正的概率，$q$是实例为负的概率。其熵为Entropy（$S$）$=-p\log p-q\log q$。当$p=q=1/2$时，熵最大；当$p=1$和$q=0$时，熵最小（假设$\log 0=0$）。例如，若$S$包含14个实例：9个为正，5个为负，

Entropy（$S$）=－（9/14）log（9/14）－（5/14）log（5/14）=0.94。

信息增益就是根据某个特征$A$分割数据集$S$时，熵的预期减少。

$$\mathrm{Gain}(S,\ A) = \mathrm{Entropy}(S) - \sum_{v \in \mathrm{Values}(A)} \frac{|S_v|}{|S|} \mathrm{Entropy}(S_v)$$

图9.1展示了如何计算两个二元特征的信息增益。该例需要将文本分为计算机科学（标记为C）或生物学（标记为B）两大类。假设有14个训练实例，其中9个属于C类，5个属于B类，需要考虑两个特征：第一个特征为computer，其值为“是”或“否”（computer一词是否出现在实例中）；第二个特征为cell，其值为“是”或“否”。基于此可以计算该数据集的熵，最后再根据两个特征之一进行文本分类。计算方法如下：Entropy（$S$）=－（9/14）log（9/14）－（5/14）log（5/14）=0.94。可以基于某个特征的分支分别计算出其对应的数据熵。例如，若选定特征computer的分支“是”，即只计算值为“是”的实例，C类包含3个实例，B类包含4个实例，Entropy（$S_{\mathrm{Computer=yes}}$）=－（3/7）log（3/7）－（4/7）log（4/7）=0.985。同样，若选定特征computer的分支no，所得集合的熵为Entropy（$S_{\mathrm{Computer=no}}$）=0.592。现在就可以结合以上熵值计算信息增益，对特征computer分支的熵进行加权。特征computer的“是”分支有7个实例，Entropy（$S_{\mathrm{Computer=yes}}$）加权为7/14。本例中存在巧合，另一个分支对应的熵正好也加权为7/14。完成所有计算后，可以得出以下结论：在computer和cell两个特征中，computer对该分类问题的区分度更高（computer的信息增益为0.151，cell的信息增益为0.048）。

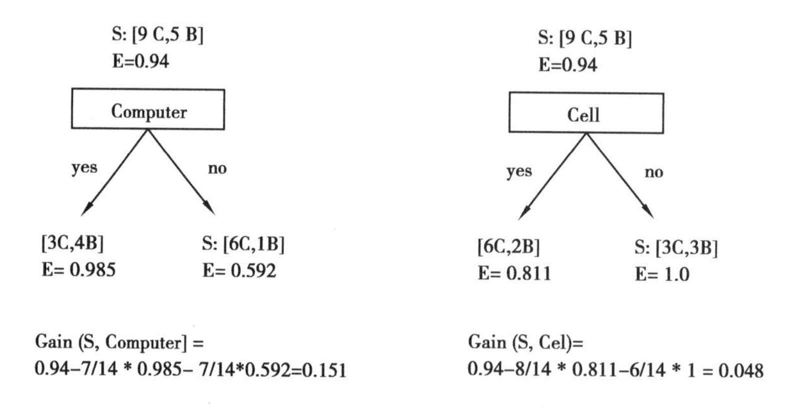


图9.1　计算两个特征的信息增益

## 监督学习算法

当前已经存在大量监督学习算法，其中许多都具有一个或多个实现方法，成为独立代码或机器学习软件的一部分。主流的监督学习算法包括朴素贝叶斯（第13章）、回归、决策树、**基于实例的学习**（instance-based learning）、支持向量机、神经网络**深度学习**（deep learning）（本节将介绍五种算法）、感知机和随机森林。

## 回归

回归是最简单的机器学习算法，最早引入统计学领域，用来联系输入值（如房子面积）与输出因变量（如销售价格）。有许多种回归算法，包括线性回归和logistic回归，前者假设输入和输出的都是标量值，后者假设输出变量是类别值。

类似于下文中神经元的功能，线性回归通常是输入特征的线性组合，主要目标是学习最接近输出的权重值。例如，假设有三个输入值$a_1$、$a_2$、$a_3$，线性回归函数的形式为$x=a_1w_1+a_2w_2+a_3w_3+b$，其中$w_1$、$w_2$、$w_3$是需要学习的权重，$b$是通常也要学习的误差参数，$x$是由模型预测的因变量。若要将线性回归转化为logistic回归，可以用logistic函数$1/(1+e^{-x})$处理输出值。

与其他学习算法一样，训练回归函数需要训练数据集，包含输入特征和输出变量的值。训练阶段的目标是学习模型参数。在上例中，学习的参数为$w_1$、$w_2$、$w_3$和$b$。首先给参数分配随机值，然后通过训练实例进行迭代，修正随机参数值，最终使每个训练实例的$x$与实际$x$的输出变量相匹配。例如，若要根据房子面积（输入特征）预测销售价格（输出变量），使用现有模型获得训练实例的销售价格是50000美元，但实际价格为75000美元，该误差将用于修正模型参数。

## 决策树

决策树学习（Quinlan，1993）是一种急切学习算法，在训练阶段建立决策树，用于分类测试实例。决策树是类似流程图的结构，每个内部节点代表对一个特征的测试，节点代表分类决策。例如，图9.2展示了预测天气的决策树，其特征如表9.1所示。

正如其他急切学习算法，决策树学习过程的大部分时间都是在训练如何构建决策树。每个数据集可以有大量不同的决策树组合模式。图9.2展示了表9.1中所列特征的一种决策树结构。也可以想象另一种决策树结构，根部是“天空”，或者“湿度”，树枝使用其他特征。事实证明，纳入决策树的特征会影响效果（分类的准确性）和效率（分类的速度）。

构建决策树的过程一般需要基于权重反复选择特征。使用信息增益进行**特征加权**（feature weighting）（也可使用其他加权指标），可以选择信息量最大的特征作为决策树的根。然后，对于根特征的每个特征值，选择对应的实例集，计算其他特征的信息增益，选择信息量最大的特征。到达叶子节点时停止决策树分支，即在分支下有一个或多个实例的分类决策相同。

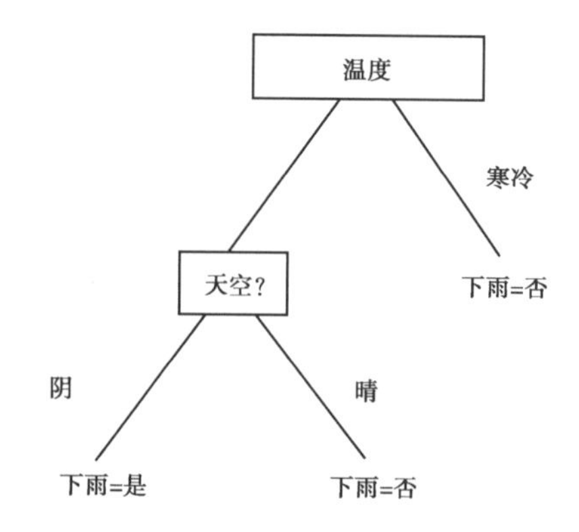


图 9.2 所示特征的决策树示例

例如，若选择温度作为表9.1中实例的最大信息量特征，将其作为决策树的根，首先要计算“温暖”，并从“天空”“湿度”和“风”等特征中选择实例1、2和4中信息量最大的特征。接下来对“寒冷”重复同样的过程，基于对所有实例的分类共识，产生一个决策节点（本例只有一个实例的温度值为寒冷）。假设发现天空是下一个信息量最大的特征，就需要对其之下的每一个值应用同样的处理过程，以此类推。

有时决策树可能变得过于庞大，可以对其进行“修剪”，在保持分类准确性的同时降低其的复杂度。有不同的修剪技术，最简单的是用最普遍（频繁）的类替代其对应的节点，只需确保不影响预测精度即可。

## 基于实例的学习

基于实例的学习属于懒惰学习，包括k最近邻算法（k-nearest neighbors，KNN）和向量机。基于实例的学习，尤其是KNN的主要思想，是寻找与测试实例最相似的训练实例，并将其类别作为标签。例如，图9.3所示的例子中，若要把标有问号的点归类为矩形或圆形，k最近邻算法将尝试找到k最近邻，并在实例中确定多数类别。在该例中，若选择三个最近邻，如圆圈内所示，类别标签将是矩形，因为训练实例中大多数均为矩形。

根据选定的近邻数量，可能会分配不同的类别标签。例如在图9.3中，也可选择7个近邻，类别标签将是圆形。

该算法的核心问题是距离度量，确定最接近给定测试实例的训练实例。通常采用欧几里得距离，也可使用其他距离度量方法。基于上文讨论的向量表征，假设训练向量为X且测试向量为Y，欧几里得距离为$\sqrt{\sum\left(x_i - y_i\right)^2}$。近年来出现了不同的核测量法，其中核（kernel）是指在特定输入集合上进行的相似性测量

（例如，字符串核，测量两个字符串的相似性；树核，测量树结构的相似性）。

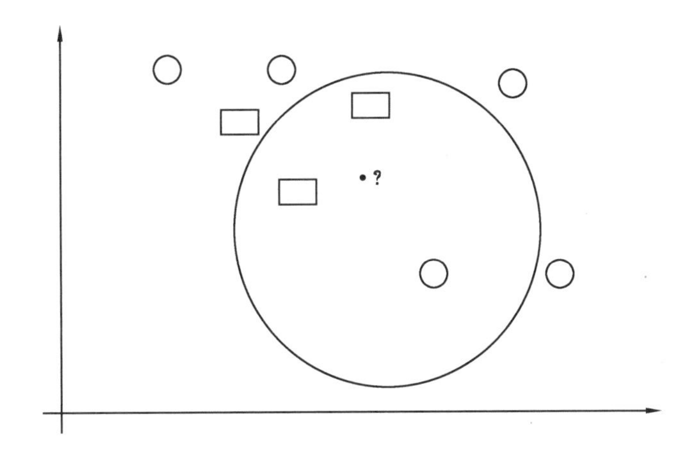


图9.3 $k$最近邻算法图示

## 支持向量机

支持向量机算法（Vapnik，1995）的基本思想是确定一个超平面（或一组超平面），以最佳方式分隔训练实例。在所有可能的分隔超平面中，支持向量机算法试图找到可以与所有训练实例距离最大的超平面，实现较低泛化误差。

例如，若要分离图9.4所示的矩形和圆形实例，可以画出多个超平面：$H_1$，无法分离两个类别；$H_2$，可以分离但距离矩形很近；$H_3$，可以分离并有较大距离。最终选择该分隔超平面，根据未知实例与该超平面的相对位置判断其所属类别。例如，图9.4中标有问号的实例将被标记为矩形，因其落在所选超平面$H_3$的矩形一侧。

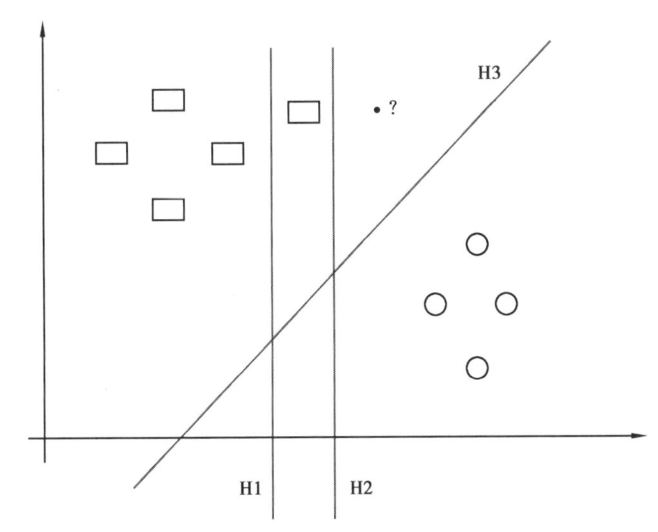


图9.4 支持向量机超平面图示

根据上文讨论的特征向量表示，在特征空间 $X$ 中，任何超平面都可以写为 $w.X+b=y$。接下来找到权重 $w$ 和参数 $b$ 的向量，使得超平面能以最大距离将训练数据中的所有实例分开。这是一个二次优化问题，可以用拉格朗日乘法解决。

支持向量机算法针对二元分类问题设计，即区分属于两个类别的实例。每次只分类一个实例，重复进行，任何多元分类问题都可转化为二进制分类。例如，假设有三个班级，可以进行三种二元分类：A对（B或C），B对（A或C），以及C对（A或B）。

## 神经网络和深度学习

深度学习（Goodfellow，Bengio，& Courville，2016）是机器学习的最新分支之一，由旨在学习高级数据表征的算法组成，可用于有效学习。在某种程度上，深度学习就是学习特征本身的过程。深度学习假设只要有足够的数据，就可以自动学习特征，不需要其他大多数学习算法需要的特征选择。已经出现各种深度学习架构，包括深度神经网络、递归神经网络和卷积神经网络，广泛应用于计算机视觉、生物信息学和自然语言处理（NLP）。本章将简要介绍深度神经网络，这种方法在语言处理和文本挖掘方面应用较多。神经网络的核心单元是神经元。简单来说，神经元的作用类似于函数，接收几个输入并生成一个输出，如图9.5所示。在这个图中，输入是 $a_1$、$a_2$ 和 $a_3$，而输出是 $o_1$。进入神经元的边具有权重，一般在训练网络时学习。除了输入变量之外，神经元一般需要接收误差 $b$，其值也在训练中学习。神经元会接收所有输入，进行线性组合，基于此进行非线性函数计算。图9.5的例子中，所有输入的线性组合生成 $x=a_1w_1+a_2w_2+a_3w_3+b$，然后通过非线性函数，如logistic函数 $1/(1+e^{-x})$，计算结果输出为 $o_1$。

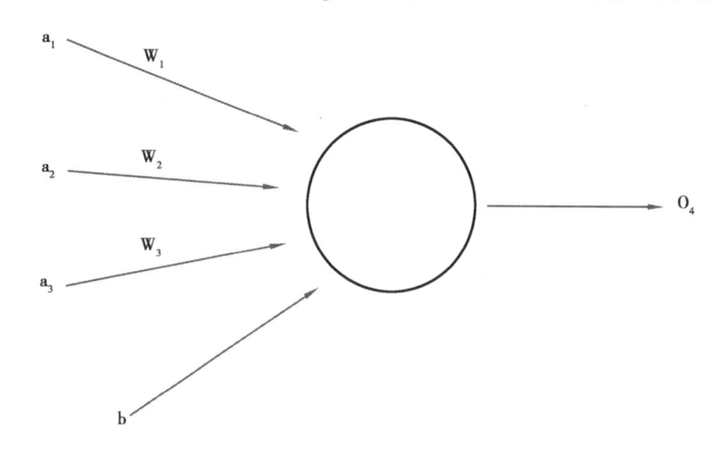


图9.5　深度神经网络示例1

现在考虑几个层级组织的神经元，如图9.6所示。该网络的每个元素都具有上述神经元的功能，上一层的输出作为下一层的输入。第一组输入直接从输入数据中获得，最后一组输出代表要进行的分类。

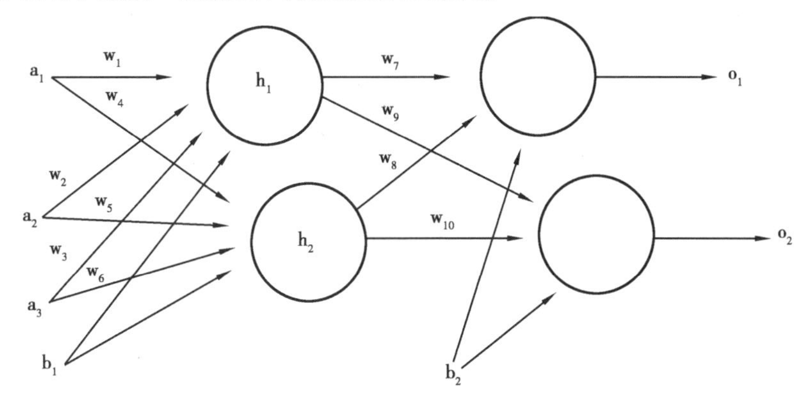


图 9.6 深度神经网络示例2

深度神经网络的关键在于训练阶段，需要学习边权重、偏置项，有时甚至要学习如何表征输入。该过程如下：首先，将网络初始化为一组较小的随机权重和偏置项。通过整个网络完成上述所有计算（即神经元计算），产出一组输出。这组输出可以直接使用，也可以通过softmax层生成一个概率分布，或者通过回归层生成最终输出。比较输出与训练数据中的正确输出，基于观察到的错误，通过反向传播机制修正权重和偏差。简而言之，反向传播在每个神经元上确定权重（或偏置）导致的误差，通过修正使误差最小化。整个过程重复多次，直到输出误差降低到极小，宣告网络“训练完成”，可以接收新的输入以预测输出。在这些网络内部，虽然能直接从数据中获得输入，但中间（隐藏）层类似于其他学习方法中的特征，神经网络会自动学习这些特征。

深度神经网络可以根据输入数据进行预测，类似于上文所述的机器学习算法。它已经成功地用于学习词表征，基于原始文本自动创建了大量的训练实例。例如，以“the dog chases the cat”为例，可以创建一个训练实例，其中上下文词语 the、dog、the、cat 作为输入用来预测中心词 chases（Mikolov，Sutskever，Chen，Corrado，& Dean，2013；注意，也可以反过来用chases作为输入，the、dog、the、cat作为输出）。海量自然文本实例可以创造出大量的“免费”训练实例，这些实例可以用来训练深度神经网络，用来构建解释上下文语境的词表征。word2vec采用深度神经网络构建词表征，证明了简单直观的向量操作可以用于词表征。例如，word2vec（king） - word2vec（man） + word2vec（woman）生成非常接近word2vec（queen）的向量。

## 监督学习评估

与其他自动学习系统一样，监督学习的方法也需要被评估。通常，在独立于训练数据的测试数据上进行评估，使用的指标包括准确率、精确率或召回率。准确率是在测试实例总数中正确分类的测试实例总量。精确率和召回率基于给定类$C_i$定义，精确率是指在系统标记为$C_i$的所有实例中，正确标记为$C_i$的实例总数；召回率是指在整个测试数据中标记为$C_i$的所有实例中，系统正确标记为$C_i$的所有实例总数。

为了获得更稳健的结果，通常在多个训练或测试数据分组中进行实验，对不同分组评估结果求平均值。也就是说，给定一组数量为1000的标注实例，可以从中抽取90%用于训练，剩余的10%用于测试，将这1000个实例再分成90%和10%，重复评估，如此循环。N倍交叉验证（N-fold cross-validation）评估由此产生，可以将标记实例集分成N个子集，一个子集用于测试，其余N–1个子集用于训练；再重新选定另一个子集用于测试，其余N–1个子集用于训练，如此反复N次，然后对N个结果集求平均值。另一种方法是留一交叉验证法，即测试集由单个实例组成，训练集包含其余实例，这个过程针对数据集中的每个实例重复多次。

在评估过程中，深入了解所使用的各种特征的有效性也很重要。一种方法是简单地看一下算法学到的特征权重。例如，若将信息增益作为权重指标，具有较高信息增益的特征可能比信息增益较低的特征更重要（或有用）。另一种方法是进行**特征消融**（feature ablation）。具体来说，这意味着监督学习算法在数据集上运行时，每次使用一个特征（前向特征消融）或从整个特征集中每次删除一个特征（后向特征消融）。该过程假设，在学习过程中只考虑一个特征，或者考虑除某个特征外的整个特征集，就可以确定该特征对整个系统的有效程度。

最后，与任何分类系统评估紧密相关的是其**学习曲线**（learnig curve），即训练数据量如何影响分类器的表现？为了生成该曲线，可以在部分训练数据上运行分类系统，在同一测试集上评估其准确性。图9.7展示了两个学习曲线样本，两个分类器在部分训练数据上测得的准确率从10%到100%不等。学习曲线非常重要，因为它可以决定未来的研究进程：应该专注于收集更多数据（见图9.7[a]中的学习曲线，曲线呈上升趋势），还是说专注于发现更复杂的特征（见图9.7[b]中的学习曲线，曲线在一定数量的训练实例后已经趋于平稳）。

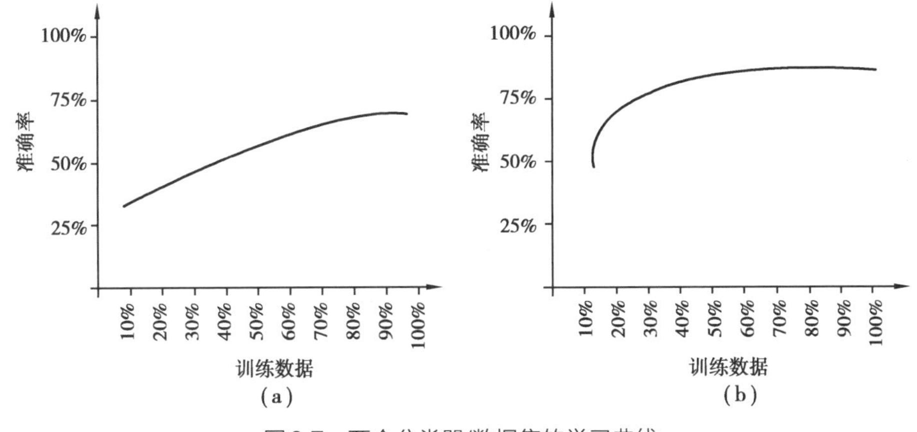


图9.7 两个分类器/数据集的学习曲线

## 监督学习软件

Weka是机器学习的Java工具集，涵盖了非常多的学习算法，包括本章介绍的算法。

Scikit是具有许多机器学习算法的Python包。

Caret是用R语言的机器学习工具集。

Theano是一个Python库，可用于支持深度学习（结合其他高级数学运算）。

SVM-Light是支持向量机（SVM）的C语言工具，优化了运行速度。

决策树可通过许多编程语言实现，包括Perl。

## 结语

机器学习是人工智能的分支领域，能帮助解决不同学科面临的问题，包括信息管理、语言学、天体物理学等。基于某一事件（如天气）的相关历史，机器学习首先把实例表示为特征（或属性）向量，然后使用特征向量以及与之相关的类别预测未来实例的分类。这一章涵盖了与特征表示和加权有关的内容，以及几种学习算法，包括决策树、基于实例的学习、支持向量机和深度学习。该章也涉及机器学习评估，以及通过学习曲线和特征消融深入了解算法和特征的学习效果。

## 本章要点

- 基于事件的历史记录，机器学习算法旨在预测该事件的未来走向。具体来说，将事件历史和未来的实例表示为基于可观察属性的特征向量，过去的实例与类别相关联，学习算法可以用来预测未来实例的类别。
- 事件实例通常表示为特征向量。特征是事件的可观察属性（如温度），可以是离散或连续型数值。
- 并非所有描述学习问题的特征都具有同等效用，因此需要计算每个特征的权重。这通常由学习算法自动完成，但也可单独实现。
- 学习算法大致可分为两类：1）急切算法（如决策树、支持向量机），基于训练数据学习，学习结果用来预测测试数据；（2）懒惰算法（如基于实例的学习），在测试时进行大部分的计算，寻找与测试实例最相似的训练实例，在此基础上进行预测。
- 通过准确率、精确率和召回率等指标评估机器学习算法，这些指标表明在测试数据集上做出正确预测的数量。

## 思考题

- 讨论急切学习与懒惰学习的优势和劣势。
- 如本章所述，有两大类特征：（1）连续特征；（2）离散特征。假设有一个学习算法，只能基于离散特征学习，如何将连续特征转化为离散特征?
- 选择一个社会科学研究项目，思考如何将其作为一个机器学习问题来解决。在研究项目中，思考用什么特征表示数据实例，用什么算法展开学习，如何评估其性能等。

第四部分

# 人文社会科学与文本分析

# 10 叙事分析

## 学习目标

1. 探索叙事在人类思想和交流中的基础作用。
2. 梳理不同学科的叙事理论。
3. 学习社会科学研究中的叙事分析。
4. 介绍叙事分析的研究工具。

## 引言

人类是会讲故事的物种，是"Homo fictus（故事人），拥有讲故事头脑的大猩猩"(Gottschall，2012，p. xiv)。人类每天都在向别人和自己讲故事，这些故事激发人类产生不同行动和情绪，比如爱、好奇、愤怒和羞耻。人类交流的基础似乎就是讲故事，但究竟什么是故事？故事与其他交流形式有什么不同？如何从科学的角度分析人类彼此的故事？

在人文社科领域，学者在**叙事分析**（narrative analysis，或叙事学[narratology]）领域研究人类的故事。叙事分析是指研究文本中叙事（故事）形式的一系列方法，人类学、社会学、文学和其他学术领域都在对其进行研究，分析人类如何诠释社会世界和其中的事件和人物，以及如何通过讲述自己和他人的故事来建构社会身份。叙事分析研究者分析各种文本，包括访谈转录、报纸文章、演讲、戏剧和文学作品。

叙事分析的重点是人类如何生产和使用故事来解释世界，并不认为叙事能传递客观世界的故事，因此通常不关心故事是否客观真实。叙事研究者将叙事视为社会产品，在人类所处的特定社会历史和文化背景下生产。叙事是人类向他人（和自己）表征自我和所在世界的诠释手段。叙事分析者认为，人类往往采用故事的形式表述自己，大众文化中的**公共故事**（public stories）为人类提供了资源，构建其个人叙事和身份（Ricoeur，1991），并联系现在与过去。此类故事经常出现在访谈记录中（Gee，1991）。

叙事理论认为，赋予文本叙事形式的主要元素是事件的顺序和后果，叙事通过这些元素来组织、联系和评价事件，使之对特定受众具有意义。通过这些元素，讲故事的人为听众诠释了社会世界。叙事分析者用**人物**（characters）和行动的**转变**（transformation，随时间变化）描述故事特征，这些人物和行动汇集到同一**情节线**（plotline）中。故事将许多情节元素汇集在一起，包括离题（disgressions）和副情节，这便是**情节化**（emplotment）过程（White，1978）。叙事必须有一个观点，而其观点往往以道德信息为表现形式。

## 基本概念

叙事是人类为了诠释和鼓励社会行为而向他人和自己讲述的故事。
公共故事是大众文化中流传的叙事。
情节化是指将人物和行动汇集到历时变化情节的过程。
故事语法是一种基本叙事结构，在不同的叙事体裁中重复出现。

## 叙事分析方法

叙事分析有几种主要方法，其中最重要的三种是结构、功能和**社会学方法**（sociological approaches）。

叙事**结构分析**（structural approaches）主要在文本分析层面展开，即关注文本本身而不是故事出现、流传和变化的社会和历史背景。结构叙事分析的重点是**故事语法**（story grammar）。早期的故事语法理论家Propp（1968）认为，童话的叙事形式是所有叙事的核心，童话的结构不是由其中的人物特征决定，而是由其在情节中发挥的功能决定，而可能的功能数量相当少。Labov（1972）在其叙事结构方法中，将叙事定义为"通过将口语句子序列与实际发生的（推论）事件序列相匹配来复述过去经验的一种方法"（Labov，1972，pp. 359-360；Labov & Waletzky，1967，p. 20）。对于Labov（1972）来说，**最小叙事结构**（minimal narrative）是"一个由两个时间上的有序分句组成的序列"。因此，叙事的骨架由一系列时间上有序的分句组成，称为**叙事分句**（narrative clauses）（Labov，1972，pp. 360-361）。虽然叙事需要叙事分句，但并非叙事中的所有句子都是叙事分句。

Labov举了以下例子：

A. I know a boy named Harry.

B. Another boy threw a bottle at him right in the head.

C. He got seven stitches.

在该叙述段落中，只有B句和C句是叙述分句。在Labov的术语中，A句是**自由句**（free clause），因其没有时间性成分，可以在文本任意位置出现而不改变文本意义。叙事分句则不然，其重新排列通常会导致意义的改变（Labov，1972，p. 360）。Labov还提出，在完整的叙事中，有六个不同的功能部分：（1）点题；（2）指向；（3）进展；（4）评价；（5）结局；（6）尾声。在这六个部分中，进展部分囊括了大部分的叙事句，进展通常包括一系列事件”（Labov & Waletzky，1967，p. 32），“若要认识一个叙事，进展必不可少”（Labov，1972，p. 370）。叙事分析案例如表10.1所示。

叙事功能分析由心理学家Bruner（1990）开创。Bruner认为，人类对经验的排序发生在两种基本模式中。第一种是**典范模式**（paradigmatic mode），即**逻辑-科学模式**（logico-scientific mode），试图构建描述和解释的形式化、数学化系统，属于哲学和自然科学的典型论证。与之相对，第二种是组织经验的**叙事模式**（narrative mode），这一模式认为事件的特殊性和具体性以及人类在事件中的参与、诠释和责任比逻辑更具有核心意义。

表10.1 叙事分析研究案例

| | 质性研究 | 混合研究 |
|---|---|---|
| 叙事结构分析 | Laird，McCance，McCormack，& Gribben，2015 | Franzosi，De Fazio，& Vicari，2012 |
| 叙事功能分析 | Stroet，Opdenakker，& Minnaert，2015 | |
| 社会学叙事分析 | Andersen，2015 | Mische，2014 |

叙事功能分析与叙事结构分析不同，不关注文本本身的结构要素，而是关注特定故事在人们日常生活中的作用。对于Bruner来说，叙事功能包括解决问题、减少冲突和摆脱窘境。叙事使人类能够处理和解释特殊与一般之间的不匹配。若发生了普通事件，不需要叙事，但需要通过叙事把不熟悉或混乱的经历用因果关系重塑，使这种经历具有意义，并使人感觉熟悉和安全。与Bruner的方法密切相关的是Vygotsky的功能主义社会发展理论（Wertsch，1985）和Halliday（1985）的系统功能语法，以及心理学家Michael Bamberg使用叙事功能

方法进行的研究。Bamberg调查了青春期和后青春期的身份和职业身份建构（Bamberg，2004；见第1章）。

叙事功能分析影响了叙事学、心理学和管理研究中的“生命叙事传统”。心理学家将自传式叙事用于研究和治疗实践中，他们的兴趣主要不在生活故事的内容本身，而在于个人如何叙述自身经历：在叙事中强调和省略什么、主角或受害者的立场，以及故事在讲述者和听众之间建立的关系（见Rosenwald & Ochberg，1992）。对于生活故事研究者来说，个人故事不仅是与他人或自己分享个人生活信息的方式，也是塑造个人身份的手段。

## 概念解释

叙事结构分析的重点是文本本身，而不是生产和接收文本的社会背景。“故事语法”是其核心概念之一，它是故事的核心叙事形式，比如说童话故事。结构分析者从分句和事件的顺序来分析故事，除了质性方法外，还会使用量化和混合方法。

叙事功能分析研究故事在日常生活语境中的作用，比如说解决问题、减少冲突和摆脱困境。分析重点往往不是人们说了什么，而是如何讲述关于自己和他人的故事：强调和省略了什么、如何将自己和他人描绘成主角或受害者，以及如何通过故事塑造自我身份。功能主义分析主要采用质性方法。

社会学叙事分析将文本作为文化、历史和政治语境的反映来分析，特定的叙述者向特定的听众讲述特定的故事。社会学分析使用质性研究方法，特别是比较历史法。

社会学叙事分析认为文本是文化、历史和政治语境的反映，特定的叙述者向特定的听众讲述特定的故事。英国社会学家Plummer（1995）的《讲述“性”故事》（*Telling Sexual Stories*）对“出柜叙事”进行了社会学叙事分析，认为这种故事是“性故事文化的传统”（p. i）。这种文化出现在20世纪末，将曾经被视为个人、私密和病态的经历转变为公共和政治的故事。Plummer基于访谈记录研究此类故事快速流行的原因，由受访者讲述自己的个人故事，例如从强奸中重归生活、同性恋者的出柜经历，以及基于性别认同身份或共同政治目标参与群体活动中形成的个体身份。

## 叙事分析研究设计

叙事分析研究没有固定的模式。与许多质性研究方法一样（Creswell，2014，p. 46），叙事分析的研究设计灵活多变。在研究的初始阶段没有严格计划，很可能在数据收集和初步分析过程中改变或调整研究计划。研究问题可能会随着数据特征产生变化，可能需要改变数据收集策略。不过，叙事分析最好还是要遵循Richards和Morse（2013；见Creswell，2014，p. 50）提出的方法一致性的概念，即研究目的、问题和方法相互关联，使研究成为紧密的整体，而不是各自独立的集合。

## 研究聚焦

### 分析分手叙事

Sahpazia, P., & Balamoutsoua, S. (2015). Therapists' accounts of relationship breakup experiences: A narrative analysis. *European Journal of Psychotherapy & Counselling*, 17(3), 258-276.

心理学家Sahpazia和Balamoutsoua使用叙事分析展示治疗师对他们自身分手经历的叙述，探讨其如何影响他们的生活和自我身份。Sahpazia和Balamoutsoua的样本为四个经历过痛苦分手过程的咨询师，通过由七个问题组成的半结构化访谈收集数据。参与者认为，分手经历使他们获得了个人成长经历，帮助他们成为更富有同理心、更称职以及更有益于患者的治疗师。

尽管叙事分析没有公认秘诀，叙事研究者应该在研究设计时，对质性研究的目的和理据有总体了解。叙事分析研究设计一般遵循传统方法，即发现问题、提出问题、收集数据、分析数据以及回答问题。Creswell（2014，pp. 53-55）的质性研究标准适用于叙事分析，包括采用严格的数据收集程序，首先要进行研究重点或概念的梳理，详细介绍研究方法，遵守伦理规范（见表10.2；第3章）。

**表10.2 叙事分析研究设计原则**

| 确保数据收集程序的严谨性。 |
| --- |
| 使用学界公认的方法进行叙事分析。 |
| 从多个抽象层次和新视角分析数据。 |
| 遵守研究伦理规范。 |

来源：Creswell（2014，pp. 53-55）。

## 质性叙事分析

在人文社会学科中广泛进行叙事分析基本上使用质性方法，并依赖于人对文本的解释。在社会科学领域，质性方法应用广泛，如教育、卫生、管理和旅游研究。在这些领域，大多数研究从结构、功能或社会学三个视角分析文本，不过有些研究融合了三种方法中的一些要素。

教育研究者Stroet、Opdenakker和Minnaert（2015）在2015年发表的论文从功能视角进行了质性叙事分析，研究组织方式不同的课堂中的师生互动。研究目标是通过将需求支持型教学与学校教育方法联系起来，理解需求支持型教学的积极和消极方面。Stroet等分析了七年级的数学和语文课，发现两个班级在需求支持型教学方面既有巨大差异，也有相似之处。

健康和人类体能研究者Busanich、McGannon和Schinke（2014）选择了与Stroet等不同的研究方法，采用结构主义叙事分析和社会建构主义（见第4章）比较男性和女性精英长跑运动员的紊乱饮食经历。研究数据来自四次深度访谈，两位运动员分别参加了两次访谈。运动员的经历被食物、身体和运动所塑造。Busanich等发现，两位运动员通过运动体能叙事建构跑步经验和精英运动员的自我认同，当精英运动员的身份因失败而受到威胁时，两位运动员都出现了紊乱饮食的想法和行为。

社会学家Andersen（2015）从功能和社会学角度展开叙事分析，研究治疗期间“戒毒叙事”如何变化。Andersen基于叙事社会学以及在丹麦两个青少年戒毒所进行的民族志调查，主张在讲故事的背景下研究叙事。她通过对故事内容和过程的叙事分析发现：（1）变化的故事作为一种制度要求在当地发挥作用；（2）专业戒毒治疗人员通过不同手段影响年轻人的故事；（3）戒毒治疗机构的叙事环境塑造了故事中的过去、现在和未来；（4）戒毒治疗中的故事是一种互动的成就。Andersen使用NVivo（见附录D）对她的现场笔记、访谈和治疗过程的转录进行编码。

护理研究者Fors、Dudas和Ekman（2014）利用结构主义叙事分析研究了急性冠状动脉综合征患者在住院期间对其疾病的看法。Fors等在瑞典一家医院的两个冠心病护理中心进行了访谈，包括12名参与者，5名女性和7名男性，记录并转录患者的叙事，并采用“现象解释学”进行叙事分析。他们发现的一个主要主题是“经历后才能理解生活的人生感悟”。有两个次要主题，其中一个是“努力挺过病情严重的阶段”。受到Ricoeur（Lindseth & Norberg，2004）解释理论的启发，采用现象解释学方法以“结构性和全面性的方式”解释文本意义（Fors et al.，2014，p. 432）。

健康研究者Laird、McCance、McCormack和Gribben（2015）对在医院病房接受护理的病人进行了结构主义叙事分析，这些病房正在进行一项以人为本的护理研究项目。从一家医疗机构的4个附属医院招募了来自9间病房的26名病人，负责他们的护理团队正在参与上述以人为本的护理实践研究项目。每隔4个月进行一次访谈，录音并进行转录。对转录的结构主义叙事分析显示，在体制、护理过程和护士响应的交汇点处有一个主要的主题，即脆弱。还有一些次要主题：面对脆弱，体验模范护理，体验护理系统、护理过程和护士反应的错位，以及对病房护士的归属感。

## 混合方法和量化叙事分析

自20世纪80年代以来，社会科学家提出了新的叙事分析方法，在混合方法中整合了质性方法（见第5章；Teddlie & Tashakkori，2008；Tashakkori & Teddlie，2010）。这些研究使用软件和统计工具分析叙事中的词语模式。

在社会学中，最突出的混合方法之一是由Franzosi等提出的“叙事语法”分析，也称量化叙事分析（QNA）。Franzosi等量化了叙事中的结构元素，心理学家Bruner称之为对经历进行排序的“叙事模式”。结构元素是社会认知过程，人们基于行为者、行动和行动对象的基本社会关系进行叙事诠释。Franzosi（1987）将这些顺序结构称为**“语义三联体”**（semantic triplet）或“S-A-O三联体”（主语、动作和宾语）。分析文本语义序列的方法需要对历史文本集，如报纸档案，逐行进行S-A-O三联体的人工标注。Franzosi等在研究报纸对私刑的描述（Franzosi等，2012）和法西斯主义的兴起（Franzosi，2010）中应用了这种方法。最近，Sudhahar、Franzosi和Cristianini（2011）开发了一个用于大规模新闻语料QNA的系统，通过分析行为者和行动在网络中的位置，分析与行为者特征相关的时间序列，生成描述每个行为者的主/客体偏向的散点图，探索与每个行为者相关的行动类型，来确定一组新闻中的关键行为者及其行动。他们将该自动系统应用于1987年至2007年发表的100000篇关于犯罪报道的《纽约时报》

（*New York Times*）文章，发现男性最常针对个体犯罪，女性和儿童最常成为犯罪受害者。社会学家Cerulo（1998）在研究报纸头条中的“受害者”和“加害者”序列时使用了叙事分析。Ignatow（2004）在对造船厂工会负责人会议记录的多方法社会学研究中分析了叙事语法（见第12章）。

社会学家Roberts等提出了另一种混合叙事分析方法，称之为**模态分析**（modality analysis）。在某些方面与Franzosi的叙事语法相似，模态分析旨在进行跨文化和跨语言的比较研究（Roberts，2008）。模态分析通过研究大量多语种文本中的模态句来评估语言，以发现每种语言使用者认为哪些活动是可能的、不可能的、不可避免的或偶发的。Roberts等基于阿拉伯报纸、印地语报纸（Roberts，Zuell，Landmann，& Wang，2010）和匈牙利报纸（Roberts，Popping，& Pan，2009），分析不同文化的特征。

最近，Mische（2014）分析了2012年在里约热内卢举行的联合国可持续发展大会及人民峰会的在线文档，她在阅读这些文档时注意到，参与在线审议的不同小组使用了不同的语法和叙述元素。她随后制订了编码方案来分析这些文件中的预测性、祈使句和从句动词形式，使用NVivo进行人工编码（见附录D）。

管理学研究者Gorbatai和Nelson（2015）使用LIWC词频统计词典（Tausczik & Pennebaker，2010；见附录C）和主题模型（见第16章）研究语言在网络筹款中的作用，这是一种新的创业项目融资形式。Gorbatai和Nelson根据Indiegogo网站的数据评估了语言内容对筹款结果的影响。他们假设，在网上筹款中女性相对于男性的性别优势部分是源于男性和女性在语言使用方面的差异。他们分析了项目描述中语言内容的四个维度，包括语言的积极性、生动性、包容性和商业性。分析结果显示，语言选择和筹款结果之间存在关联。

## 混合方法和定量叙事分析软件

SAS是一个分析平台，在企业以及学术界广泛使用。

计算机辅助事件编码程序（Program for Computer-Assisted Coding of Events，PC-ACE）是基于Franzosi、De Fazio和Vicari（2012）等对语义语法的研究，为历史事件设计的数据输入程序。与UCINET和NVivo一起使用。

UCINET是一个免费程序，用于可视化社会网络和网络型数据，是NetDraw的一个组成部分。

NetDraw是一个免费的Windows程序，用于社会网络数据的可视化。

NVivo是质性数据分析软件（QDAS），具有相对精细的组织功能，允许用户以各种方式将文本数据联系起来。在社会科学中被广泛使用，特别适用于话语分析（例如，Mische，2014）。

## 结语

故事是人类对经验进行排序的根本。由于叙事在社会生活中无处不在，具有强大的影响力，叙事分析是社会科学和人文科学中最重要和最有影响力的文本分析方法之一也就不足为奇了。本章所述的研究都可作为叙事分析研究的参考模板，包括质性研究和混合研究。在研究设计（表10.2）、收集数据和选择软件时，一定要参考附录A至附录I，特别是附录B和附录D。

## 本章要点

- 叙事分析是指分析以叙事为主要形式的文本的一系列方法。
- 叙事分析可以只关注文本本身，也可以关注文本出现、传播和变化的社会背景。
- 虽然叙事分析方法主要以质性和解释主义为主，但社会科学家们也在发展叙事分析的混合方法，并将叙事分析与其他文本挖掘和文本分析方法结合。

## 简答题

- 叙事分析研究引起的伦理问题有哪些？
- 使用叙事分析进行研究的主要价值是什么？
- 使用叙事分析技术的研究者如何避免偏见？

## 研究计划

你在研究项目的数据收集过程中，发现了哪些叙事元素？人们彼此讲述了哪些故事（包括公共故事）？是否有重复的主角、反面人物或者动作序列？你能否推测这些故事的社会功能，或者这些故事与社会及历史环境之间的联系？

确定了数据中的叙事元素后，回顾本章介绍的研究论文，选择一个与你手头的研究项目类似的论文。使用研究数据库，如Google Scholar、Web of Science或JSTOR检索并下载该论文以及引用该研究的最新论文。仔细阅读下载的论文，关注其研究设计。记录如何基于这些研究设计你的研究，可以采用其中的研究方法分析新的研究数据，也可以修改这些研究方法，或者同时调整研究方法和数据。

## 拓展阅读

Franzosi, R. (2010). *Quantitative narrative analysis*. Thousand Oaks, CA: Sage.

Sahpazia, P., & Balamoutsoua, S. (2015). Therapists' accounts of relationship breakup experiences: A narrative analysis. *European Journal of Psychotherapy & Counselling*, 17(3), 258-276.

Smith, S., & Watson, J. (2010). *Reading autobiography: A guide for interpreting life narratives*. Minneapolis: University of Minnesota Press.

# 11 主题分析

## 学习目标

1. 解释主题如何组织人类交流。
2. 描述人文社会科学中的主题分析方法。
3. 评估不同的主题分析方法。
4. 选择合适的主题分析方法和软件，进行主题分析。

## 引言

文学作品有主题，人类的谈话也有主题：日常生活、家庭和朋友、政治、技术、时尚，以及数不尽的其他主题。人类学家Strauss（1992）采用**主题分析**（thematic analysis）研究了对一名退休蓝领工人的访谈记录，发现他在谈论生活经历时，反复提到金钱、商人、贪婪、兄弟姐妹和“与众不同”等相关说法。Strauss认为，这些想法代表了他生活中的重要主题。尽管人们认为自己有能力在不需要专门训练或软件的帮助下识别日常语言中的主题，但人要如何才能做到这一点，以及如何才能知道这些就是最突出或重要的主题？

社会科学家已经开发出了一些主题分析方法，其严谨性和客观性远超仅仅通过人工阅读文本的方法。这些主题分析方法具有一些核心技术，用于不同类型的文本挖掘和文本分析。

组织理论家和主题分析领军学者Boyatzis（1998）认为主题分析不是一种具体的研究方法，而是一种跨越不同方法和理论的工具。同样地，Bernard、Wutich和Ryan（2016）认为**主题编码**（thematic coding）是一个兼容多种分析方法的过程，自身并不是一种研究方法（Braun & Clarke，2006；Ryan & Bernard，2010）。由于主题分析技术被应用于许多研究中，且研究目的各不相同，因此主题分析的结果很大程度上取决于研究者的理论和元理论立场（见第4章）。

## 基本概念

编码是研究者用于标注文本中具有共同特征的词语或段落的标签。

主题分析的早期阶段需要反复阅读，沉浸在文本集中仔细阅读文本并做大量笔记，寻找文本主题。

主题分析需要组织和描述文本的细节，但是也可以更进一步用来解释研究主题的各个方面（Boyatzis，1998）。主题分析在社会科学中被广泛使用，但对于如何更好地进行主题分析，人们并没有明确共识。Braun和Clarke（2006）认为，主题分析方法缺乏宣传包装，与叙事分析等相比，并不是主流研究方法（见第10章）。

## 主题分析方法

写作是主题分析每个阶段的必要部分（见第17章），一般从项目的初始阶段就需要写出想法和潜在编码方案，在编码和分析阶段依然需要继续写作。研究者在收集文本过程中或结束后，若注意到文本突显的意义模式，就可以开始进行主题分析。主题分析的目的是总结文本中主题模式的内容和意义。虽然主题分析允许研究者解释文本中的宏观主题和次主题，但其不关注语言使用或“谈话的精细功能”（Braun & Clarke，2006），不过主题分析仍可以用来发现文本中与研究问题相关的重要内容。

主题可以通过归纳法或演绎法确定（见第4章和第5章）。通过自下而上的归纳法发现的主题与文本直接相关（Patton，1990），但有时即使专门为研究项目建构语料库，发现的主题可能与研究问题并没有太大关系——例如，通过转录访谈或焦点小组的互动获取语料（见Toerien & Wilkinson，2004）。与此相反，可以基于研究者的理论和现实问题自上而下演绎式地获取主题（见第4章和第5章）。

## 研究聚焦

### Coulson的在线支持小组研究

Gorard, S. (2005). Receiving social support online: An analysis of a computer-mediated support group for individuals living with irritable bowel syndrome. *CyberPsychology & Behavior*, 8(6), 580-584.

心理学家Coulson研究了以计算机为媒介的在线社群社会援助交流，该社群为患有肠易激综合征的个人提供援助。他采用演绎法进行（见第4章）主题分析，从社会援助的五个主要类别分析572条信息，包括情感、自尊、信息、网络和有形援助等,发现该小组的主要功能是在症状解释、疾病管理和与医护人员互动等方面提供信息交流支持。

Coulson, N. S., Buchanan, H., & Aubeeluck, A. (2007). Social support in cyberspace: A content analysis of communication within a Huntington' s disease online support group. *Patient Education and Counseling*, 68(2), 173-178.

2007年，心理学家Coulson、Buchanan和Aubeeluck调查了亨廷顿病的在线援助群体。亨廷顿病是一种遗传性疾病，

主要症状是大脑渐进性退化。由于该病的症状、遗传因素以及不可治愈性，亨廷顿病患者和其援助群体经常经历很大的压力和焦虑。研究修改了由其他研究者开发的社会援助行为编码方案，对1313条信息进行了内容分析。发现小组成员提供最多的是信息和情感支持，其次是社会网络支持，自尊和物质援助的频率最低。

主题分析是一种递归方法而非线性方法，研究者根据需要在不同研究阶段来回转换。第一步是获取文本，通过**反复阅读**（repeated reading）沉浸在文本中（Braun & Clarke，2006）。这就需要仔细阅读文本并做大量笔记，寻找文本主题。

下一步是正式编码，需要使用基于反复阅读文本而产生的初步编码。要搞清楚哪些编码可以成为主题，思考在每个文本中以及在整个文本集中主题的出现频率。虽然在理想情况下，文本集中会有主题的实例，但实例数量与主题的重要程度并不直接相关。文本或文本集如何确定主要或宏观主题，目前还没有统一标准。主题的重要性不一定由量化手段确定，而是基于是否与研究重点相关（Braun & Clarke，2006）。

编码就是获取语料中研究者感兴趣的特征，指的是“原始数据或信息中最基本的部分或元素，可以对研究现象进行有意义的评估”（Boyatzis，1998，p. 63）。研究者可以通过人工或软件进行编码（见附录D）。若选择人工编码，可以

使用荧光笔、彩色笔或便条在文本上写注释，记录潜在的主题模式。质性数据分析软件（QDAS；见附录D）可以实现自动编码。这些编码与分析单元不同，后者是在下一阶段的主题分析中确定的主题。

## 研究聚焦

### 分析对气候变暖的质疑

Boussalis, C., & Coan, T. G. (2016). Text-mining the signals of climate change doubt. *Global Environmental Change*, 36, 89-100.

环境研究者Boussalisa和Coan研究了对全球气候变化持怀疑态度的智库，对其生产的文本进行历时分析。这些智库质疑气候变化的说法，尽管科学界普遍认为地球正在变暖，人类活动导致全球平均温度上升。Boussalis和Coan收集了1998年至2013年19个组织的16000多份文件，系统分析了保守派智库的论述，总结语料中的关键主题，研究科学和政策相关讨论的普遍性，发现在选择的年份期间智库对气候科学的讨论持续增加。

在进行初步人工或软件编码后，就可以进行主题分析的下一阶段，基于编码后的文本和编码清单，开始进行主题分析。此时需要重新关注主题而不是编码。不同的编码属于对应的潜在主题，编码后的文本片段也归属于对应的主题。可以使用矩阵或思维导图（见附录G）等视觉手段将编码分为不同主题，分析不同层次的主题之间的关系，如宏观主题和次主题。也可以审查、修订和组织主题，根据修订后的主题集重新对文本进行编码。分析目标是以有意义的方式关联与主题相关的词语和想法，不同的主题之间具有明显的区别（Patton，2014；见表11.1）。

有几种观察技术可用于将编码后的文本进行主题分类。一种方法是通过识别编码文本中的重复内容来确定主题。本章开头介绍了Strauss（1992）对一位退休蓝领工人的访谈记录进行的主题分析，该研究就使用了这种技术。另一种方法是分析当地术语的特殊用法，这些**当地类别**（indigenous categories）（Patton，1990）可以帮助分析调查群体的分类学机制。下面介绍两个当地术语分类研究：人类学家Spradley（1972）研究了流浪汉对“flops”（意为“睡觉的地方”）的分类，社会学家Becker（1993）分析了医学生如何使用当地术语“crock”。第12章将进一步讨论另一种识别文本主题的方法，即隐喻性语言。也可分析过渡语言，或内容的自然转变（Bernard et al.，2016），具体表现形式为停顿或特定短语（见Silverman，1993，pp. 114-143）。

**表11.1 主题分析研究阶段**

| 以研究问题（演绎法）或数据（归纳法）为起点 |
| --- |
| 获取数据 |
| 反复阅读 |
| 编码 |
| 整理主题 |
| 根据需求修改编码方案 |

## 概念解释

主题是一个文本或一系列文本中的主要观点或隐含意义。主题体现文本中与研究问题相关的重要内容。

次主题是主要主题的下级主题。出现频率较低，并且/或者在文本意义上的地位不如主要主题。

当地类别是以不常见的方式使用的当地术语，可以帮助分析调查群体的主题和次主题。

## 主题分析案例

商业、咨询、教育、心理和其他领域的研究者都在使用主题分析方法。虽然许多研究者选择通过反复阅读对文本进行人工编码，但也有人选择QDAS工具，如NVivo和Dedoose（见附录D）或主流文本挖掘软件，如SAS Text Miner。

例如，管理学家Jones、Coviello和Tang（2011）对国际企业经营的研究就采用了归纳式（见第4章和第5章）主题分析。Jones等（2011）基于1989年至2009年发表的323篇关于国际企业经营的期刊文章构建了语料库。使用ABI/INFORM和EBSCO搜索引擎，归纳分析了语料中的主题和次主题。这就需要分析国际企业经营研究的主题，将其综合归类为主要主题，再确定次主题。基于对国际企业经营文献的综合和整理，他们讨论了该领域的议题、矛盾和待解决问题，总结了国际企业经营研究的几个连贯的主题领域。

在另一项归纳研究中，心理学家Halberstadt等（2016）使用主题分析研究儿童如何学会感激他人。研究者在6个焦点小组中访谈了20位家长，了解其对幼儿表达感激的看法。用Dedoose（见附录D）分析访谈中的主题，发现父母认为孩子对有形和无形的礼物都有感激之心。家长在孩子身上发现了多种认知、情感和行为上的感激表达，以及阻碍感激获取的四种认知和情感障碍。

老年学研究者Strachan、Yellowlees和Quigley（2015）分析了9名全科医生小组访谈记录的主题，与Halberstadt等（2016）的研究类似，他们在访谈中询问全科医生如何评估和治疗老年患者的疾病，如何决定将其转诊到上级医院，对比了全科医生对老年精神障碍患者的态度和行为的社会评价与医生自我描述之间的差异。

心理健康研究者Shepherd、Sanders、Doyle和Shaw（2015）评估了经历过心理健康问题的人如何使用Twitter。Shepherd等（2015）在Twitter上关注了话题#dearmentalhealthprofessionals，通过主题分析确定讨论中的共同主题。最终发现了515种与具体话题相关的交流行为，大部分数据涉及四个主要主题：（1）医生的诊断如何影响患者个体身份认知以及如何促进患者接受治疗；（2）医生和患者的权力平衡；（3）医患关系和专业交流；（4）医疗、应急预案、服务水平和社会支持等。

临床心理学家Attard和Coulson（2012）对帕金森病患者在线支持小组的交流信息进行了归纳分析（见第4章和第5章），收集了四个论坛的数据，发现参与论坛讨论的患者能够分享经验和知识，建立友谊，并有助于应对帕金森病带来的挑战。相反，缺乏回应、帕金森病的症状、个人信息不足、线上关系的脆弱性以及误解分歧都会损害线上体验。

护理研究者Fereday和Muir-Cochrane（2006）研究了在护理实践中上级评价对护士自我评估的作用，融合归纳和演绎主题分析诠释了一篇博士论文的原始数据。作者使用NVivo（见附录D）展示了如何分析访谈记录和组织文件的原始数据，总结了研究参与者在描述上级评价中的总体主题。

心理学家Frith和Gleeson在2004年对男性自我形象的研究基于理论进行主题分析。为了理解男性对自我身体的感受如何影响其穿衣风格，使用了滚雪球抽样（见第5章），招募心理学本科生回答了关于穿衣习惯和自我形象的四个书面问题。对学生的回答进行主题分析，揭示了与研究问题相关的四个主要主题：（1）重视实用性；（2）不关心外在形象；（3）衣服用来遮掩或展示身体；（4）衣服用来迎合文化期待。Frith和Gleeson认为，服装在男性的自我监督和自我展示中具有普遍一致的作用，穿衣过程也具有复杂性。

传播学研究者Lazard、Scheinfeld、Bernhardt、Wilcox和Suran（2015）使用SAS Text Miner对参加疾病控制和预防中心在线Twitter聊天的用户推文进行了主题分析，收集、整理和分析了用户的推特消息，发现公众关注的主题主要包括病毒感染的症状和期限、疾病传播和结束期限、旅行安全和自我保护。

## 主题分析软件

传统的主题分析研究很少使用软件，下面介绍几个主题分析可以使用的质性数据分析（QDAS）软件包（见附录D）：

Dedoose是一个相对较新的基于云的软件，支持质性和混合方法，适合团队研究，可在任何设备上使用（例如，Halberstadt et al.，2016）。

NVivo在社会科学领域被广泛使用，其数据整理功能允许用户以各种方式整合文本数据（例如，Fereday & Muir-Cochrane，2006）。

## 结语

本章介绍的主题分析研究案例，均可作为主题分析研究的模板，或者也可在采用其他方法的研究中纳入主题分析。无论如何，若需要决定研究设计、数据和软件，一定要参考本书附录。

## 本章要点

- 主题分析很少需要整理和描述文本的细节，但可以更进一步诠释研究问题的各方面。
- 主题分析不是一种具体的方法，而是可以在不同方法和理论中使用的工具。
- 主题编码与其他一些分析方法兼容。
- 主题分析的结果在很大程度上取决于研究者的理论和元理论立场（见第4章）。

## 简答题

- 什么是主题？社会科学家如何分析主题？
- 主题分析如何促进研究者解决社会问题？
- 主题分析与需要大量计算的文本分析方法（如情感分析和主题模型）存在哪些冲突？

## 研究计划

如何在你的研究项目中使用主题分析方法，将编码后的文本整理成主题和次主题？可以将哪些词或短语作为主题或次主题的典型代表进行编码？

若要分析隐喻（见第12章）或主题（见第16章），主题分析如何能提高分析的严谨性和精确性？

文本中的隐喻使用具有随意性吗？通过重复阅读能发现主题模式吗？在主题模型中，主题模型的结果是否可以按主题进行归类？

## 拓展阅读

Attard, A., & Coulson, N. (2012). A thematic analysis of patient communication in Parkinson's disease online support group discussion forums. *Computers in Human Behavior*, 28(2), 500-506.

Boyatzis, R. E. (1998). *Transforming qualitative information: Thematic analysis and code development*. Thousand Oaks, CA: Sage.

◆

# 12 隐喻分析

## 学习目标

1. 学习认知隐喻理论的基本概念。

2. 从理论上阐释为什么社会科学家要分析隐喻语言，梳理不同的分析方法。

3. 讨论不同隐喻分析方法的优劣。

4. 探索隐喻分析软件。

## 引言

与叙事（见第10章）和主题（见第11章）类似，**隐喻**（metaphors）在日常语言中非常普遍，可以说是人类交流的一个基本要素。计算机科学家和认知神经科学家Feldman（2006）举了一个例子："spinning your wheels"（转动你的车轮）这个比喻，即仅用几个词就可传达惊人的信息量：

> 下面假设要把"spinning your wheels"的含义和用法教给一个懂英语但来自其他文化的朋友。从这个短语最简单的字面意思开始。如果该朋友的文化中没有汽车，该任务将异常艰巨。首先要解释什么是汽车，如何运转，以及车轮在泥地、沙地或冰面上转动而无法前进；还必须解释这种情况对司机造成的影响，即因无法使汽车前进而感到沮丧。(p.10)

对于Feldman等从事认知神经科学和相关领域研究的学者来说，此类隐喻很有趣，因其通过激活预先存在的复杂知识结构，高效地传达信息。然而，对于社会科学家来说，该比喻本身并不是太有趣。真正有趣的地方在于不同群体的人可能在不同的情况下使用该隐喻，或者说使用频率有所变化。例如，如果在一个大公司里，一个部门的员工用类似“转动车轮”的比喻描述他们的工作，而另一个部门的员工则谈到“被逼得太紧”或“压力山大”，这些隐喻的语言可以让社会科学家了解组织文化。

隐喻语言有多种语法形式，包括**类比**（analogy）、**明喻**（simile）和**提喻**（synecdoche）。一般情况下，隐喻语言都涉及隐含比较的言语形象，将一个领域的词或短语用于另一个领域。隐喻长期以来一直是文学研究的主题，1980年Lakoff和Johnson的《我们赖以生存的隐喻》（*Metaphors We Live By*）出版后，开始成为社会科学研究的对象。Lakoff和Johnson的隐喻方法被称为认知隐喻理论，为**认知语言学**（cognitive linguistics）提供了概念基础（Gibbs，1994；Kovecses，2002；Lakoff & Johnson，1999；Sweetser，1990）。

目前，认知隐喻理论和各种隐喻分析方法已被用以深入了解个人和社会群体如何解释社会现实。隐喻虽然最初属于文学研究的概念，目前已经广泛应用在人文社科领域，包括人类学、传播学和社会学。咨询、教育、健康和管理等领域的研究者也在关注隐喻。

本章首先简要介绍认知隐喻理论，然后讨论一些隐喻分析方法。同时会介绍几个社会科学研究，包括人类学、传播学、咨询学、教育学、管理学、心理学、政治学和社会学，需要重点关注其中的研究方法和研究设计。

## 认知隐喻理论

**认知隐喻理论**（cognitive metaphor theory，CMT）的基本主张是，语言在神经层面上由隐喻构成，自然语言中使用的隐喻揭示了社会群体成员共享的认知模型（或“图式”[schemas]）。隐喻是思想和语言中核心且不可或缺的结构，所有自然语言的特点是存在基于原型隐喻组织的常规隐喻表达，Lakoff和Johnson将其称为**概念隐喻**（conceptual metaphors），这些都是群体或社会中常规思维模式的语言表达（Kovecses，2002）。例如，Lakoff和Johnson认为，在许多文化中人们将争论概念化为战斗。这种典型的概念隐喻影响了人们谈论争论的方式。例如，会使用“攻击立场”“无法辩护”“战略”“新的攻击路线”“胜利”和“获得地位”等短语（Lakoff & Johnson，1980，p. 7）。

根据认知隐喻理论，隐喻起源于一个“现象学表达”的过程（Lakoff & Johnson，1999，p. 46），在以下情况下形成：知觉和感觉经验形成典型的**源域**（source domain），例如推、拉、支撑、平衡、直-弯、近-远、前-后、高-低，可以用来表示**目标域**（target domain）的抽象实体（Boroditsky，2000；Lakoff，1987；Richardson，Spivey，Barsalou，& McRae，2003）。

## 基本概念

隐喻是一种修辞手法，用一个词或短语描述字面意义上不适用的事物。

认知隐喻理论（CMT）由认知语言学家提出，认为隐喻在神经层面建构了语言，自然语言中的隐喻揭示了社会群体成员共享的认知模式。

概念隐喻是典型的隐喻，是群体或社会中常规思维模式的语言表达。

源域是感知和感觉经验的集合（例如，车轮在泥地中打滑的感官经验），用来表征抽象实体。

目标域是由源域中丰富的知觉和感觉经验所隐喻的一组抽象实体（例如，事情无法推进的观点）。

认知隐喻理论能够解释语言和文化的普遍性问题以及文化差异（Kovecses，2002）。虽然语言具有普遍的现象学基础，但社会和群体在概念隐喻和抽象目标域之间的联系并不相同。换句话说，不同的社会和群体使用不同的隐喻集，以不同的方式建构和解释社会现实。认知隐喻理论对社会研究的启发在于，研究自然语言中的隐喻可以揭示如何在群体中建构和协商常识。

## 隐喻分析方法

受认知隐喻理论的影响，研究者们开发了一系列用于隐喻分析的方法。下文将介绍的三种方法并不能代表社会科学研究中的所有隐喻分析方法，但可以帮助设计可行的研究方案（见表12.1）。

**表12.1 隐喻分析研究设计**

| | 案例 |
|---|---|
| 以异常现象为起点 | Ignatow，2003；Ignatow & Williams，2011 |
| 比较两个群体 | Rees，Knight，& Wilkinson，2007 |
| 分析亚文化 | Schmitt，2000，2005 |

隐喻分析的第一种方法是以反常或特殊的语言案例展开分析，类似于归纳法（见第4章和第5章）。例如，社会学家Ignatow和传播学学者Williams发现，2010年左右“anchor baby”这一隐喻进入流行文化（指代非法移民父母在美国生的孩子，其父母为了获得公民身份而怀孕）。这似乎并不正常，因为该词一般被视作包含种族主义和非人道主义色彩，在2007年之前几乎只在受众较少的反

移民网站上出现。Ignatow和Williams（2011）使用谷歌高级搜索和其他软件分析了该短语在不同时间和不同媒体平台上的使用率。

第二种研究方法是选择两个或更多的小组进行比较，回答研究问题。这种方法基本上属于演绎法（见第4章），因其要求系统地选择需要对比的群体（见第5章的案例选择），研究数据用来验证基于研究问题的假设。教育学研究者Rees、Knight和Wilkinson在2007年使用ATLAS.ti（见附录D）分析了病人、医学生和医生讨论医患互动的隐喻，在参与者讨论时巧妙地收集数据并转录为文本。研究揭示了与学生/医生-病人关系这一目标域相关的六个原型隐喻：战争、等级、以医生为中心、市场、机器和戏剧。除了戏剧的隐喻之外，所有隐喻都强调了学生/医生-病人关系的对立性。Rees等（2007）也区分了参与者潜意识的隐喻表达和实现修辞功能的隐喻表达。他们认为虽然分析隐喻存在困难，但建构隐喻模型可以更好理解如何概念化和建构学生/医生-病人的关系。

第三种隐喻分析方法与Rees等（2007）使用的第二种方法密切相关，是由心理学家Rudolf Schmitt开发的亚文化方法。Schmitt（2000, 2005）开发了一种以隐喻为中心的质性文本分析方法，基于归纳推理逻辑的“规则分步法”（p. 2）。Schmitt的方法在社会学分析层面上进行（见第5章），需要分析文本生产的群体，旨在“发现亚文化思维模式”（Schmitt，2005，p. 365）。第一步由研究者选择分析主题，Schmitt以禁欲为例（来自他关于禁欲和酗酒隐喻的实证研究）。下一步是为主题收集一个“来源广泛的背景隐喻案例集”（Schmitt, 2005, p. 370），这些隐喻来自百科全书、期刊、专业和大众书籍等。在Schmitt的研究中，**背景隐喻**（background metaphors）是指对饮酒后果的隐喻，如对他人更“开放”或“封闭”。第三步是分析亚群体语言中使用的隐喻，需要创建第二个文本集，识别其中的隐喻并重构隐喻概念。第四步即最后一步，比较两个文本集的隐喻概念，了解亚群体与一般群体文化和心理的差异。

## 质性、量化和混合研究

若发现了隐喻的异常使用，就可以开始比较不同的群体或组织，或者使用Schmitt的方法寻找感兴趣的亚文化。下一步就要选择隐喻分析方法。可用的方法大致可分为质性方法、混合方法（质性和量化）和量化方法。许多社会科学以及教育和管理等应用研究领域都使用了上述隐喻分析方法。本节将回顾这些领域最新发表的研究，重点是其研究方法和研究设计。

## 质性研究

认知语言学家们对自然语言和正式文档中使用的隐喻进行了质性研究。例如，Lakoff（1996）和Chilton（1996）都研究了政治话语中与安全有关的隐喻。Charteris-Black（2009，2012，2013）开发了一种以修辞为基础的隐喻研究方法，即**批判隐喻分析**（critical metaphor analysis）。该方法融合了认知语言学、语料库语言学和批判语言学的方法和观点，研究了政治修辞、新闻报道、宗教和政治领导人话语等领域的隐喻；还与社会学家共同研究了性别、语言和疾病叙事之间的关系。Goatly（2007）研究了概念隐喻如何在建筑、工程、教育、遗传学、生态学、经济学、政治学、工业管理、医学、移民、种族和性别等领域塑造思想和行为。他认为，早期资本主义的意识形态使用的隐喻主题在历史上可以追溯到霍布斯、休谟、斯密、马尔萨斯和达尔文，这些隐喻概念直到今天依然在支持新达尔文主义和新保守主义的意识形态。Hart（2010）主张采用认知语言学方法进行批评话语分析（CDA；见第1章），包括对政治和媒体话语中的特定词汇、语法和语用特征进行语义分析。更狭义地说，这项研究分析了与不同的语言使用相关的概念结构，以及这些结构可能发挥的意识形态功能。他主要在反移民话语中应用该研究框架（Hart，2010）。

许多社会科学研究已经开始进行质性隐喻分析。例如，人类学家在20世纪70年代开始分析隐喻语言（Sapir & Crocker，1977）。Fernandez在1991年编辑了《隐喻之上》（*Beyond Metaphor*）论文集，概述了早期的隐喻民族志研究。Danesi（2012）的《语言人类学概论》（*Linguistics Anthropology: A Brief Introduction*）梳理了最新的语言人类学研究。

在管理学研究中，语言学家Sun和Jiang（2014）使用语料库工具Wmatrix（见附录F）研究了中国和美国企业目标中的隐喻，发现三个常规概念隐喻的源域存在差异：（1）品牌是人；（2）商业是合作；（3）商业是竞争。他们也发现不同的企业认知和意识形态导致不同的隐喻使用模式，中国的企业认知更倾向于竞争，而美国企业更倾向于合作。

### 研究聚焦

#### 领导力沟通中的隐喻

Charteris-Black, J. (2012). Comparative keyword analysis and leadership communication: Tony Blair—A study of rhetorical style. In L. Helms (Ed.),

*Comparative political leadership* (pp. 142-164). Basingstoke, England: Palgrave Macmillan.

Charteris-Black研究了英国前首相布莱尔的修辞风格，借鉴了认知语言学、语料库语言学和批评语言学的方法和观点。他使用语料库语言学软件包WordSmith（见附录F）分析布莱尔的政治修辞，根据分析结果评价主要的领导力理论。

**研究软件：**
WordSmith

O'Mara-Shimek、Guillén-Parra和Ortega-Larrea（2015）提出了危机化解营销（crisis solution marketing，CSM）的概念，以探索隐喻如何用来展示信息，为媒体中建构的"问题"提出"解决方案"。O'Mara-Shimek等（2015）探讨了金融新闻中编辑立场和意识形态之间的关系，通过与股市有关的隐喻分析了2008年股市崩溃的网络报道。在《纽约时报》和《华尔街日报》中，动物-生物隐喻将股市描述为必须通过干预来"培养"的生物，不能"放任自流"，后者通过自由放任方法处理经济危机（O'Mara-Shimek et al.，2015，p. 103）。

在教育学领域，Cameron（2003）等采用认知隐喻理论分析了学生和教师在课堂上使用的修辞语言。Olthouse（2014）分析了124名教育专业本科学生如何将"天赋"一词概念化。要求这些学生使用一个隐喻来补全"有天赋的学生是……"这句话，并解释空格内所填的隐喻。质性隐喻分析显示，这些学生对天赋的概念理解是"快速记忆知识内容和优秀的成果展示"（p. 122）。他们认为，天赋相当罕见，智力可以进行培养。Gatti和Catalano（2015）分析了一位新手教师Rachael的教学能力培训过程，她在参加美国城市教师培训。批判隐喻分析（见Charteris-Black，2009，2012，2013）揭示了教学能力培训中存在的矛盾，比如说教学是一个旅程和教学是一项事业。

环境研究学者Asplund（2011）研究了气候变化中的传播问题，发现并分析了媒体报道中关于气候变化的隐喻，讨论了这些隐喻中强调和忽略的方面。通过对2000年至2009年瑞典最大的两本农场杂志的批评话语分析，Asplund发现最常出现温室、战争和游戏的隐喻。分析表明，温室隐喻赋予气候变化某些自然科学特征，游戏隐喻体现气候变化的积极影响，战争隐喻强调气候变化的消极影响。论文最后讨论了农场杂志用来常规化气候变化的对比和互补性隐喻表征。

环境研究者Shaw和Nerlich（2015）通过分析国际科学政策报告中的语言，探讨了全球气候变暖的延缓机制。他们对1992年至2012年发布的63份政策文件进行了主题分析（见第11章）和隐喻分析，假设应对全球气候变化的机制只能在各国共同理解的基础上有效运作。他们发现，全球气候科学政策话语将气候变化的无数影响统一为两种对立：受影响与不受影响，并基于成本效益分析应对气候变化。这些话语“使用隐喻，利用文化中普遍存在的叙事结构生产并简化气候变化表述”(p. 34)，通过边缘化不符合主流二分法框架的政策，削弱了公众对气候变化的理解和参与。

信息科学研究者Puschmann和Burgess（2014）使用认知隐喻理论评估大数据这一术语中所包含的价值和假设。通过对有关大数据的在线新闻进行隐喻分析，他们发现大数据被建构为需要控制的自然力量或需要消费的资源。

在媒体研究方面，Bickes、Otten和Weymann（2014）分析了德国媒体对希腊金融危机的表述，该危机在德国引起了意外骚动。Bickes等（2014）研究了媒体在塑造德国对希腊的负面舆论中的作用。通过分析122篇在线文章中的隐喻，他们发现《明镜周刊》(德国)、《经济学人》(英国）和《时代杂志》(美国）对危机的评价和表述存在明显差异。

社会学家Santa Ana（2002）融合了批评话语分析（见第1章）和隐喻分析，采用来自报纸的研究数据分析大众媒体对美国拉美裔/亚裔群体的表征。

政治学家分析了政策文档、演讲和其他政治文本中的隐喻语言，以探索隐喻如何调节国家和其他政治行为者之间的关系。例如，Beer和De Landtsheer（2004）的论文集收录的部分论文分析了自冷战开始以来在公共领域指导和塑造美国外交政策的隐喻，涵盖了民主、战争、和平以及全球化等话题。他们分析了“沙漠风暴行动”中话语的体育隐喻、冷战期间用于共产主义威胁的疾病隐喻，以及针对美国对柬埔寨的外交政策使用的路径隐喻等概念性隐喻（另见Carver & Pikalo，2008）。

## 混合研究

社会科学家已经开发了一些隐喻分析的混合方法。一般来说，这些方法包括对隐喻进行人工编码，并结合统计学，检验不同文本集之间隐喻使用频率的评分者信度和差异。这些文本集通常由不同社会或文化背景的社会群体生产。质性隐喻分析大多是归纳性的，混合方法研究则大多是演绎性的，尽管也经常涉及归纳推理（见第5章）。社会心理学家Moser（2000）开发了一种基于隐喻的文本分析方法，将其应用于工作和组织心理学研究。

Moser用混合方法分类了校园到工作角色转换期间的自我隐喻。自我概念具有高度复杂性和抽象性，经常用隐喻表示。Moser研究的对象是瑞士的德国学生，要求其参与有关从校园到工作角色转换的问卷调查。研究选择12名学生作为子样本，并就两点展开访谈：成功和人际关系质量方面的经验以及对未来的期望。Moser对访谈记录进行了主题分析，并研究了与自我相关的隐喻和学生的自我概念。对这些数据的量化分析显示，主题和隐喻之间以及隐喻和自我概念之间存在着统计学上的显著关系。学生们普遍倾向于科学和技术隐喻，其次是容器、路径、视觉、平衡、战争和经济隐喻。隐喻的使用也受到一些变量的影响，如学生未来发展方向、研究领域和性别。

临床心理学家分析了精神分析治疗中受试者使用的隐喻（Buchholz & von Kleist，1995；Roderburg，1998），认知和实验心理学家将隐喻作为心理模型的例子来研究（Johnson-Laird，1983）。在心理学内部，只有Schmitt（2000，2005）开发了一种以隐喻为中心的质性文本分析方法，即“规则分布法”，采用个殊式和质性分析法，并且基于归纳推论逻辑（p. 2）。在社会学的分析层面上诠释文本生产的群体，涉及多文本集数据收集的选择策略（见第2章）。Schmitt（2005）的系统隐喻分析方法旨在“发现亚文化的思维模式”，通过下列几个步骤实现这一目标（p. 365）。第一步，由研究者选择分析主题，以禁欲为例（来自他关于禁欲和酗酒隐喻的实证研究）。第二步，为主题收集一个“来源广泛的背景隐喻案例集”（Schmitt，2005，p. 370），可以来自百科全书、期刊、专业和大众书籍等。在Schmitt的研究中，背景隐喻包括饮酒后果的隐喻，如对他人更开放或者封闭。第三步是分析亚群体语言中使用的隐喻，需要创建第二个文本集，识别其中的隐喻并重构隐喻概念。第四步即最后一步，比较两个文本集的隐喻概念，了解亚群体与一般群体文化和心理的差异。

社会学家Schuster、Beune和Stronks（2011）使用混合方法研究了荷兰各族群中高血压的隐喻建构。Schuster等（2011）没有像上述大多数研究使用二手数据，而是通过转录对荷兰三个民族群体成员的访谈完成数据收集。

管理研究者Gibson和Zellmer-Bruhn（2001）使用混合隐喻分析方法研究不同国家组织文化中的“团队”概念。该理论驱动的研究使用了演绎推论逻辑，并采用了多文本集的研究设计。在社会学的层面上展开分析（见第5章），使研究者能够理解生产这些文本的组织和社会。该项目旨在检验一个著名理论，即民族文化影响员工的看法（Hofstede，1980）。该研究设计首先选择了四个国家（法国、菲律宾、波多黎各和美国），然后选择了四个企业组织（p. 281）。研究者转录访谈记录形成语料库，使用QSR NUD*IST（见附录D的NVivo）和TACT（Bradley，1989；Popping，1997）进行分析。这些软件用来对五种常见的团队合作隐喻进行质性编码，编码结果构成自变量，最后用多项式logit和logistic回归进行假设检验。

## 量化研究

质性方法和混合方法的隐喻分析最终都依赖人类对隐喻的解释和编码。人工编码会受到疲劳、偏见以及编码一致性等影响，也需要耗费大量时间、培训成本，限制了研究者将隐喻分析拓展到大数据研究的可能性。但计算机科学等相关领域的一些研究团队正在开发计算机辅助方法用来自动检测文本中的隐喻。

Fass（1991）和Mason（2004）依靠预先设定的语义和行业知识来识别文本中的隐喻。Birke和Sarkar（2007）通过将同一个词的字面意义和非字面意义视为其不同词义来解决这个问题。Hardie、Koller、Rayson和Semino（2007）重新利用语义注释工具，从文本中提取可能的隐喻短语。Turney、Neuman、Assaf和Cohen（2011）假设隐喻短语由具体词汇和抽象词汇组成，依此推导出一种算法确定术语的抽象性，然后对比形容词-名词短语的抽象性；当名词的抽象性和形容词的抽象性之间的差异超过预定的阈值时，将短语标记为隐喻短语。

最近，Gandy、Neuman等（Gandy et al.，2013；Neuman et al.，2013）开发了一些相互关联的算法，能够高度准确地识别文本中的隐喻。该算法基于Turney等（2011）的观点，即隐喻通常涉及从具体领域到抽象领域的映射。因此，该算法基于目标名词的抽象性和其修饰形容词的字典定义数量（若只有一个定义，则该形容词不能成为隐喻的一部分）。如果最常与一个形容词搭配的具体名词未出现，则将目标名词编码为隐喻。

即使还不能应用于社会科学研究，计算语言学家在自动提取隐喻技术上取得的成功表明，自动隐喻分析方法有很大的潜力用于社会科学文本挖掘。

## 隐喻分析软件

可以用于隐喻分析的软件、编程工具以及质性数据分析软件（QDAS）如下：

ATLAS.ti（例如，Rees，Knight，& Wilkinson，2007）

MAXQDA（例如，Schuster，Beune，& Stronks，2011）

NVivo（例如，Gibson & Zellmer-Bruhn，2001；见附录D）。

有时研究者也会使用更专业的软件，比如TACT（例如，Gibson & Zellmer-Bruhn，2001）、TextAnalyst（例如，Ignatow，2009；见附录C）、Wmatrix（例如，Sun & Jiang，2014；见附录F）和WordSmith（例如，Charteris-Black，2012；见附录F）。

## 结语

隐喻分析在社会科学和人文学科中被广泛使用。研究者通过分析隐喻语言，利用各种质性和混合方法的研究设计，诠释群体的文化和信仰。研究者通常采用比较研究设计，将一个群体的隐喻与另一个群体或更大的群体进行比较分析。其他研究者主要基于媒体或社交媒体平台上观察到的异常或有趣的隐喻语言结构，尝试对其重构并解释。

## 本章要点

- 隐喻已经广泛应用在人文社科领域，包括人类学、传播学和社会学。隐喻分析一般以认知隐喻理论为基础，认为语言在神经层面上由隐喻构成，分析隐喻可以揭示一个团体或群体成员共享的认知图式。
- 隐喻分析研究的方法可以基于一个异常或罕见的隐喻语言案例，或者比较两个或更多群体的隐喻使用以回答研究问题，也可比较亚文化成员和主流社会对隐喻的使用。
- 尽管目前的隐喻分析方法依赖人类的诠释，但计算语言学家和计算机科学家正在开发新工具进行自动隐喻分析。

## 简答题

- 研究者如何在质性、混合和量化隐喻分析之间做出选择？
- 分析不同文化和亚文化中的隐喻时会面临哪些挑战？

## 研究计划

若你已经获得了文本作为研究数据，请仔细阅读数据样本，关注隐喻语言。文本中是否有重复出现的隐喻？该隐喻的使用是否很普遍？何时且为何使用这些隐喻？它们是特殊的隐喻还是日常语言中常用的“死隐喻”？

选择本章介绍的一项与你的研究项目类似的隐喻分析研究，使用学术数据库下载并阅读该研究以及一些引用该研究的论文，记录其研究设计和方法。基于在你的研究数据中观察到的隐喻语言，能否基于文献阅读设计一项研究，模仿或者修改其中的隐喻分析方法，或者融合本章介绍的几种研究方法？

## 拓展阅读

Boroditsky, L. (2000). Metaphoric structuring: Understanding time through spatial metaphors. *Cognition*, 75(1), 1-28.

Carver, T., & Pikalo, J. (2008). *Political language and metaphor: Interpreting and changing the world.* New York, NY: Routledge.

Lakoff, G., & Johnson, M. (1980). *Metaphors we live by*. Chicago, IL: University of Chicago Press.

# 第五部分

# 计算机科学与文本挖掘

# 13 文本分类

## 学习目标

1. 讨论文本分类的任务、发展和应用。
2. 介绍文本分类涉及的主要步骤：特征表示、加权和文本分类算法。
3. 分析两种分类算法的运作机制：朴素贝叶斯和Rocchio分类器。
4. 介绍可用的数据集和文本分类软件。

## 引言

我们可能每天都会享受几次**文本分类**（text classification）带来的好处，比如说电子邮件。世界上超过一半的电子邮件是垃圾邮件，但我们的收件箱中可能并不会看到很多，主要原因是每个邮件服务器背后都有垃圾邮件分类器，识别正常电子邮件与垃圾邮件。另一种常见的文本分类应用可能就是语言识别。谷歌或必应等搜索引擎使用文本分类技术检测用户的搜索语言，从而将搜索导向相同语言的在线文档集。还有许多文本分类的相关例子：文本地理定位、观点分类、文档主题检测等。

如何自动建立这样的文本分类工具呢？我们不可能阅读收到的每一份文件；即使可以，人工标注也很难推广并保持统一的标准。研究者已经开发了从历史邮件中自动学习的技术（例如，垃圾邮件或正常邮件），从而预测新邮件应该分配至收件箱还是垃圾箱。本章将概述文本分类，包括早期的人工标注和基于规则的系统，以及目前流行的自动文本分类系统。

# 文本分类简介

文本分类是指将文本分配给一个或多个预先设定的类别的任务。从形式上看，给定一个文本$T$的表征$R$，以及一个固定的类别集合$C=\{C_1, C_2, \cdots\cdots, C_n\}$，文本分类的任务是确定从$R$到$C$中某个类别的映射。文本分类算法需要通过学习才能掌握文本如何映射到$C$中的某个类别。

这组文本被称为训练数据，用于学习其表征和$C_i$类别之间的关联。在上文垃圾邮件的例子中，假设用于文本的表征$R$由这些文本中的词语组成，分类器学习的关联可能如下：抵押贷款和利息通常与垃圾邮件相关，晚餐和婴儿通常与正常邮件相关。类别可以分层，例如，图13.1中的类别代表了人工智能领域的一些可能的分类方法。

有必要区分文本分类和**文本聚类**（text clustering）。前者是文本归类的任务。然而在文本聚类中，事先并不知道具体类别。给定一组文本，聚类系统会识别某些文本更相似，应该分配到同一组，但不会命名该群组。此外，文本聚类往往并不清楚文本集将分成几组。因此，文本分类通常被认为是有监督学习，而文本聚类通常被认为是无监督学习（也有例外，一些文本分类方法属于无监督学习，而一些文本聚类方法则是有监督学习）。

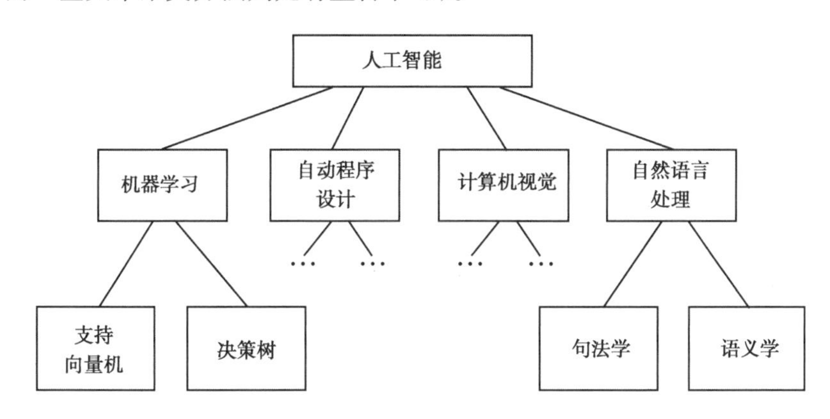


图13.1 分层类别示例

## 文本分类简史

早期的文本分类由熟悉相关文本主题的“领域专家”手动完成。例如，雅虎在创建“浏览”功能时就采用了这种方法。每个新网页都由人工分配到一个或多个类别。这种分类方法非常准确，尤其在数据集相对较小，或者专家团队较小的时候（避免分类不一致）。但是，随着需要分类的文本数量增加到一定程度（雅虎的网页），这种方法很快就难以为继。

第二种文本分类方法是基于规则的系统，采用由单词组成的查询列表确定文本的类别。例如，如果一个文本包括银行、金钱和利息等词，规则会认为该文本属于金融领域。例如，LexisNexis就使用了基于规则的系统，采用复杂的查询语言。该系统的准确度一般都很高，但依然存在扩展性问题，建立和维护这些规则的成本高昂。

最后，机器学习进入了人们的视野，监督或半监督学习已经应用在文本分类领域。目前有许多算法可用于自动分类，包括最近邻算法、**朴素贝叶斯**(Naive Bayes)、决策树和支持向量机（SVMs)。这些系统训练监督算法必须依靠人工标注的数据，但是同时也具有可扩展性的优点，一旦经过训练，基本上可以用来分类任意数量的无标记数据。

## 基本概念

文本分类是将文本分配给一个或多个预先设定的类别的过程。

预设类别可以按照层次组织，构成层次文本分类。

文本聚类是根据文本的相似性将其归入文本群组的过程，这些聚类通常没有名字。

文本分类通常属于有监督学习，也就是说，需要有标注文本用于训练。文本聚类通常属于无监督学习，可以在没有标注文本的情况下识别聚类。

## 文本分类的应用

文本分类是文本挖掘或人工智能领域应用最广泛的技术之一。以下列举一些现实生活中的文本分类应用案例。

### 主题分类

主题分类按照主题进行文本分类，比如说计算机科学、音乐以及生物学等任何领域（McCallum & Nigam，1998)，经常应用于组织网络文本（例如，在开放目录项目[The Open Directory Project]中，海量的网页组织成层次分明的类别，如健身、软件和房地产)。表13.1展示了以计算机科学为主题（左）和以音乐为主题（右）的文本。

表 13.1 基于主题的文本分类示例

| As a discipline, computer science spans a range of topics from theoretical studies of algorithms and the limits of computation to the practical issues of implementing computing systems in hardware and software. The Association for Computing Machinery (ACM), and the IEEE Computer Society (IEEE-CS) identify four areas: (1) theory of computation, (2) algorithms and data structures, (3) programming methodology and languages, and (4) computer elements and architecture. | The notes of the 12-tone scale can be written by their letter names A to G, possibly with a trailing sharp or flat symbol, such as A♯ or B♭. This is the most common way of specifying a note in English speech or written text. In northern and central Europe, the letter system used is slightly different for historical reasons. In these countries' languages, the note called simply B in English (i.e., B♮) is called H, and the note B♭ is named B. |
|---|---|
| **计算机科学** | **音乐** |

来源：Wikipedia，"Computer Science" 和 Wikipedia，"Musical Notation"。

## 垃圾邮件识别

垃圾邮件识别可能是文本分类最普遍的应用，几乎所有电子邮件用户每天都在使用。垃圾邮件检测系统通常在电子邮件服务器的"幕后"运行，在电子邮件传入时开始检测，确定应将其发送到收件箱或垃圾箱中。在识别过程中保持较低的误报率非常重要，即使会导致某些垃圾邮件成为漏网之鱼。换句话说，即使一些垃圾邮件进入收件箱，也要避免将正常邮件归为垃圾邮件，这就决定了用于垃圾邮件检测的参数设置只能过滤高可信度的垃圾邮件。表 13.2 展示了一封正常邮件和一封垃圾邮件的例子。

表 13.2 正常邮件和垃圾邮件

| Hi John,<br>I hope you are doing well. Have you found a job after your graduation?<br>I was wondering if you could tell me where is the web camera that you used for the emotion detection experiments? Is it still in Dr. Yong's lab? I had borrowed it from Prof. Doe in the CSE department, and I should eventually return it to him at some point. | Dear John Doe,<br>ICISA (International Conference on Information Science and Applications) has been scheduled on May 6-9, 2014, in Seoul, South Korea. The final paper submission date is **February 28th, 2014**. Please make sure to submit your paper before this date! ICISA will be holding its 5th annual conference. ICISA 2014 paper submission system is now open and ready for you to upload your paper. |
|---|---|
| **正常邮件** | **垃圾邮件** |

来源：作者的私人邮件。

## 情感分析/观点挖掘

近年来，情感分析（也称观点挖掘；Mihalcea，Banea，& Wiebe，2007；Pang & Lee，2008；Wiebe，Wilson，& Cardie，2005）越来越受关注。这种方法基于积极和消极情感进行分类，检测消费者对产品的情感（例如，对iPhone的正面或负面评论），从而跟踪公司品牌，发现产品或服务问题，有针对性地提供客户服务等。表13.3展示了电影《超能陆战队》（*Big Hero 6*）的正面和负面评价。

**表13.3 《超能陆战队》的正面和负面评价示例**

| I actually wasn't planning to watch this particular movie, until my friends told me it was a good movie and that I should watch it. I decided to try it and see how it goes. I instantly fell in love with Baymax. He's huggable and simply adorable. Along with that, he's a HEALTHCARE companion! It was certainly a HILARIOUS movie, and I enjoyed every last bit of it... All I have to say is that this movie is definitely one worth watching, especially if you like humorous animated film. | I hate this movie for having one of the most cookie-cutter plots imaginable and for trying to build tension where there is none. I am tired of kids' movies trying to be something they're not. You can only have so much drama, because only so many things can possibly happen in a kids' movie. This isn't *Breaking Bad or Django*; Baymax isn't going to snap and kill anyone. It just won't happen ever. So why would the movie pretend it could happen. All this fake drama that leads to nothing makes for a very boring and hollow movie. |
|---|---|
| **正面评价** | **负面评价** |

来源：IMDb网站。Zeta-One和Alexpskywalker。

## 性别分类

文本分类也用于“作者甄别”，即确定文本作者的年龄、性别或政治倾向（Koppel，Argamon，& Shimoni，2002；Liu & Mihalcea，2007）。虽然文本分类可以用于传统文本，如书籍或影视作品，但对作者鉴定的兴趣却随着社交媒体的爆发而增加。这一应用不仅非常成功，而且也是人工智能领域少数几个计算机战胜人类的例子之一。例如，表13.4中展示了由男性或女性撰写的文本。事实证明，人类一般很难弄清一篇文章的作者是男性还是女性，主要是因为判定作者性别最有用的线索是一系列功能词（如we或of），人们通常并不会留意。相反，计算机会做得更好，人类习惯于将“注意力”集中在实词上，计算机能够快速计算与文本分类任务有关的功能词。

表 13.4 女性作者和男性作者文本示例

| 女性作者 | 男性作者 |
| --- | --- |
| I can go get this stuff. But I try to keep myself on a weekly budget with buying frivolous things. Plus, I unfortunately got a traffic ticket I have to pay off, along with a trip to the doctor this week. That stuff is just being put on hold. | One of the top picks to be McCain's running mate is Louisiana Gov. Bobby Jindal. He's a fascinating guy. Young, Indian-American, conservative, Christian, policy wonk on education and healthcare, part of a new breed of technocratic Reform Republicans like Rudy Guiliani who care more about getting things done than anything else. He may be a little too nerdy for McCain, but I like him. |

来源："A Setback," *Compulsively Yours*, May 8, 2015; "This Day in History," Fear and Blogging in Cincinnati, November 4, 2008.

## 虚假信息识别

识别文本中的谎言并不简单（Mihalcea & Strapparava，2009；Newman，Pennebaker，Berry，& Richards，2003；Ott，Choi，Cardie，& Hancock，2011）。识别技术在法律领域已经得到应用，也用于在社交媒体上检测虚假评论和帖子。与作者甄别类似，功能词对于识别虚假信息的用处最大（例如，撒谎者较少使用"我"或"我们"等自指表达）。因此，人类在这项任务中的表现较差。表13.5展示了虚假和真实文本的案例。

表 13.5 真实和虚假文本示例

| 真实文本 | 虚假文本 |
| --- | --- |
| My best friend never gives me a hard time about anything. If we don't see each other or talk to each other for a while, it's not like anyone's mad. We could not see each other for years, and if we met up it would be like nothing happened. A lot of people in life can make you feel like your being judged, and most of the time make you feel that what your doing isn't good enough. My best friend is one of the few people I don't feel that way around. | My best friend is very funny. He's always making jokes and making people laugh. We're such good friends because he can also be very serious when it comes to emotions and relationships. It keeps me from getting too relaxed and making a mistake like taking advantage of our friendship or not making an effort to keep it going. He's a pretty fragile person, and although it can be hard to keep him happy sometimes, it's all the more rewarding. |

来源：通过Amazon Mechanical Turk收集的数据，2008年—2009年。

## 其他应用

除了上述例子之外，还有许多其他文本分类应用。例如，文本语种分类

（例如，英语、中文以及罗马尼亚语）、文本体裁分类（例如，社论、电影评论以及新闻）、情感内容检测（例如，快乐、悲伤与愤怒）、与读者相关的分类（例如，感兴趣或不感兴趣）等。

## 文本分类方法

最成功的文本分类方法由数据驱动，也就是说，依靠人工（或半人工）标注的文本集，自动学习单词（或其他文本线索）和文本类别（或类别）之间的关联模式。自动分类系统的第一个必要步骤是文本表征，需要解决以下问题：对文本分类有帮助的线索（特征或属性）是什么？这些线索应该被赋予多大的权重？第二步是学习机制，有大量的机器学习算法可供选择。最后，还必须考虑文本分类的评估方法。如何判断一种分类方法比另一种方法更有效？本节将回答这些问题。

### 有监督的文本分类

大多数文本分类系统使用由文本中的单词组成的高维特征空间。也就是说，给定一个文本集，可以通过识别所有独立的词来提取该集合的词汇。词汇表中的单词构成特征空间。因此，文本集中的每个文本表示为空间中的一个向量，权重用来表示单词在某一文本中的重要程度。举一个简单的例子，假设有两个文本："today is a beautiful day" and "today is the day"。词汇表由六个单词组成（a，beautiful，day，is，the，today）。因此，用来表征这些文本的向量长度为6。假设有一个简单的权重赋值方案，即只看文本中是否存在一个词，第一个文本的特征向量是（1，1，1，1，0，1），第二个文本的特征向量是（0，0，1，1，1，1）。

虽然单个单词（也称一元语言模型）是文本分类中最常用的特征，但也可以使用其他特征。比如说使用两个词的序列——二元语言模型、三元语言模型等。在上例中，二元语言模型的词汇是（today_is，is_a，a_beautiful，beautiful_day，is_the，the_day），两个文本的特征向量是（1，1，1，1，0，0）和（1，0，0，0，1，1）。当然，用于生成特征的n-grams序列越长，表征就会越稀疏。

除了基于词的特征外，也可使用词类创建文本分类的特征。有许多词典可以作为词类的来源，如WordNet、Roget英语同义词词典、LIWC词典和词频统计（LIWC，见第7章）。这种表征不使用单个词汇，而使用词的类别创建每种特征。例如，假设词的类别为WE，包括we、us、ourselves、our等词语，并假设采用词频作为简单的加权方案，这个特征的值将是文本中出现WE的总数。使用该技术为每个词类创建累积权重，可以为每个词类生成一个特征向量——例如，若使用LIWC，就有80个特征，若使用Roget英语同义词词典，就有700到1000个特征。

**特征加权和选择**

鉴于文本分类中一般使用高维特征空间，特征加权和特征选择至关重要。需要考虑以下问题：如何对特征进行加权，从而赋予对某些文本更重要的特征更高的权重？

你可能会想到对is、a、have和give等词赋予较低的权重，对mining、classroom或history等词赋予较高的权重。鉴于本书的主题，最后三个词中history和classroom的权重应该比mining低。

有几种创建特征权重的方法。最简单的方法是使用二进制权重，根据一个词（或其他n-gram）是否出现在文本中，赋予0或1的权重值。另一种方法是使用词频，计算一个词在文本中出现的次数。还有一种方法是逆文档频率（term frequency inverse document frequency，tf-idf），需要确定一个词的出现频率，用结果除以该词出现的文本总数。最后一种更高级的加权方法是信息增益，在第9章有详细介绍。

## 文本分类算法

文本表征为特征向量后，就可以通过有监督分类算法自动将新文本分类为一个或多个类别。一些算法也会提供分类的置信度，表明测试文本能够被准确自动分类的程度。

第9章介绍了监督学习，其中的许多算法可以直接应用于文本分类。例如，可以使用支持向量机或基于实例的学习（见第9章），基于训练实例创建学习模型，将其应用于测试实例。本章将介绍两种分类方法，在文本分类中已得到广泛的应用。

**朴素贝叶斯**

朴素贝叶斯是最早的文本分类算法之一，目前仍然是最为广泛使用的分类方法。朴素贝叶斯基于概率论中的贝叶斯定理，该定理能说明根据事件$T$出现事件$C$的条件概率。

$$P(C|T) = \frac{P(T|C)P(C)}{P(T)}$$

贝叶斯定理可以非常简单地从联合事件的概率中推断出来。$C$和$T$同时发生的概率可以写成$P(C,T) = P(C|T)P(T)$或写成$P(C,T) = P(T|C)P(C)$。给这两种不同的$P(C,T)$加上等号就可得出贝叶斯定理。

假设上文中文本$T$的特征向量表示为$\langle t_1,t_2,\cdots,t_n \rangle$，在文本分类中，要在$C$

中找到其对应的类别 $C_i$，使其在文本 $T$ 中的概率最大。换句话说，想要找到满足 $C = \underset{C_i \in C}{\operatorname{argmax}} P(C_i|t_1,t_2,\cdots,t_n)$ 的类别。使用贝叶斯定理，要找到 $C = \underset{C_i \in C}{\operatorname{argmax}} \frac{P(t_1,t_2,\cdots,t_n|C_i)P(C_i)}{P(t_1,t_2,\cdots,t_n)}$。鉴于候选项相同，不用考虑不同的 $C_i$，可以将其改写为 $C = \underset{C_i \in C}{\operatorname{argmax}} P(t_1,t_2,\cdots,t_n)|C_iP(c_i)$。朴素贝叶斯算法的一个重要假设（也是其名称中带有“朴素”二字的原因）是文本表征中的特征具有条件独立性。假设文本中的特征 $t_i$ 相互独立，可将最后一个方程式改为 $C = \underset{C_i \in C}{\operatorname{argmax}} P(C_i)\prod_{t_k \in T} P(t_k|C_i)$。这一改写使得该算法具有可操作性并易于计算。可以通过计算训练数据中标记为 $C_i$ 类别的文本数量，除以训练数据中的文本总数来计算 $P$（$C_i$）。可以计算 $P$（$t_k|C_i$），方法是计算所有训练数据中标记为 $C_i$ 类别并包含特征 $t_k$ 的文本的数量：$P(C_i) = \frac{N(C = C_i)}{N}$ 和 $P(t_k|C_i) = \frac{N(T_k = t_k, C = C_i)}{N(C = C_i)}$。

通常最后一步是平滑，指的是处理没有观察数据的情况（即零计数）。为了解决这个问题，最后的概率通常改写为 $P(t_k|C_i) = \frac{N(T_k = t_k, C = C_i) + 1}{N(C = C_i) + k}$，其中 $k$ 是训练数据中的词汇量（独立的词汇）。

**Rocchio 分类器**

**Rocchio 分类器**（Rocchio classifier）受到信息检索中向量空间模型的启发（Salton，1989），用以评估测试实例表征和训练实例表征之间的相似性。

在训练阶段，Rocchio 分类器为 $C$ 中的每个类别建立原型向量。对于每个类别，识别所有标记为该类别的文本，并将其特征向量相加，创建一个特征向量，称为该类别的原型向量。

在测试阶段，计算测试文本的特征向量与 $C$ 中每个原型向量之间的相似度。与信息检索中的向量空间模型一样，可以使用多种相似度测量方法，其中余弦相似度使用最多。然后，这些相似性评分用于对类别与测试文本的相关性进行排序。

图 13.2 为 Rocchio 分类器的图示：单线箭头是类别 $C_1$ 中训练文本的向量表示，双线箭头是类别 $C_2$ 中训练文本的向量表示。基于这些向量建立原型向量（长的单线或双线箭头），采用余弦相似度计算测试文本向量（虚线箭头）之间的相似度，结果为用双线表示的类别。

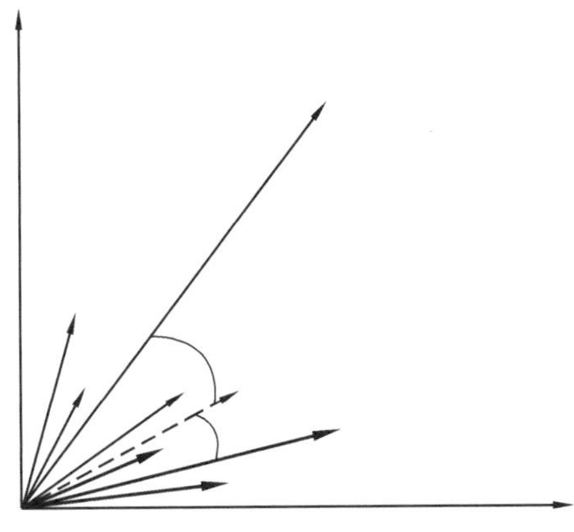

图13.2 Rocchio分类器图示

**文本分类中的自助法**

自动文本分类中另一个值得关注的问题是如何有效利用原始文本数据。假设有100个已经标注主题的文本，同时有100万个未标注的文本，需要考虑以下问题：如何利用未标注的文本提高分类器的准确性？有几种方法来解决该问题，但文本分类通常采用**自助法**（bootstrapping）。该方法基于现有训练数据训练一个或多个分类器，并自动标注原始文本。然后选择标注结果置信度较高的文本，加入训练数据集，增加其规模，重复训练和标注过程。训练数据集会持续增长，系统的准确性也会随之提高。

有很多方法可以计算分类的置信分数。第一种是自我训练，使用一个分类器，将学习算法计算的置信分数导入自助法训练。第二种是协同训练，即使用两个分类器，基于分类器之间的一致性判断置信分数，只有两个分类器一致的实例才会被选入训练集。

采用自助法需要解决几个问题。例如，每次迭代中允许多少实例加入训练集。此外，如何确定分类器迭代次数，因为自助法中分类器的准确度一般会在几次迭代后逐渐上升，随后又会由于训练数据集中的误差增加而下降。

图13.3为自助法过程图示。从种子训练数据集开始，训练一个或多个分类器，用于识别在海量原始数据集中可以标记的实例。将这些实例添加到训练数据集中，将该过程重复几次。

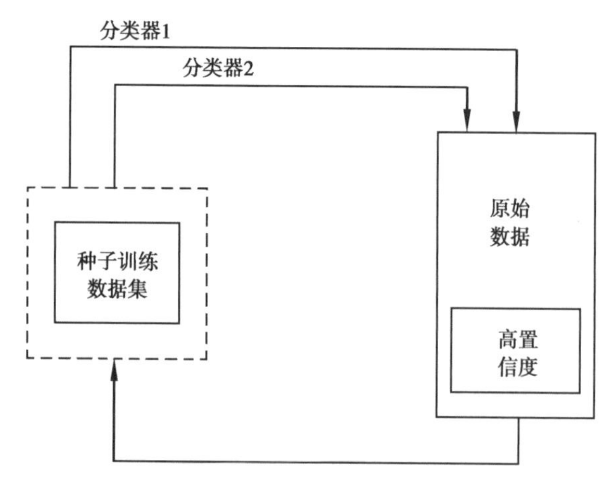


图13.3 自助法文本分类

## 文本分类评估

评估文本分类系统的方法类似于监督学习评估方法，可参阅第9章理解评估技术、指标以及学习曲线。

## 文本分类软件

MALLET（Machine Learning for Language Toolkit）是用于统计语言处理的Java工具集，包括文本分类和主题模型。

AI::Categorizer是操作简单的文本分类Perl包，可以实现几种分类算法。

自然语言工具包（NLTK）是用于自然语言处理（NLP）的综合工具包，包括文本分类。

Weka是用Java编写的机器学习工具包，将输入的文本转换为特征向量，就可用来进行文本分类。

Scikit是用Python编写的机器学习工具包，也可用于文本分类。

有几个公开的数据集可以用来测试文本分类方法：

Reuters是一个新闻数据集，按照主题分类。

Deception data sets包含几个完成真实性标注的文本集。

Language identfication data sets包含标注了语种的文本。

第14章列举的数据集以及其他数据集均可用来训练文本分类器。

## 结语

文本分类是应用最为广泛的计算语言学方法之一，包括垃圾邮件检测、语种识别、观点挖掘和虚假信息识别等。由于大多数机器学习算法也可以用于文本分类，文本分类器的成功关键不仅在于分类算法，还包括用于文本表征的特征和标注数据的量。若不想在文本分类上花费太多精力，训练文本分类器，或者收集数据集并使用现成的文本分类工具都不是太难。

## 本章要点

- 文本分类是指将文本分配给一个或多个预先设定的类别的任务。
- 文本聚类与文本分类密切相关，但事先并不清楚分类类别。相反，给定一组文本，聚类系统将把相似的文本归入同一群组，但不会给产生的群组命名。
- 文本分类在日常生活中应用广泛，包括垃圾邮件检测、年龄和性别判断、语种识别、主题分类、虚假信息识别等。
- 文本分类通常分两个阶段进行：(1) 特征表征和加权，在本阶段词汇或语言资源用来产生特征；(2) 监督学习，其中的机器学习算法用来为新的文本建立分类器，如朴素贝叶斯、Rocchio分类器、支持向量机、决策树（见第9章）
- 自助法功能强大，可以从少量的标注实例（种子）开始，建立大型文本分类的训练数据集。

## 思考题

- 思考并讨论本章未提到的文本分类应用案例。从何处获得数据来支持该文本分类应用？
- 随着自助过程中迭代次数的增加，标注数据量也在增加，同时标注质量下降。通过讨论找到一种确定最佳迭代次数的方法。
- 一些文本分类应用面临语言限制。例如，截至目前大多数虚假信息识别方法均针对英语文本。
- 如何将一种语言的文本分类方法扩展到另一种语言——例如，如何基于面向英语文本的虚假信息分类器开发面向中文或西班牙语的分类器？

# 14 观点挖掘

## 学习目标

1. 定义观点挖掘并探讨其应用。
2. 比较用于观点挖掘的词汇资源和文本集。
3. 总结自动观点挖掘的主要方法。
4. 介绍在线观点挖掘资源和软件。

## 引言

社交媒体的发展使得人们可以针对各种话题分享海量的观点。用户可以在亚马逊等网站上发表产品评论，在Expedia或Hotels.com上分享酒店评论，在TripAdvisor上撰写游记，在BabyCenter等网站上分享育儿经，在CNN或HuffPost等新闻媒体网站上讨论政治观点等。企业不可能跟踪网上的所有评论，但需要根据其中的内容和情绪做出决策。

可以基于自动观点分析技术开发许多应用。例如，可以开发表现力更强的文本合成语音应用，融入文本中表达的情感（Alm，Roth，& Sproat，2005），使人机互动更加自然。也可以创建在线论坛或新闻情感变化的时间线，监测公众舆论中积极或消极情感的峰值（Balog，Mishne，& de Rijke，2005；Lloyd，Kechagias，& Skiena，2005）。许多公司重视客户关系管理（Kim & Hovy，2006），监测网络论坛可以获得有关产品或品牌的负面情感表达，使客户服务部门能够及时进行干预。也可以从产品评论中挖掘观点（Hu & Liu，2004），让用户和公司了解产品的优缺点。**观点挖掘**（opinion mining）的其他应用包括问题回答（Yu & Hatzivassiloglou，2003）、对话总结（Carenini et al.，2008）以及文本语义分析（Esuli & Sebastiani，2006a；Wiebe & Mihalcea，2006）。

## 观点挖掘简介

很多书面和口头话语会传达一种重要信息，即作者、说话人或话语中提及的其他实体的精神或情绪状态。例如，新闻报道除了讲述事实外，经常会提到对事件的情绪反应。社论、评论、博客和政治演讲则传达了作者或演讲者的观点、信念或意图。参与辅导课程的学生可以表明自己听懂了或不确定。

观点是私人状态的表达，如情感、情绪、评价、信念和自然语言中的猜测。观点具有属性，包括谁在表达观点、观点类型、对谁或对什么表达观点、观点中的情感（或极性，即积极或者消极）等。

观点挖掘是识别语言中此类私人态度的任务，通常分为两个主要的子任务：（1）**主观性分析**（subjectivity analysis）。确定文本是否包含观点，与之对应将文本标记为主观或客观；（2）**情感分析**（sentiment analysis）。将观点（或主观文本）分类为积极、消极或中立。以下句为例：

The choice of Miers was praised by the Senate's top Democrat, Harry Reid of Nevada.

## 研究聚焦

### 人文学科中的情绪研究

Acerbi, A., Lampos, V., Garnett, P., & Bentley, A. (2013, March 20). The expression of emotions in 20th century books." *PLOS ONE*.

在该论文中，由人类学家和计算机科学家组成的团队总结了20世纪英语书籍中“情绪”词汇的使用趋势。Alberto Acerbi等使用了由谷歌提供的一个数据集，其中包括2008年以前出版的所有书籍中大约4%的词频。结果显示，积极和消极情感的历史分界清晰，与情绪有关的词汇普遍减少，而且在过去半个世纪中，书籍中的美式英语明显比英式英语变得更加“情绪化”。

**特殊资源：**

WordNet情感词典

在这个句子中，“was praised by”表达了一种观点。句子的作者认为这个观点由Reid表达，与2005年10月Bush总统提名Miers担任最高法院法官有关。态度类型是情感（评价、情绪或判断），极性为积极（Wilson，2008）。

可以在几个不同的层面上判断文本的主观性和情感（或极性）。在文本层面，可以查看文本是否包含观点，如果有，观点主要是正面还是负面。可以进行更精细的分析，探究句子是否体现主观性。例如，考虑以下来自Wilson（2008）的例子。第一个句子具有主观性（正面），第二个句子具有客观性，不包含任何主观表达。

He spins a riveting plot, which grabs and holds the reader's interest.

The notes do not pay interest.

甚至也可以进一步判断个别词汇和短语结构——例如，第一句中的“spins”“riveting”和“interest”是主观表达。下面这个例子更有趣：Cheers to Timothy Whifield for the wonderfully horrid visuals。虽然在情感词典中horrid会被列为负面词汇，但在该语境中，horrid却表达正面情感。“wonderfully horrid ”这个短语表达了对视觉效果的积极情绪（同样，cheers表达了对Timothy Whitffield的正面情感）。还可以根据词语的主观性和极性对词义进行分类。例如，WordNet（Miller，1995）中列举了interest的以下两种意思：

Interest, involvement—(a sense of concern with and curiosity about someone or something; 'an interest in music')

Interest—a fixed charge for borrowing money; usually a percentage of the amount borrowed; 'how much interest do you pay on your mortgage?'

第一个意义具有主观性，具有正面情感。但第二种意义没有主观性和极性（非主观意义也称客观意义），没有指示私人状态。词和意义层面的主观性词典很重要，是建构语境主观性分析的有用资源（Wilson，2008），可以识别和提取文本或对话中的私人态度。

## 基本概念

观点是私人态度的表达，如情感、情绪、评价、信念或猜测。

观点挖掘是识别文本中观点的任务，通常分两个阶段进行：（1）主观性分析，即识别观点；（2）情感分析，即根据意见的极性（正面、负面、中性）进行分类。

主观性和情感分析可以在不同粒度水平上进行：文本、句子、单词或短语以及词义。

# 观点挖掘资源

观点挖掘中主要使用两种资源：（1）词典，由大量的单词和短语列表组成，并标注有主观性、情感和/或情绪标签；（2）语料库，即句子或短文的集合，标记了主观性或情感。这些资源构成了自动监督或无监督观点挖掘的基础，可以识别文本中的观点。

## 词典

OpinionFinder可能是使用最多的词典之一，它是一种主观性和情感词典（Wiebe，Wilson，& Cardie，2005）。

该词库由人工收集以及在语料库中学习的词条建构，包含6856个独立词条，其中990个是短语。词典中的词条已经标记词性和信度——基于词汇在主观语境中的出现频率判断主观性，频率较低但仍高于预期的词条则标记为“较弱”。每个条目也被标注了**极性标签**（polarity label），表明该词或短语是正面、负面还是中性。请看OpinionFinder词典中的以下条目：type=strongsubj word1=agree pos1=verb mpqapolarity=weakpos，表明agree一词作为动词使用时，表达强烈主观性，其极性为弱正面。

另一个经常用于极性分析的词典是General Inquirer（Stone，1968）。该词典由大约10000个词组成，大致分为180个类别，广泛用于内容分析，包括语义类（如：有生命、人）、动词类（如：否定词、状态变化动词）、认知方向类（如：因果、知道、感知）等。General Inquirer中最大的两个类别是价值类，组成了由1915个正面词和2291个负面词组成的词库。

SentiWordNet（Esuli & Sebastiani，2006b）是基于WordNet建立的观点挖掘词典，为WordNet中的每个同义词集标注了三种极性分数（正面、负面和客观），表明每个单词的极性强度。SentiWordNet根据一组人工标注的同义词集，自动生成标注。目前，SentiWordNet自动标注了WordNet中的所有同义词集，总数超过10万个词汇。

## 语料库

主观性和情感标注的语料库不仅可以用来训练自动分类器，还可以成为制作观点挖掘词典的资源。上一节提到的OpinionFinder词典中的大量词条均来自一个大型观点标注语料库。

MPQA语料库（Wiebe et al.，2005）是2002年多视角问题回答研讨会

（multiperspective question answering，MPQA）成果的一部分，收集了各种新闻渠道的535篇英语新闻文章，并人工标注了文章中的观点和其他私人态度（即信念、情绪、情感、猜测）。该语料库最初在从句和短语层面进行标注，但是通过简单启发可以获取该数据集在句子层面的标注（Wiebe et al，2005）。

另一个人工标注的语料库是在SemEval项目“Affective Text”中创建和使用的报纸标题集（Strapparava & Mihalcea，2007），包括1000个测试标题和200个开发标题，每个标题都标注了六种Ekman情绪（愤怒、厌恶、恐惧、喜悦、悲伤、惊讶）及其极性方向（正面、负面）。

另外两个数据集，覆盖了电影评论领域，一个是由1000条正面评论和1000条负面评论组成的极性数据集，另一个是由5000条主观句和5000条客观句组成的主观性数据集。Pang和Lee（2004）介绍了这两个数据集，用来训练观点挖掘分类器。鉴于这些数据集属于特定领域，可以成为相同或类似领域的数据的精确分类器。最近出现了一个更大的电影评论数据集（Maas et al.，2011），包括从IMDB网站收集的50000条完整的影评。

情感分析研究也得益于亚马逊等网站上越来越多的产品评论，可以用来建立大型情感标注数据集（Hu & Liu，2004）。这些产品评论通常涉及很多语言，可以用来开发非英语的情感分析工具（Nakagawa，Inui，& Kurohashi，2010）。

## 研究聚焦

### Eshbaugh-Soha对有关总统新闻的研究

Eshbaugh - Soha, M. (2010). The tone of local presidential news coverage. *Political Communication*, 27(2), 121–140.

2010年政治学家Eshbaugh-Soha分析了地方新闻有关总统报道的情感基调。他使用了媒体政治理论，主要基于新闻报道利润驱动模型，探讨了报纸特征、受众偏好和故事特征如何影响地方报纸中有关总统的报道。根据Clinton和Bush政府时期的288篇报道样本，他证明了地方报纸对总统的负面日常报道较多，受众对总统的支持度、报纸的相关资源和公司所有权会影响地方报纸对总统的报道。

## 观点挖掘方法

到目前为止，学界已经开发了很多方法用于英语文本的情感和主观性分析。这些方法可以大致分为两类：（1）基于规则的系统，需要人工或半自动构建的词库；（2）机器学习分类器，在标注观点的语料库上训练。

## 研究聚焦

### 媒体中情感的人工编码

Bail, C. (2012). The fringe effect: Civil society organizations and the evolution of media discourse about Islam since the September 11th attacks. *American Sociological Review*, 77(6), 855-879.

社会学家Bail使用人工编码和抄袭检测软件分析了报纸中的情感（另见Corley，Collins，& Calvin，2011），旨在研究民间社会组织如何迎合社会话语生产信息，创造文化变革。Bail提出了一个关于重大历史事件后话语领域如何沉淀的进化理论，使用抄袭检测软件比较了120个美国民间组织发布的1084篇关于穆斯林的新闻稿。尽管大多数组织在“9·11”事件后发表了支持穆斯林的言论，但Bail展示了反穆斯林的边缘组织如何通过愤怒和恐惧影响大众媒体。

**研究软件：**

WCopyfind抄袭检测软件

Gephi网络可视化软件

最常使用的基于规则的系统是OpinionFinder（Wiebe et al.，2005），根据文本中是否存在大型词典中的单词或短语，自动标注新文本的主观性和情感。

简而言之，OpinionFinder的高精度分类器依赖三个主要启发方法来标注主观和客观句子：（1）若一个句子中出现两个或更多的强势主观表达，则标注为主观；（2）若句子中没有出现强势主观表达，并且在上句、本句和下句中最多出现两个弱势主观表达，则标注为客观；（3）若上述规则均不适用，则标注为未知。分类器利用主观性词典和上述规则，在大量未标注的文本中获取主观和客观的句子。然后，这些数据被用来自动识别一组抽取模式，然后重复使用这些模式来识别更多的主观和客观句子集。除了高精度分类器，OpinionFinder还包括一个高覆盖率分类器。高精度分类器被用来自动生成英文标注数据集，训练高覆盖率的主观性分类器。当对MPQA语料库进行评估时，发现高精度分类器的准确率为86.7%，召回率为32.6%，而高覆盖率分类器的准确率为79.4%，召回率为70.6%。

Turney（2002）提出的无监督系统基于Hatzivassiloglou和McKeown（1997）的成果，建立在自动标注的单词或短语的基础上。Turney从两个参考词（excellent和poor）开始，测量词汇或短语与正面参考词（excellent）的**点互信息**（pointwise mutual information，PMI），以及词汇或短语与负面参考词（poor）的点互信息，计算二者的分数，对词汇或短语的极性进行分类。两个词$w_1$和$w_2$的点互信息PMI是指看到这两个词的概率除以看到每个独立单词的概率。PMI（$w_1$，$w_2$）＝p（$w_1$, $w_2$）/p（$w_1$）p（$w_2$）。以这种方式获取的极性分数用来自动标注产品、公司或电影评论的极性。由于该系统采用无监督学习，可以应用于其他语言。

若有标注语料库是可得的，建立主观性和情感分类器时应首选机器学习方法。例如，Wiebe、Bruce和O'Hara（1999）使用人工标注的主观性数据集来训练机器学习分类器，使得分类效果明显高于基准。同样，Pang和Lee（2004）基于半自动构建的数据集，在句子层面建立了主观性标注的分类器，在文本层面建立了情感标注的分类器。若有标注数据可得，这种机器学习分类器也可应用于其他语言。

最近，出现了基于深度学习的情感分析工具与情感树库（Socher et al., 2013），在单词和短语层面的精细情感标签与解析树一起被用来分析文本情感。大多数早期方法假设文本具有一致的情感，这种组合方法允许文本中的情感变化，如“我总体上喜欢这款手机，但不太喜欢这个比较小的键盘”，在同一个句子中存在正面和负面情感。

虽然迄今为止观点挖掘的大部分研究都应用于英语文本，但其他语言的研究也在不断增加，包括日语（Takamura，Inui，& Okumura，2006）、汉语（Zagibalov & Carroll，2008）、德语（Kim & Hovy，2006）以及罗马尼亚语（Mihalcea，Banea，& Wiebe，2007）。

## 观点挖掘软件和资源

本章所述的许多资源和工具均可开放使用，特殊情况下仅限研究使用。以下为可用的词典：

OpinionFinder标记了词和短语的主观性，以及情感极性。

General Inquirer中的词汇列表分为心理语言过程、人类行为、命名实体等，包括两个正面和负面词汇列表。

SentiWordNet是建立在WordNet之上的词典资源，对词义进行自动和半自动情感标注。WordNet-Affect是WordNet的扩展版之一，给词义加注了情感标签。特别值得关注的是六种情感类别：（1）愤怒，（2）厌恶，（3）恐惧，（4）快乐，（5）悲伤，（6）惊讶。

以下为一些公开可用的语料库：

Movie review data set Movie review data set

Product review data sets

MPQA数据库

Emotion and sentiment labeled data

主观性和情感分析软件如下：OpinionFinder，除了词典外，还包括主观性分析软件，用于情感分析的深度学习采用递归神经网络。

若有标注数据集，可以通过现成的机器学习包建立主观性或情感分析工具，例如：Weka和Scikit。

## 结语

观点挖掘是计算语言学和社会科学领域发展最快的分支之一，受到研究者的广泛关注，在商业企业中也有很多应用。只要有合适的文本资源，简单的技术就能产生惊人的效果。因此，开发出文本资源，才能将观点挖掘用于新问题、新领域或新语言。对于传统的观点挖掘研究来说（例如，句子层面的情感分析或产品评论分类），已经存在大量的资源和工具。

## 本章要点

- 观点是私人态度的表达，如情感、情绪、评价、信念和自然语言中的推测。观点具有属性，包括谁在表达观点、观点类型、对谁或对什么表达观点、观点中的情感（或极性）等。
- 观点挖掘应用广泛，比如挖掘产品评论、品牌形象、客户关系管理、基于社交媒体的政治民意调查、文本到语音的合成、情绪和个性分析等。

- 观点挖掘通常分为两个主要的子任务：（1）主观性分析，确定文本中是否包含观点；（2）情感分析，将观点分类为正面、负面或中性。
- 用于观点挖掘的主要资源是词典（如 OpinionFinder、General Inquirer、SentiWordNet、WordNet-Affect）以及标注主观性和情感的语料库（如电影评论、产品评论、MPQA）。
- 观点挖掘的主要方法建立在规则（词库）或数据（标注的数据和词库）的基础上。

## 思考题

- 如何在基于规则（词库）和基于数据（标注数据）的情感分类之间做出选择？
- 思考并讨论本章未提到的观点挖掘应用案例。
- 找出观点挖掘和政治科学之间的联系。有哪些研究利用了观点挖掘并与政治学家的研究课题相关？

# 15 信息抽取

## 学习目标

1. 阐释信息抽取的任务及其应用。
2. 解释实体和关系抽取。
3. 熟悉网络信息抽取和模板填充等高级方法。
4. 了解信息抽取的软件和数据集。

## 引言

具体信息往往隐藏在非结构化文本中，如实体或组织名称或者它们之间的关系。请看下例："维珍美国航空的首席执行官David Cush周四说，随着美国航空和达美航空对廉价航空的反击，将有'持久的票价战争'。"尽管句子很短，却提到了几个实体——例如，组织名称（维珍美国航空、美国航空和达美航空）、人名（David Cush）以及时间（周四）。还可确定David Cush是维珍美国航空的"首席执行官"的关系。本句还描述了一个事件："对廉价航空的反击"。正如该例所示，可以从该非结构化文本中提取出几条结构化信息，包括实体、事件和关系。

**信息抽取**（information extraction，IE）是从非结构化数据中提取结构化信息的任务，通常会预先设定要抽取的信息类型——例如，实体（人或地点等）、事件（如机票价格上涨）或关系（如城市和国家之间的"首都"关系）。最近，以"开放式信息抽取"（或网络信息抽取）为目标的抽取系统也开始受到关注，这些系统不需要预先设定需要提取的信息。

信息抽取系统有许多实际应用，其目的通常是以对其他分析工具或对人有用的方式来组织信息。例如，信息抽取系统可以用来获取疾病、症状或药物的名称，公司和CEO的名字，教授的名字和其任教的大学等信息。

本章将回顾信息抽取方法和工具开发的主要方向，讨论实体和**关系抽取**（relation extraction），概述网络信息抽取的发展，讨论融合多种信息抽取器的**模板填充**（template filling）。

## 基本概念

信息抽取（IE）是指从非结构化数据中抽取结构化信息的任务，如实体、事件或关系。

实体抽取是信息抽取的子任务，旨在识别特定类型的实例，包括命名类型（如人或地点）或语义类型（如动物或颜色）。

关系抽取是信息抽取的子任务，旨在识别实体之间的关系，如“……是……的首都”或者兄弟姐妹等。

网络（开放）信息抽取是一种新技术，旨在大规模地执行信息抽取，且不需要预先定义需要抽取的实体或关系。

## 实体抽取

信息抽取的一个重要目标是识别文本中特定类型的实例。在这里，“类型”可以是人名或地点，也可以是一个语义类别下的所有实体，如“动物”或“颜色”，或者是任何具体事件，如“摇滚音乐会”。

**命名实体识别**（named entity recognition，NER）是信息抽取中的成熟技术，旨在识别可以归类到某个类型的专有名词。常见的命名实体识别任务是识别人、地点和组织，也有更专业的任务，如识别作曲家的名字，或者计算机科学组织。表15.1展示了命名实体的例子以及其类型。

**表15.1 命名实体示例**

| 类型 | 类别示例 | 命名实体示例 |
|---|---|---|
| 人名 | 个人、小组 | John Smith, Mrs. Jay |
| 组织名 | 公司、宗教团体、政党 | Microsoft, Democratic Party |
| 地名 | 国家、城市、河流 | Romania, Washington, D.C. |

有一种命名实体识别的方法需要首先为文本中要识别的类型编写典型种

子——例如，微软、彭博和路透社均为组织名称的例子。更常见的方法是基于人工标注的目标命名实体文本集——例如，明确标注所有组织名称的文件。然后通过提取文本中标注的所有实体，编制一个种子列表。在未标注的文本中找到种子，学习这些种子出现的规则，例如“_____, Inc.”、“____company ”或“work at_____”，这些都是与组织名称相关的模式。这些模式可以反过来用来识别更多的组织实例——例如，诸如“I work at Google”会将谷歌识别为新的组织实例，添加到组织名称列表中。扩展的实例集可以再次应用于文本，学习新的模式，以此类推。这个过程通常被称为**自助**（bootstrapping）过程，即从文本中逐渐学习组织名称（或另一个命名实体）列表以及识别这些组织名称的模式或规则。这类似于图13.3所示的过程。

自助法的潜在问题是可能掺杂错误实例，引入错误的规则或模式，导致更多错误。一般用来解决这个问题的办法是在命名实体的例子和预标注文本集的模式中应用评分机制。例如，假设有一个预标注了所有命名实体的文本集，在学习新模式时，可以评估该模式正确识别目标命名实体的次数与识别错误的次数。按照得分倒序排列这些模式，只有通过“正确性”阈值的模式才可以进入自助过程。

与命名实体识别类似，也可以建立学习语义类别的信息抽取系统——例如，学习文本中所有出现的动物或颜色（Riloff & Jones，1999）。与命名实体识别不同的是，缺乏表层线索（例如，大写字母拼写）。相反，语义类别的学习可以借助包含大量词表的词典（如WordNet或Roget英语同义词词典，包括动物、颜色等例子），可以作为自助过程的起始种子。此外，类似的自助法也可用于识别文本中的事件，如摇滚音乐会。

另一种信息抽取方法是使用机器学习来自动分类一个词在相关抽取信息的开头（B）、内部（I）还是外部（O）。这种方法假定有一个针对抽取信息的标注文本集。例如，对于文本“I saw Mr. Jones at the market”，假设要提取人名——例子中的“Mr. Jones”，Mr.这个词将标注为B（即在“Mr. Jones”序列的开头）；Jones这个词将标注为I；所有其他词将标注为O。分类器将持续学习在抽取信息中经常出现的词（例如，“Mr.”）以及在直接上下文（抽取信息周围的词）中出现的词。理论上来说任何机器学习算法都可以用来进行该分类（见第9章），但普遍认为效果最好的方法是条件随机场（CRFs；McCallum & Li，2003）。一般通过将信息抽取系统应用于已经人工标注实体的文本集，以评估实体提取器。在该文本集上，可以测量系统的准确性、精确性和召回率。第9章详细介绍了评估标准。

若信息抽取的目标是由词组组成的语义类型，可以借助现有词典资源（例如，WordNet或Roget英语同义词词典等中的所有动物），并基于词典中的词汇列表评估准确性、精确性和召回率。

## 关系抽取

实体通常由关系连接——例如，“X公司位于Y市”，反映了X和Y之间的“位置”关系，或者“X是Y的妹妹”，反映了X和Y之间的姐妹关系。关系抽取是指识别实体之间关系的过程，是信息抽取的一个分支。

该方法假设已经识别了两个实体，探究二者之间是否存在某种关系。虽然看起来比较简单，因为主要需要把一对实体标记为是（有关系）或不是（没有关系），但实际上关系抽取比**实体抽取**（entity extraction）更难，因为其包含了更多的决策因素。

与实体抽取类似，常见的关系抽取方法首先是标注文本集中的关系，然后训练机器学习系统来识别这些关系。除了描述关系中每个实体的属性——例如，实体中的词汇，或者其句法/语义功能——还有描述实体之间关系的属性，通常通过从句法解析树或文本图形表示中获取。这些属性覆盖所有候选实体组合（也许是受到最大距离的局限），其中一些实体组合存在联系，另一些则没有，通过训练可以让分类器自动识别两个实体之间是否存在关系。

## 网络信息抽取

网络为信息抽取带来了挑战和机遇。海量网络数据既是一种资产，提供大量实例用来训练信息抽取系统，同时为抽取质量评估提供数据。但也是一种缺点，因为网络中存在大量错误、凌乱的文本、混杂的格式等。

目前已经建成了几个网络信息抽取系统。本节将简要介绍其中两个。

第一个系统是KnowItAll（Etzioni et al.，2004），可以从网络上提取事实和关系。该系统以从原始文本中获得的信息和通用模板为种子，从而创建文本提取规则。例如，通用模板“NounPhrase1 such as NounPhraseList”可以和种子（如Paris and London are cities）一起用于文本信息抽取，推断出通用句法模式“cities such as <?>”，用来提取额外的城市名称。模板规则在不同领域通用，可以通过自动实例化提取各种实体（如城市、国家、颜色）。在搜索引擎上导入根据文本提取规则生成的查询短语，检索结果由KnowItAll中的一个统计模块进行验证，评估信息抽取结果正确的概率。这些信息储存在数据库中，供进一步分析。最早的KnowItAll版本包括50000多条事实，但随后的系统如ReVerb（Fader, Soderland, & Etzioni, 2011）和TextRunner（Banko, Cafarella, Soderland,

Broadhead, & Etzioni, 2007）的容量更大，覆盖300多万个实体和60万个关系以及其他知识单元。

第二个**网络（开放）信息抽取**（web [open] information extraction）系统是Never-Ending Language Learning（NELL；Carlson et al.，2010），通过处理大量网页来创建候选"观点"，自动评估这些"观点"的可信度，最后提交给数据库。NELL的一个特点是使用自助法提高性能，使用学到的信息来建立更精确的信息抽取器。NELL关系抽取结果的例子包括"WWCS是一个广播电台"或"haori是一种服装"。在写本节时，该系统已经积累了近5000万个事实，其中有近300万个事实具有高可信度。

## 模板填充

在很多情况下，抽取的信息片段相互关联，代表同一类型的情况或事件的不同方面。若谈论恐怖袭击，相关信息包括袭击的地点、日期和时间、背后的团体、受害者数量等。这些信息通常被称为事件的槽位，构成了该事件的模板。为槽位找到对应值的过程称为槽位填充，为模板中所有槽位填充对应值的过程称为模板填充。

在大多数情况下，可以按照上文介绍的步骤训练单独的信息抽取算法。首先用感兴趣的信息标注一组文本（即在文本中明确标注每个槽位）或为每个槽位确定一组种子值。然后训练分类器识别与这些槽位出现的相关模式。最后是自助过程，自动增加每个槽位的模式和可能值的列表。

一些最新的研究认为槽位之间可能存在依存关系，正在开发单个槽位信息抽取的联合算法。例如，恐怖袭击的地点可能与背后的团体存在关联。该算法被称为联合特征学习或联合槽位填充（Mukherjee & Liu，2012）。

## 信息抽取软件和数据集

GATE（General Architecture for Text Engineering）是用于自然语言处理（NLP）的开源工具集，包括被称为ANNIE的信息抽取（IE）功能。还包括用于生物医学文本或推文的专门信息抽取工具。

ReVerb是另一种信息抽取工具。

DeepDive是开源系统，从非结构化输入中抽取实体和关系。

MITIE是用于信息抽取的工具集，包括命名实体识别（NER）和关系抽取的预训练工具，以及用于训练自定义提取器的工具。

## 结语

信息抽取是文本挖掘的核心任务之一，用于将非结构化文本转化为结构化数据。虽然一些最常见的信息抽取工具用于存在大量训练数据的少数实体类型（如地点），但可以根据新的类型改造现有的信息抽取方法。重要的是，许多信息抽取方法都适合自助法，只需要少量的标注实例和大量未标注的数据。本章概述了信息抽取的主要方法，包括实体抽取和关系抽取，以及大规模处理信息的网络（开放）信息抽取。

## 本章要点

- 信息抽取是从非结构化数据中提取结构化信息的任务。要抽取的信息类型通常包括实体、事件或关系，并且通常已经预先设定。
- 信息抽取系统有许多实际应用，旨在为其他分析工具或研究者组织信息。
- 实体抽取是信息抽取的子任务，旨在识别特定类型的实例，包括命名类型（如人或地点）或语义类型（如动物或颜色）。
- 关系抽取是信息抽取的另一个子任务，旨在识别实体之间的关系。扩大信息抽取的规模形成网络（开放）信息抽取，其中实体之间的关系没有预先设定，而是以无监督的方式识别。

## 思考题

- 描述学习模式，使得信息抽取系统可以获取（a）动物名称；（b）编程语言名称；（c）名人的出生年份。
- 讨论网络信息抽取相对于传统信息抽取的优缺点。
- 考虑以下研究项目：若想确定一组疾病的症状和治疗方法。如何为该项目设计解决方案？（提示：思考所需的数据集以及如何在这些数据集上应用信息抽取。）

# 16 主题模型

## 学习目标

1. 描述主题模型的理论基础。
2. 理解主题模型使用的统计方法。
3. 了解社会科学家如何在研究中使用主题模型。
4. 学习主题模型的软件工具。

## 引言

会话可以从叙事（见第10章）、主题（见第11章）和隐喻（见第12章）等方面进行分析；也可以用更直接的方式分析会话，不是分析交谈方式，而是分析谈论的内容，例如，报纸上的话题如何随时间变化。随着事件的发展，由于不同的新闻机构的受众、新闻形式和商业策略不同，它们会报道不同的话题，让某些话题突显出来。有影响力的新闻机构和掌握权力的人（如政治家和名人）能够影响新闻报道中的话题。媒体报道的话题进而会影响读者和观众的意见和态度。公众的意见和态度会影响其投票行为和当选官员的决策。

再举一个例子来证明话题的重要性。若大学毕业后你将在一家营销公司工作。为了在新的工作中取得成功，不仅要掌握该职位的必备技能，还必须与新同事打成一片，这就需要改变之前习惯谈论的话题。在大学时你可能会与朋友讨论音乐、电影、课程、作业、教授、恋爱和聚会等话题。但在新工作中，其中一些话题会发生变化。在与同事社交时，会谈论另外一些话题，如工作任务、事业、客户、主管、年假计划、抵押贷款等，其中有些与学生时代的话题有关，有些则完全不同。你在工作环境中谈论各种话题的能力与之前的校园环境等生活经历有关，从事职业、专业和不平等研究的社会科学家也喜欢研究这种能力。

如何确信自己知道群体或圈子正在讨论什么话题？对大多数研究者来说，阅读大量报纸文章或访谈记录非常耗时。而且该方法依赖对文本的主观解释，仅靠阅读往往会导致偏见，无法确保解释的可靠性。近年来，研究者不再通过阅读大量文本来确定其中讨论的话题，而是转向**主题模型**（topic modeling），即找出社会群体讨论的话题组合以及话题如何随时间变化。主题模型在人文社科领域受到了广泛研究者的关注，本章将概述其理论和实践。

## 主题模型

主题模型需要对文本集进行自动编码，这些编码类别代表文本中讨论的主题。主题模型假定意义具有关系性（Saussure，1959），与会话主题相关的意义可以理解为一组词组。主题模型将文本视为语言学家所称的**词袋**（bag of words），捕捉词语的**共现**（co-ocurrences），不考虑语法、叙事或词语在文本中的位置。主题是在话语中经常出现的词组，只要讨论某个主题，相关词组就会更加频繁地共现。

与其他大多数文本挖掘方法相比，主题模型的归纳性更强（见第4章和第5章），不需要预先设定的代码或从理论中得出的类别，而是要最先指定k，即希望主题模型算法找到的主题数量。设定k的技术难度较高，Greene、O'Callahan和Cunningham（2014）以及许多在线论坛都在讨论这个问题。确定太少的主题会导致结果过于宽泛，反之则会获取不重要或者多余的主题。一旦设定了k，软件就会识别指定数量的主题，展示主题中的词频，并得出这些主题在文本中的分布。

### 基本概念

主题模型需要对文本集进行自动编码，这些编码类别代表文本中讨论的主题。

主题模型将文本视为词袋，其中的词序、句法和位置都不重要。

奇美拉主题是虚假主题，可能会因与数据结构和解释相关的因素出现。

主题模型是概率模型的一个实例，最广泛使用的主题概率模型是由Blei、Ng和Jordan（2003）引入的语言统计模型——**隐含狄利克雷分布**（latent Dirichlet allocation，LDA）。LDA假设：文本集中的每一个文本都类似于一个词袋，基于作者谈论的话题混合而成。主题分布在文本中所有词中，与文本主题密切相关的词就更可能包含在文本的词袋中。基于这些分布，写作过程如下：作者反复挑选一个主题，然后选择词语，将它们放入词袋中，直到完成文本。主题模型的目标是找出基于LDA过程产出文本或文本集的参数，该过程在LDA文献中被称为“推理”。在输出的推理中，包含不同主题对应的词汇列表，展示主题-词汇的分布概率，以及每个主题在不同文本中的分布，展示文本-主题的分布概率。

主题模型中的第二个概率模型是**潜在语义分析**（latent semantic analysis，LSA）。LSA最早是用于图书馆的信息检索技术（Dumais，2004）。LSA基于文本或文章中的词义相似性（Landauer，Foltz，& Laham，1998）使用向量空间模型表示单词和文本，该模型将文本数据转换为以文档为单位的术语矩阵，通过术语的加权频率表征术语空间中的文档。LSA以奇异值分解（SVD）为基础，与因子分析密切相关，在主因子空间中表示术语和文档（Berry，Dumais，& O'Brien，1995；Deerwester，Dumais，Furnas，Landauer，& Harshman，1990；Landauer，2002）。LSA采用了截断奇异值分解形式，修改了术语频率，只保留非常重要的术语，突出数据的基本维度。该过程与社会科学中广泛使用的主成分分析非常相似。

**表16.1 主题模型采用的概率模型**

| 隐含狄利克雷分布 |
| --- |
| 隐含狄利克雷分布（LDA）中每个主题都是文本中所有观察到的单词的分布，与文本的主要主题密切相关的单词出现的概率更高。LDA输出词汇-主题分布及其概率，主题-文本分布以及特定文本选择某个主题的概率。<br>LDA的优点：更准确 |
| **潜在语义分析** |
| 潜在语义分析（LSA）是一种基于文本中单词意义相似性的模型，使用向量空间模型呈现单词和文本，将文本建立为术语矩阵。采用术语的加权频率在术语空间中表征文本。LSA基于奇异值分解（SVD），在主因子空间中表征术语和文本（与因子分析类似）。<br>LSA的优点：结果的一致性，速度快 |

除了LDA和LSA之外，计算机科学家和统计学家还开发了其他一些用于识别主题的概率模型，如非负矩阵分解（见Lee & Seung，1999；Pauca，Shahnaz，Berry，& Plemmons，2004）。文本分析软件Alceste采用了一种不同但相关的方法。Alceste由Max Reinert（1987）开发，旨在测量由他本人提出的词汇世界，指说话者持续居住的“心理房间”，每个房间都有自己的特色词汇。主题模型基于语句、词语和相似性的概念，分析文本集中的词语分布。语句类似于自然句子或是由标点符号截断的自然句子片段，使得长度大致相等。Alceste构建了称

为“词位”的词元词典。为了评估语句相似性，Alceste构建了交叉语句和词汇的矩阵，其中的单元格表示语句中是否存在一个词（词位）。Alceste对该矩阵进行降序分类，产生类似语境单元的类别。Alceste的降序分类技术极大提高了同一类别中语句的相似性，并扩大了各类别语句之间的差异。最后，用户会得到一系列的类别和其中典型的词、语句和作者，为将类别解释为词汇世界提供基础，类似于LDA和LSA用主题来解释文本（见Brugidou et al.，2000）。Alceste已应用于社会学（Rousselière & Vezina，2009；van Meter & de Saint Léger，2014）、心理学（Lahlou，1996；Noel-Jorand，Reinert，Bonnon，& Therme，1995）、政治学（Bicquelet & Weale，2011；Brugidou，2003；Schonhardt-Bailey，2013；Weale，Bicquelet，& Bara，2012）、管理学（Illia，Sonpar，& Bauer，2014）等领域。

在社会科学研究中使用主题模型和Alceste也会面临挑战。社会科学家需要理解由主题模型软件生成的话题词组，并识别出没有价值或误导性的话题。理想情况下，主题对学科领域的专家或研究者来说是有意义的。主题模型需要质性诠释，但与其他社会科学研究方法不同，其一般在数据收集与分析之后才开始解释数据。主题模型“在方法上转移了研究主观性发生的位置——虽然依然需要主观解释，但从实际的数据建模角度来看，研究中大部分主观分析已经转移到建模后的阶段”（Mohr & Bogdanov，2013）。

## 研究聚焦

### 比较政治家和公众的语言

Brugidou, M. (2003). Argumentation and values: An analysis of ordinary political competence via an open-ended question. *International Journal of Public Opinion Research*, 15(4), 413-430.

2003年，政治学家Brugidou分析了对一个开放式问题的回答，研究“非专业人员”在有关核电未来的公开辩论中的论证能力。Brugidou假设，普通公民使用与政治家相同的修辞手段。研究基于词汇特征使用Alceste识别同类词汇集，由调查中的可用社会学变量归类收集的答案，包括社会人口统计信息和态度变量。

**研究软件：**

Alceste

在使用主题模型时，会面临“奇美拉主题”（chimera topics）（Schmidt，2012）的风险，即由于有关数据结构和解释的因素而获取的假主题。大多数人文社科研究者还没有对主题模型使用复杂的诊断程序包（见Schmidt，2012）。尽管对大型文本集进行主题建模以及在演绎或归纳研究中融入主题模型存在挑战，在计算语言学家和计算机科学家的支持下，主题模型已经在人文科学、政治学、社会学等领域广泛使用。

## 研究聚焦

### 研究对极端环境的心理适应

Noel-Jorand, M.-C., Reinert, M., Bonnon, M., & Therme, P. (1995). Discourse analysis and psychological adaptation to high altitude hypoxia. *Stress Medicine*, 11(1), 27-39.

医学研究学者Noel-Jorand等用Alceste研究了极端环境下的心理适应。她针对10名欧洲低地居民进行了话语分析，他们在玻利维亚萨哈马峰顶进行了为期3周的科学考察。该话语分析是一项大型科学调查的子项目，涉及12个有关人类适应高海拔慢性缺氧环境的科学和医学研究。研究使用Alceste分析了几段谈论此次生存挑战的日常谈话，确定词汇分布模式以及重复性语言模式。他们发现三种不同类型的话语在极端环境下并没有发生变化，并且与此次科考活动无关，只是用来提及说话者自身。这三种话语集中在焦虑、恐惧和极端恐惧或痛苦的经历上。研究参与者使用各种心理策略来逃避或以不同的方式面对这些经历，这些策略在不同话语类型使用的术语中得以体现。

**研究软件：**

Alceste

## 主题模型的应用

主题模型作为探索数据的工具，最容易在归纳法中使用，但也可以用于演绎法和溯因法研究。例如，社会学家Mützel（2015）在乳腺癌治疗和柏林市美食的实证研究中使用了主题模型。基于主题模型的使用经验，她讨论了对研究者非常重要的两点：了解语料由多少个话题组成以及匹配话题与研究领域的能力。在Mützel看来，主题模型并没有否定质性解释，而是将其转移到分析的后期阶段。研究者应该熟悉研究领域，以便解释主题，可以使用主题模型获得“对整个领域发展的宏观理解”（Mützel，2015，p. 2）。在Mützel对乳腺癌治疗和柏林美食的研究中，LDA结果使她能够描述和追踪主题的历时发展。研究结果也能够突出特定时间点，对文本进行质性分析。这已经成为社会科学家的一种研究模式，在使用主题分析的同时承认其局限性，融入质性解释。

## 主题模型的应用案例

### 数字人文

主题模型已经在人文学科开始应用，并在数字人文学科中成为主要方法。受到Jockers（2010）关于主题模型的博文和Blevins（2011）对18世纪末日记研究的影响，人文学科研究者从2010年开始关注主题模型。几位倡导者首次向人文学者介绍了主题模型方法。此后，人文学者们采用主题模型（Jockers & Mimno，2013）研究19世纪文学的主题、文学学术史（Goldstone & Underwood，2012）等。

## 在历史研究法中使用主题模型

质性分析

寻找研究问题，选择案例，反复阅读文本，做笔记，估计主题数量

↓

主题模型

选择LSA或者LDA主题模型，对比主题模型结果与质性分析结果

↓

质性解释

阅读质性分析笔记，思考主题模型结果如何用来回答研究问题

## 新闻学

新闻学研究者Günther和Quandt（2016）提供了用于新闻学研究的文本挖掘研究路线图，涵盖基于规则的方法、字典、监督机器学习、文本聚类和主题模型。Jacobi、van Atteveldt和Welbers在2016年用文本挖掘进行了新闻研究，使用了LDA主题模型，研究1945年至2016年《纽约时报》的核技术报道案例，部分借鉴了社会学家Gamson和Modigliani（1989）的研究。研究表明，LDA是一个有用的工具，可以相对快速地分析大型数字新闻档案中的文本。

## 政治科学

政治科学家已经采用主题模型研究一些不同类别的政治现象。Quinn、Monroe、Colaresi、Crespin和Radev（2010）使用R语言分析了1997年至2004年参议院会议发言中的主题，该数据库包括国会记录的118000份发言。总结了话题内容、识别话题的关键词以及话题的分层嵌套关系。

Grimmer（2010）使用主题模型开发了“议程识别模型”，衡量了参议员对新闻报道的关注。该模型评估了文本主题和政治人物对主题的关注程度。

Gerrish和Blei（2012）开发了几个预测模型，将立法情感与立法文本联系起来，利用这些模型预测投票情况，准确率很高。

Roberts、Stewart和Airoldi（2016）提出了一种半自动化的方法，用于收集和分析开放式调查问卷，即结构主题模型（structural topic model，STM）(Roberts et al.，2016)。该主题模型方法融合了文本的相关信息，如作者性别、政治立场以及处理方法（实验和实验人员）。Soroka、Stecula和Wlezien（2015）使用主题模型分析了媒体如何反映经济趋势，以及媒体是否影响公众经济认知或受其影响。他们探讨了经济、媒体和公众舆论，特别关注媒体报道和公众是否能够体现经济活动的变化或水平，以及过去、现在或未来的经济态势，他们一共分析了美国30年来的30000篇新闻报道。结果表明，新闻报道反映了未来经济的变化，既影响了公众舆论，也反过来受到了公众舆论的影响。该模式使经济衰退中出现的积极报道和公众舆论变得更容易理解，也有助于解释政治行为领域的研究发现。

## 社会学

社会学家主要采用主题模型分析报纸和学术档案。例如，DiMaggio、Nag和Blei（2013）使用LDA研究了20世纪80年代和90年代美国联邦政府艺术基金方面的争议。对来自五家报纸中的近8000篇报纸文章进行了编码，以分析“框架”。框架是一组“话语线索”，暗含“对一个人、事件、组织、实践、条件或情况的解释”（DiMaggio et al.，2013，p. 593）。DiMaggio等发现，不同的媒体框架由不同机构主体推动，以此影响公共话语和政治问题的进程。在研究发现的12个主题中，有几个明显体现了政治框架，如20世纪90年代的“文化战争”和国家艺术基金拨款。

Levy和Franklin（2013）使用主题模型研究美国卡车运输业的政治争论。从政府网站挖掘了政策制定期间公众在线发表的意见。使用主题模型确定有关电子视频监控辩论中的潜在主题，发现不同评论者使用不同的解释框架。个人评论更倾向于基于困扰该行业的物流问题建构话语，如在码头的等待时间过长。企业利益相关者倾向于从技术标准和与成本效益分析等方面发表评论。

Light和Cunningham（2016）使用主题模型分析了诺贝尔和平奖获奖感言，发现这些演讲中关于全球化和新自由主义的内容持续增加，而不是早期的基督教和“全球制度模式”（p. 43）。McFarland等（2013）采用各种类型的主题模型以及文本挖掘方法展开了一系列研究。一项研究从ProQuest数据库选取1980年至2010年的美国研究型大学学位论文摘要，分析知识发展和趋势。社会学家Törnberg和Törnberg（2016）在批评话语分析（CDA；见第1章）项目中使用了主题模型，研究了在线论坛中伊斯兰恐惧症和反女性主义的话语联系。他们还基于超过5000万条在线帖子的语料库，分析了从传统媒体到用户驱动的社交媒体的转变。主题模型使研究者能够生产语料库的内容图，并在其中识别主题。

## 主题模型软件

在数字人文和社会科学领域，基于Java的软件包MALLET（Machine Learning for Language Toolkit）被广泛用于主题模型。MALLET可以执行统计自然语言处理（NLP）、文档分类、聚类、主题建模、信息提取和其他机器学习应用。因为MALLET需要使用命令行，所以它最适合于至少有中等编程经验的用户。但它通常只重复使用少量的命令，所以相对容易学习。

MALLET使用Gibbs抽样来快速构建样本分布，从而创建主题模型。MALLET也可以作为R语言用户的一个软件包，用户还可以使用TOPICMODELS包和latent Dirichlet allocation（LDA）包。

Python中有主题模型包gensim。

Alceste是另外一个广泛使用的主题模型软件。Alceste是Analyse des Lexèmes Co-occurents dans les Énnoncés Simples d'un Texte（分析文本中简单语句的共现词汇）的缩写。该程序只有法语版本，菜单、命令和输出都是法语，但也可以用于分析英语和其他语言的文本，可以从Image公司网站下载。

Alceste需要付费，但在R的Iramuteq接口中可以获得Alceste的开源版本。

## 结语

尽管使用主题模型需要熟悉R或其他编程环境，但学习起来并不难。因此，整个社会科学和数字人文科学研究领域都已经开始应用主题模型方法。主题模型对于探索数据的研究者非常有用，也可以增加质性研究的精确性和严谨性。

## 本章要点

- 主题模型是一种统计模型，用于识别社会群体中的话题组合，以及话题如何随时间变化。
- 主题模型假定意义具有关系性，与会话主题相关的意义可以理解为一组词组。
- 主题模型将文本视为语言学家所称的词袋，捕捉词语的共现，不考虑语法、叙事或词语在文本中的位置。
- 主题模型是一种概率模型，用于主题模型的主流概率模型是LDA和LSA。
- 使用主题模型的社会科学研究通常属于归纳研究，但并不绝对。
- 主题模型在新闻研究、政治科学和社会学以及数字人文领域越来越受欢迎。

## 简答题

- 不同的社会科学研究如何以不同方式使用主题模型？
- 与主题分析等质性方法相比，使用主题模型有什么优势和劣势？

## 研究计划

回顾本章介绍的主题模型研究，选择一个与你手头的研究项目最相似的研究。使用研究数据库，如Google Scholar、Web of Science或JSTOR，搜索并阅读这些论文和引用该论文的最新研究，记录其研究设计和方法。写下如何基于这些研究设计你的研究，可以直接使用其研究方法分析你的研究数据，也可以适当修改这些研究方法，或者对数据和方法均进行调整。

## 网络资源

请参见Megan R. Brett的博文Topic Modeling: A Basic Introduction

这篇文章的目的是帮助解释主题模型的一些基本概念，介绍一些主题模型的工具，并介绍一些关于主题模型的其他帖子。本文的读者是历史学研究者，但它对社会科学专业学生和有经验的研究人员也很有用。

## 拓展阅读

DiMaggio, P., Nag, M., & Blei, D. (2013). Exploiting a ffi nities between topic modeling and the sociological perspective on culture: Application to newspaper coverage of U.S. government arts funding. Science Direct, 41(6), 570-606.

Günther, E., & Quandt, T. (2016). Word counts and topic models: Automated text analysis methods for digital journalism research. Digital Journalism, 4(1), 75-88.

Mohr, J. W., & Bogdanov, P. (2013). Introduction—Topic models: What they are and why they matter. Poetics, 41(6), 545- 569.

# 第六部分
# 写作和展示

# 17 成果撰写和展示

## 学习目标

1. 回顾学术写作的基本原则。
2. 了解社会科学写作所需的特殊方法。
3. 学习在社会科学写作中使用理论和证据。
4. 讨论撰写文本挖掘研究可能面临的特殊挑战。

## 引言：学术写作

文本挖掘研究的每一个步骤几乎都需要写作，比如说记录研究想法、列举文本主题以及撰写研究假设。但是，要将研究结果写成学期论文或学术论文，就需要专业的写作技巧。

有许多资源可供希望提升学术写作的学生使用，特别是在语法、风格、惯例、引用和**参考文献**（references）方面。正确的拼写和语法至关重要，因为此类错误会影响论点。大多数文字处理软件具有自动拼写更正功能，许多网络资源和Strunk和White（1999）的《风格的要素》（*Elements of Style*）可以解决更复杂的语法问题。Osmond于2016年出版的《学生学术写作和语法》（*Academic Writing and Grammar for Students*）内容非常全面，包含学术写作惯例、简洁和清晰的风格以及校对方法。而文学学者、诗人Sword（2012a）在《优雅的学术写作》（*Stylish Academic Writing*）中写道，该书名和内容并不矛盾，学术写作应该生动活泼，让非专业人士也能接受。她还有一个“The Writer's Diet”网站，论文作者可以导入自己的学术写作样本，程序自动进行诊断，从“合格”到“不合格”（得分较低的读者可以考虑哪些段落“需要调整”，哪些段落有些“臃肿”）。

学术写作专家一致认可较好的学术写作具有以下一些共同特点：清晰、避免使用专业术语、使用主动语态、鼓励读者参与、变换词汇使用以及避免啰嗦。社会科学英语论文写作中还有一些特别常见的特殊错误，包括基于名词创造新的和不熟悉的动词，以及基于动词创造名词。

## 写作清晰

作者最好把清晰性放在首位，避免“过度写作”，省略不需要的词语。避免通过使用长句和生僻词体现自己的“厉害”。诗人Hugo在1992年的文章《为创意写作课辩护》（*In Defense of Creative Writing Classes*）中写道，在许多学术写作中，“清晰性远远不够”。创意写作教授Toor（2012）呼应了Hugo的观点。在比较名人和学者的演讲后，她这样写道：

> 聆听学者发言，我感受到了学者们心中独有的担忧：我是否提出了令人信服的案例？我是否提到了其他学者对这个话题的所有看法，并指出了他们（某种程度上）的错误之处？听众知道我读了多少书吗？我是否提到了足够多的重要学者的名字？我的专业语言是否证明我可以成为该学术圈子的成员？我说得对吗？最后，他们把内心的希望伪装成谦虚的态度，问道：我聪明吗？

一言以蔽之，不要担心自己看起来是否聪明，尽量表达想法，尽可能清晰地写作。读者会因此而感谢你。

## 证据和理论

优秀学术写作的主要特征适用于所有领域，包括社会科学、人文科学、物理学、生命科学以及工程学。但是，在社会科学写作中，有一些特殊挑战和惯例，比如人类学、传播学、经济学、政治学、心理学和社会学。虽然这些学科都有自身的写作惯例，但大多数社会科学写作都有一些共同特征，与什么是有效的社会科学知识有关。最重要的一个特征就是要求作者用证据来支撑论点（特别是基于系统和严格的研究所获取的证据），以及使用理论解释社会世界如何运作。

证据在社会科学写作中很重要，用来支持或质疑有关社会的观点、命题和假设。例如，可以研究两个民族的成员是否会根据他们的文化和语言解释同一个医疗诊断（见Schuster，Beune，& Stronks，2011；见第12章）。这就构成了初步的研究问题，但太模糊了，无法研究。更精确的研究问题可能如下：两个群体是否表达了不同的情绪（见第14章），使用了不同的隐喻（见第12章），或者讨论了不同的主题（见第16章）。研究者需要提出更加具体的假设，进行系统和严格的探讨，以回答这类研究问题。该假设可以用以下段落表述：

> 在荷兰，（白人）荷兰参与者会使用更多的隐喻将人体及其器官建构为机器或机器的部件，而印度裔和克里奥尔裔的参与者会使用更多的隐喻将高血压建构为未知的敌人（Schuster et al.，2011）。

现在可以对该假设进行系统研究。换句话说，研究者将收集支持和反驳该假设的证据——寻求用来评估假设的证据。评估结果将支持或反驳最初的假设，但也可能并不会得出确切结论，也可能发现新问题和观点或不同的理论（见第4章的溯因逻辑）。

## 避免过多“动词化”

任何名词都可以被“**动词化**”（verbed），许多形容词也可以。擦（neaten）桌子，美化（prettify）房间，“谷歌”（Google）一下，以及“Facebook”自己的朋友。高管为项目开绿灯（green-light），社会研究项目影响（impacts）社会，我们发传真（fax）、发短信（text message）、发电子邮件（e-mail）、下载（download）、上传（upload）、对话（dialogue）、鼓励不良行为（enable bad behavior），还有为人父母（parent children）。虽然以上短语使用了由名词构建的新动词，在日常语言中很常见，但在学术论文中很少使用。建议在学术写作中将名词或形容词作为动词使用之前，先查字典。

在社会科学写作中，一般应该从前人的研究结果中找出并评估证据，也应该找出和评估支持和反对任何假设的证据。理论在社会科学写作中很重要，因为研究者的理论取向往往会影响研究问题类型、研究假设、证据收集方式以及证据解释和评估的方式（见第4章）。换句话说，社会科学家的理论取向可能会影响研究所产生的知识形式。

若要研究解释政客X受欢迎的原因，批评话语分析（CDA）或福柯话语分析（见第1章）的研究者可能会参照其他政治演讲和当代社会不同类型的文本来分析政客X的演讲。主题模型的研究者（见第16章）可能研究政客X讨论的话题是否有独特之处。情感分析的研究者会研究政客X的演讲中体现的情感（见第14章）。这三位研究者虽然在研究相同的文本，却会得出不同的**结论**（conclusion），可能导致对政治家X修辞的研究结论大相径庭。

## 避免“僵尸名词”

由其他词性转换的名词被称为名词化。例如，形容词vulnerable可以转换为名词vulnerability，或者动词可以转换为名词，如orient变为orientation。虽然学者、律师、官员和商业作家喜欢名词化，但应尽量避免。在学术写作中最常见的可能是后缀主义，构成了名词化的词语，比如说constructionism、globalism、relativism、formalism、positivism。

若使用妥当，名词化能帮助作者简洁地表达复杂的思想，但也可能会让表达含混不清，阻碍普通人理解学术话语。Sword（2012b）称其为**僵尸名词**（zombie nouns），因为它们“吞噬了动词，吸取形容词的生命力，并以抽象的实体代替人类”。使用名词化（如heteronormativity、interpellation和taxonomization）也会传递一种危险信息，即认为使用宏大词汇的人更聪明。

正如第4章所述，在社会科学领域，理论和证据之间的关系存在很多争论。简而言之，一些社会科学家认为，证据可以用来支持或反驳研究假设，从而形成对社会的理论解释。另一些则认为，理论取向以及其中包含的哲学假设和价值判断制约着社会科学研究，永远不可能宣称对社会现象进行了普遍、真实或准确的解释。无论如何，从**争论**（discussion）中可以看出，理论是研究问题和研究**方法**（methods）的依据，社会科学论文写作应该仔细和准确描述社会现象。

## 社科论文的结构

一篇社会科学研究论文就是一个论点。好的论证不需要有很大的争议性，但必须说明一个立场，并明确和合乎逻辑地用证据支撑。

在陈述和支撑主要论点时，社会科学、生命科学、商科、教育学和相关领域的大多数论文都遵循相同的基本结构，并使用APA（美国心理学会）格式。建议在研究中使用APA或其他使用广泛的论文格式，如芝加哥格式。虽然这些研究领域差异很大，但写作、展示证据和解释研究过程的方法类似。大多数量化（以及许多质性和混合方法）论文使用相同的结构和顺序，包括以下内容：

（1）引言；（2）文献综述；（3）方法；（4）结果；（5）讨论；（6）结论；（7）参考文献；（8）附录（若需要）。

## 引言

**引言**（introduction）是论文全文的路线图，应该给读者提供沿途的路标，让他们理解推理论证过程。在引言中应该说明要解决的问题并提出研究问题。同时简要讨论在本学科和其他学科中对该研究问题的讨论。要结合研究背景说明为什么该研究很重要以及对谁重要。谁是目标受众，为什么要对该研究感兴趣？研究论点对于一些更大的课题有何价值？研究背景不用太宽泛，具体的背景一般会更好。同时应该考虑该研究对读者的一些潜在影响。撰写研究论文的全程，要牢记研究背景，并在结论部分重新思考。

在引言和整个论文中避免出现逻辑谬误。常见的逻辑谬误会削弱论点，包括断言论证，即简单地说某件事情是正确或不言自明的，但这并不是论证。循环论证是用不同的语言重述论点，没有证据支撑。诉诸人身论证是通过人身攻击而不是逻辑、理由或证据进行论证。例如，表明论点由不喜欢的人提出，这并不能说明该论点不正确。

在引言最后，说明研究的主要结果和结论。该结论如何得出？论文的其余部分将讨论研究发现，并对引言进行详细补充。

## 文献综述

**文献综述**（literature review）是对研究对象的现存研究进行的详细讨论，可能包括对以下内容的讨论：理论流派、概念定义和具体研究领域的历史。优秀的文献综述不是简单地回顾所有相关的研究。相反，需要通过合理组织，在同类研究之间建立联系，讨论现存研究中存在的矛盾、分歧和差距。全面且有条理的文献综述可以展示作者对研究主题的理解以及研究价值。文献综述旨在充分解释研究对象，使读者无需进行额外阅读就能理解研究现状，但要标注相关参考文献，以便读者能够根据需求深入阅读（见 Osmond，2016）。

不要将文献综述视为已发表论文和已出版书籍的清单，而是一棵有根有枝的树。树根是最早关于该研究课题的重要研究，尽管这些研究可能已经有几十年的历史，但最好还是在最开始用几句话进行总结。接下来，描述从树根生长出来的主要分支。在社会科学领域，有哪些主要方法可以用来研究该课题？每种方法中有哪些开创性的研究？然后再梳理较新的分支：过去5到10年中发表的最新研究。根据早期和较新的研究掌握的所有情况，该研究如何做出新的贡献？对该研究主题的研究是否存在遗漏？是否有新的理论或研究方法可以用于该主题?

## 引用：为什么

在社会科学论文写作中，是否所有论点都应该有证据支持? 如何支持? 采用别人的观点或事实作为证据时，必须表明其来源。引用不仅可以给予其他研究者应有的认可，也能方便读者检索论文来源。在社会科学论文中，论文和书目应以一致的格式呈现，比如MLA（现代语言协会）、ASA（美国社会学协会）、芝加哥格式等，尽管APA（美国心理学会）格式使用最广。

## 研究方法

研究方法部分应该解释研究中所做的事情，以便读者可以复制整个过程。这部分必须非常精确，详细描述研究对象的选择、收集和分析数据的方法。需要介绍选择的研究类型、研究对象及其原因（见第5章案例选择和抽样）。还必须解释研究中采取的伦理措施（见第3章），以及是否得到相关伦理审查委员会（IRB）的批准。如果不需要接受IRB审查，需要说明原因。

方法部分也需要详细介绍数据选择和/或抽样策略。如何确定研究数据? 如何确定数据样本? 用什么工具收集数据（见第2章和第6章）? 如何选择或构建这些工具? 应该尽量按照时间顺序描述数据收集过程，并描述所使用的统计或数据分析程序。另外，一定要说明研究方法的问题或局限性。例如，样本不能代表更大的群体，或者存在偏见，一定要讨论这些研究局限。若在**附录**（appendix）中呈现更多数据，应该在方法部分说明。

## 结果

结果（或结论）部分展示研究过程发现的答案。结果部分不用介绍原始数据，而是阐释通过分析确定的数字或事实。在结果部分呈现的证据可以有多种形式，比如事实、图表、访谈记录选段，预测或反驳其他观点的数据摘要。在结果部分展示证据时，确保证据支持你的论点，以便让读者清楚地理解论证逻辑，并确保论证的条理性。若存在研究假设，在本部分要说明接受或拒绝每个假设。表格、图表和其他数据可视化形式（见附录G）可以使这一节简明有效。没必要在文本中重复图表中展示的所有内容，使用文本引导读者去查看图表或其他可视化的数据形式，不需要重复描述可以直接看到的数据。

## 数据呈现

进行社会科学研究需要做出很多有关选择、抽样和分析数据的决策。方法部分解释如何做出这些决定。文本挖掘论文的方法部分应该解释有关数据的主要决策，比如获取数据的渠道和方法（见第2章）、抽样方法（见第5章）、文本处理（见附录B）和分析。在脚注中说明与数据有关的次要信息，在附录中呈现数据样本。例如，在方法部分的正文中，应该说明在分析阶段选择或排除某些单词和短语的标准。但是，应该在脚注或尾注说明在数据中删除某些单词或短语的原因。可以制作独立的附录部分，列出分析中排除的词。可以解释基于实际情况确定的数据选择策略，比如成本和研究时间。

### 讨论

在讨论部分，应该避免重复叙述结果部分的内容，而是解释结果的意义，并呈现归纳、原则或关系。根据研究结果揭示的主题或趋势撰写每个段落，讨论发现的趋势或模式中的意外或例外情况，讨论该研究与现存研究的相同或不同之处。

### 结语

优秀的结论会重申对研究问题和研究假设的回答或基于研究结果得出的结论。应该回到论文引言的主题，并对未来研究或研究实践提出建议。在应用研究中，可以在本部分讨论研究结果的实际意义。

## 学术报告

社会科学家经常以口头学术报告的形式在会议上介绍研究成果。需要研究团队的一位成员结合微软PowerPoint、谷歌幻灯片等进行演讲。学术报告一般持续20分钟左右，不超过20张幻灯片。在课堂或会议上介绍研究成果时，应遵循下列准则：

- 使用深色背景和白色或浅色字体的幻灯片。
- 尽量减少幻灯片中的文字。幻灯片展示报告大纲，尽量避免包含完整句子。
- 每张幻灯片呈现一个主要观点。
- 图表上的图例和轴标签应该易于阅读和理解。

• 学术写作中避免使用专业术语。若必须使用，需要提供必要解释。

• 第一张幻灯片应包括演讲标题、姓名、课程名称（酌情）和大学名称。

• 第二张幻灯片用两到三个要点介绍研究概况。幻灯片的顺序应遵循论文框架。

• 在讨论数据时，呈现一些数据片段或案例（匿名），以使观众熟悉数据。

• 提前演习把控时间，可在镜子前演习或请朋友帮忙录制演习全程。

### 参考文献

大多数社会科学论文的参考文献应该遵循APA格式。但是不同学科往往选择不同格式，如ASA（美国社会学协会）、芝加哥论文格式，或MLA（现代语言协会）。

参考文献可以让读者知道作者从何处获得论证的证据，并且可以检查作者是否恰当地使用了证据。文内引用和参考文献列表应以一致的格式呈现，包括MLA、APA、ASA、芝加哥格式等。

### 附录

附录部分包括表格、图表或原始数据样本。虽然这些不是关键的数据资料，但读者可以通过它们获得与研究假设、预测或主要论点有关的证据。在附录可以详细阐释某些研究方法，并在研究方法部分指出。

## 结语

本章回顾了学术写作的基本原则，并讨论了社会科学写作的具体方法。撰写和汇报文本挖掘研究面临一些特殊挑战，一部分是因为可以使用多种形式的推论逻辑（见第4章）。文本挖掘研究的跨学科性要求作者阅读不同学科的研究文献。正如第5章结尾有关研究设计的建议，撰写和汇报研究项目时不能全靠本章内容。建议将已发表的研究作为模板。利用本书的引文和参考文献，以及学术数据库（如 Google Scholar 、Web of Science、ResearchGate 和 Academia.edu 等），找出研究方法或理论框架相似的期刊论文。最后，参考本章内容以及其他作者撰写论文的选择，撰写和汇报自己的研究成果。

## 本章要点

- 文本挖掘研究的每一步几乎都需要写作，比如记录文本特征或者撰写论文。
- 尽量保证清晰性，避免使用专业术语和不必要的词汇。
- 本科生可以在纸质或在线本科生研究期刊上发表论文。

## 网络资源

- The Social Science Writing Project
- “What Is a Social Science Essay?”
- “In Defense of Creative-Writing Classes” by Richard Hugo
- “Becoming a ‘Stylish’ Writer: Attractive Prose Will Not Make You Appear Any Less Smart” by Rachel Toor

## 本科生研究期刊

### 综合性本科生研究期刊

*American Journal of Undergraduate Research*（AJUR）是在美国发行且独立运营的研究季刊，同行评审、开放获取、无版面费并且接受多学科论文，2002年创刊。该刊可发表本科生的研究论文。

*Inquiries Journal* 可开放获取，发表全球大学生在不同学术领域的研究成果。该刊由马萨诸塞州波士顿的东北大学学生在2009年创办，没有任何官方背景，无其他资助来源，接受正规学术机构的本科生投稿。

*International Social Science Review*（ISSR）是Pi Gamma Mu国际社会科学荣誉协会的同行评审期刊。ISSR每半年出版一次，接受历史、政治学、社会学、人类学、经济学、国际关系、刑事司法、社会工作、心理学、社会哲学、教育史和地理学科的稿件。ISSR只接受Pi Gamma Mu会员的投稿。

*Journal of Integrated Social Sciences*（JISS）是在线出版的同行评审社会科学期刊，鼓励本科生和导师投稿，接受正规高校的本科生论文。

*Journal of Student Research*（JOFSR）在线出版，覆盖多学科，同行评审。

圣托马斯大学的*Journal of Student Research*（JSR）是一本国际化、多学科的在线期刊，发表商业、通信、教育、法律、科学和技术领域的论文。JSR为学生搭建了发表验证、扩展或建立研究理论的学术平台。JSR每年出版两期，分别为秋季和春季，接受所有正规大学的本科生投稿。

*Journal of Undergraduate Research*（JUR）是跨学科期刊，接受不同研究领域

的优秀学生论文。虽然大多数投稿来自明尼苏达州立大学的学生，但也接受其他学校学生的投稿。JUR每年在线出版一期。

*Journal of Undergraduate Research and Scholarly Excellence*（JUR）是在美国国会图书馆注册的同行评审本科生期刊，接受本科院校的学生投稿。

*Journal of Young Investigators*（JYI）接受生物和生物医学、物理学、数学和工程学、心理学和社会科学的本科生研究。本刊接受高校本科生的投稿。

*The Lethbridge Undergraduate Research Journal*（LURJ）是由本科生管理并为本科生服务的在线期刊。LURJ是国际期刊，接受所有本科生的论文。全年接受投稿，每年大约发行三期。

*The Midwest Journal of Undergraduate Research*（MJUR）是由学生编辑和教师咨询委员会共同负责发行的同行评审期刊。MJUR于2011年创办，发表本科生的优秀学术成果。该刊接受本科生投稿，不限学科和高校（尽管大多数稿件来自美国中西部高校）。MJUR的录用率约为25%。

*Pittsburgh Undergraduate Review*（PUR）的审稿流程与专业学术期刊一致。由本科生组成的编委会对投稿进行评估，符合标准的论文会接受两位专家的评审。PUR成立于20世纪80年代初，本科生在此可以面向学术界发表论文。该刊在1982年出版了George Stephanopoulos的作品，在2001年得到了《纽约时报》的认可，接受来自全球学术机构的投稿。

*Pursuit* 于2009年创刊，发表本科生的学术成果。该刊获得田纳西大学科研办公室和校长荣誉项目的支持。编辑和审查委员会由本科生组成，并与教师和工作人员合作，审查提交的论文。该刊接受本科院校学生的投稿。

*Reinvention* 是同行评议的在线期刊，发表本科生的研究论文。该刊不限制学科领域和学术机构，所有论文都接受严格的同行评审，首先由编辑筛选，然后由两名匿名审稿人评审。该刊由莫纳什大学和华威大学的学生和教师制作、编辑和管理，每半年出版一次。

*The Undergraduate Research Journal for the Human Sciences* 是同行评审的本科生在线期刊，每年出版一期，常年接受论文并安排审稿。不限制投稿的研究设计方法，包括实验、调查、案例研究和文献研究。研究主题可以包括但不限于跨专业研究、服务学习研究和不同学科的传统研究。该刊接受本科生投稿，不限学校。

**人类学本科生研究期刊**

*AnthroJournal* 是 *Popular Archaeology* 的姊妹刊物，为大学生或毕业生提供了发表学术论文的平台。该刊投稿免费，录用的论文作者可以免费获得 *Popular Archaeology* 期刊1年的高级订阅权限。该刊旨在为本科生提供分享人类学研究和经验的平台。编辑工作主要由本科生完成，由宾汉姆顿大学的学生在2010年秋

季创办。虽然本刊接受所有本科院校的投稿，但副主编均来自纽约州立大学。*Journal of Undergraduate Anthropology* 自2011年春季以来每年都会出版1期。

*Lambda Alpha Journal* 发表由Lambda Alpha人类学全国高校荣誉学会会员撰写的学生论文，每年由威奇托州立大学人类学系出版1期。该刊欢迎学者、业余爱好者和学生的稿件以及书评。*Lambda Alpha Journal* 接受所有Lambda Alpha成员的投稿。

*Nexus* 是加拿大安大略省汉密尔顿市麦克马斯特大学人类学系的期刊，由研究生管理部发行，为来自加拿大和全球其他高校学生的优秀人类学作品提供平台。作为在线期刊，*Nexus* 不受纸质印刷的局限，鼓励使用不适合传统印刷材料的技术和多媒体项目。例如地理信息系统、三维建模和音频/视频媒体文件。

*Student Anthropologist: Journal of the National Association of Student Anthropologists* 是美国人类学学生协会（NASA，世界上最大的人类学学生组织）的旗舰同行评议期刊。*Student Anthropologist* 发表经同行评议的一手的民族志或理论性学生研究，接受所有学术机构的本科生投稿。

### 政治学本科生研究期刊

*Pi Sigma Alpha Undergraduate Journal of Politics* 创办于2001年，欢迎高校不同专业的本科生提交与政治学有关的论文。

*Journal of Politics & Society*（由哥伦比亚大学的Helvidius集团创建），发表本科生的公共政策和法律跨学科研究。该刊是唯一的此类学术刊物，在美国境内商业发行，接受高校本科生的投稿。

### 心理学本科生研究期刊

*Journal of Interpersonal Relations, Intergroup Relations and Identity*（JIRIRI）是蒙特利尔大学创办的社会心理学期刊。JIRIRI接受全球本科生的投稿，需要进行同行评审，旨在发展世界各地的本科生在社会心理学和相关领域的原创观点。

*Journal of Psychological Inquiry*（JPI；福特海斯州立大学）主要发表本科生的心理学研究，鼓励本科生提交稿件。稿件可包括实证研究、文献综述和历史文章，可涵盖心理学相关的任何领域。

*Journal of Psychology and Behavioral Sciences*（JPBS）由菲尔莱狄更斯大学心理学和心理咨询系每年出版1期，本科生和研究生负责审稿和沟通。JPBS为本科生、研究生以及教师提供在学术期刊上发表文章的平台，但本科生必须是论文的第一作者。JPBS接受本科生提交的论文，不限制高校。

*Journal of Undergraduate Ethnic Minority Psychology*（JUEMP；阿拉巴马州立大学）是同行评审的在线期刊，发表由大学生撰写的实证研究（论文摘要以及量化和质性的论文）。JUEMP欢迎纳入少数族裔观点或涉及少数族裔群体思想和

行为的实证研究。

*Modern Psychological Studies*（MPS）是专门发表本科生论文的心理学期刊，接受心理学领域的稿件。尽管MPS主要关注实验研究，但也发表理论文章、文献综述和书评。总部设在田纳西大学查塔努加分校，不限高校。

*Psi Chi Journal of Psychological Research* 支持学科发展并传播心理学，Psi Chi是心理学的国际荣誉协会。该刊接受所有Psi Chi成员的投稿，全年都接受论文及审稿。虽然稿件仅限于实证研究，但可涉及心理科学的所有领域。该刊也欢迎复制研究。

*Yale Review of Undergraduate Research in Psychology* 是发表全球本科生在心理学领域优秀原创研究的年刊。该刊发表心理学所有领域的相关研究，包括临床、发展、认知和社会心理学。其目标是通过鼓励学生在学术生涯早期开展高质量的研究，为科学的进步做出贡献。

**社会学本科生研究期刊**

*Eleven: The Undergraduate Journal of Sociology* 出版由加州大学伯克利分校的在校和应届本科生以及来自美国、加拿大、挪威等国的本科生撰写的社会学论文。马克思《关于费尔巴哈的提纲》要求人们进行建设性的变革，基于这种精神，该刊鼓励批判性地参与世界。

*Sociological Insight* 由得克萨斯大学奥斯汀分校主办，是面向本科生的同行评审期刊。它是社会学领域历史最悠久的本科生科研期刊，服务于本科生。该刊在全世界范围内发表与社会学相关的各类主题和本科生研究。每年春季学期结束时，大约有7篇学术论文出版。每篇学术论文至少由一名教师、一名研究生和一名本科生审稿，审稿人来自美国各地。该刊也发表社会学领域的研究笔记和最新书评。第一期于2009年5月出版。

## 拓展阅读

Osmond, A. (2016). *Academic writing and grammar for students*. Thousand Oaks, CA: Sage.

Sword, H. (2012). *Stylish academic writing*. Cambridge, MA: Harvard University Press.

# 附　录

# 附录A
# 数据资源

## The American Presidency Project

该项目是有关美国总统最全面的网络数据资源集合之一，包括文档、公文、行政命令、讲话、新闻发布会、辩论、选举数据和支持率数据。该项目始于1999年，由加州大学圣巴巴拉分校的John T. Woolley和Gerhard Peters共同发起，包含116994份有关美国总统的文档。

## arXiv Bulk Data Access

这是一个不断更新的高质量开放数据集列表。

## Category:Dataset

Category:Dataset是由网友共同建设的数据库，旨在聚合与社交媒体和在线社区相关的公共数据集。

## CMU Movie Summary Corpus

该语料库提供了电影情节简介和相关元数据的数据集链接，由卡内基梅隆大学语言技术研究所和机器学习系的David Bamman、Brendan O'Connor和Noah A. Smith整理。

## Congressional and Federal Government Web Harvests

自2006年以来，美国国家档案和记录管理局在每届国会结束时收集国会网站的数据，在2004年的总统权力移交期间收集了所有联邦政府网站中的数据。

## Congressional Record

收集了美国国会议事和辩论的主要过程记录，1873年至今一直公开出版。在国会开会时每天都会发表，其文件有ASCII文本和Adobe PDF两种格式。

## Consumer Complaint Database

由美国消费者金融保护局收集，主要是关于金融产品和服务的投诉，有逗号分隔值（CSV）文件格式以及其他格式。

## Corpus of Contemporary American English

最大的开放英语语料库，也是唯一的大型平衡美国英语语料库。该语料库包含超过5.2亿字的文本，包含口语、电影、杂志、报纸和学术文本五种平衡语料。

### DocumentCloud

通过Thomson Reuters Open Calais处理用户上传的每一份文档，标注文档中的人物、地点、公司、事实和事件。

### EBSCO Newspaper Source

该数据库包含400多份美国、国际和地区的报纸全文，还包含主要的电视和广播新闻文本。

### GloWbE: Corpus of Global Web-Based English

由杨百翰大学的Mark Davies创建，包含20个英语国家180万个网页的19亿词汇。该语料库于2013年发布，可以与其他大型语料库配合使用，包括5.2亿字的美国当代英语语料库（COCA）和4亿字的美国英语历时语料库。这三个语料库结合在一起，研究者就能从方言、体裁和时间三个层面研究英语的变化。GloWbE中的数据有三种格式，包括用于关系数据库的表格、单词/词元词性以及文本。

### HathiTrust

HathiTrust由美国的重要研究机构和图书馆共同发起，致力于保存和访问文化资源。文本包括非谷歌数字库和谷歌数字库，前者免费使用，后者基于谷歌协议使用。在每个库中，文档有两种区分：只能在美国使用或全球通用。

截至2015年3月，非谷歌数字库包括约55万种文档，主要是1923年以前出版的英语作品。截至2015年3月，谷歌数字库包括约480万种文档，包含不同的语言、主题和日期。

### Internet Archive

1996年在旧金山创建的非营利性组织，旨在建立一个互联网图书馆，为研究者、历史学家、学者、残疾人和普通公众提供永久访问以数字格式存储的历史资料的渠道，包含数百万的免费书籍、电影、软件和音乐。

### JSTOR for Research

该数字图书馆包括学术期刊、书籍和一手资料。为研究者提供的免费服务旨在帮助他们从不同的视角分析JSTOR上的内容。

### LexisNexis Academic

LexisNexis集团提供计算机辅助法律研究，以及商业研究和风险管理服务，其中新闻数据库包括来自10000多个来源的新闻。

### Observatory on Social Media

该数据库又称Truthy，是一个非正式俗称，与印第安纳大学信息学和计算机学院复杂网络和系统研究中心的一个研究项目有关。旨在研究信息如何在社交媒体上传播，如Twitter。涵盖了新闻、政治、社会运动、科学成果和社交媒体的流行话题。研究者开发了计算机理论模型，通过分析公共数据对其进行验证。这些数据主要来自Twitter的流媒体应用程序编程接口（API）。通过公共API获取社交媒体帖子，无需人工干预或判断，对其进行可视化并分析模因的传播。该项目旨在帮助研究者了解社交媒体的滥用情况，推动减轻对社交媒体的误用和滥用。

### OpenLibrary

这是一个开放可编辑的图书目录，旨在为人类出版的每本书建立网页。

### Public.Resource.Org

Public.Resource.Org包含从政府网站和其他来源收集的可批量下载内容。

### PubMed

包含超过2500万条生物医学领域的文献，其中一些文献可全文阅读。

### Robots Reading Vogue

该语料库基于耶鲁大学的ProQuest *Vogue*杂志建立。*Vogue*是一本美国的生活杂志，已经连续出版了一个多世纪。该语料库包含超过2700个封面、400000页文本以及6TB数据。

### Text Creation Partnership

旨在为早期印刷书籍创建标准化和准确的XML/SGML编码电子文本，转写并标注了ProQuest的Early English Books Online、Gale Cengage的Eighteenth Century Collections Online和Readex的Evans Early American Imprints中的书籍页面图像，形成的文本文件由全世界150多个图书馆共同出资和存档。

### the @unitedstates project

美国的共享数据和工具等公共资源，由阳光基金会、GovTrack.us、《纽约时报》和电子前沿基金会的成员维护。

### University of Oxford Text Archive

牛津大学文本档案馆开发、收集、编制和保存，用于研究、教学和学习的电子文学和语言学资源。牛津大学文本档案馆还为这些资源的创建和使用提供建议，并参与了电子语言资源的标准和基础设施开发。

## Yahoo Webscope Program

该数据集包含趣味和科学书目，供学者和其他科学家非商业性使用。

# 附录B 文本处理和清洗软件

文本数据的格式有时不适合进行社会科学研究，需要进行数据清洗，删除非词汇成分，如URL、广告和重复文本（如电子邮件链接中的文字）。在一些文本挖掘项目中，需要去除停用词（见第8章），如and和the。虽然没有标准的英语停用词列表，但在互联网上可以搜索到几个样本。

有几种工具和方法可用于文本清洗，包括文字处理程序和电子表格中的查找和替换功能、正则表达式（regexes）和软件。

## 查找和替换

文本清洗的最基本工具是文字处理程序中的查找和替换命令，如Microsoft Word和Google Docs。若要有效使用“查找和替换”，必须熟悉数据，留意文本中的结构和重复内容。在执行“全部替换”之前，先从逐个替换开始，确保不会替换重要内容。针对不会重复的部分展开数据清洗，并学会利用现有数据结构提高效率。

## 正则表达式

若文本中的格式无法用精确的字符匹配，可以使用正则表达式，即“regexes”。Microsoft Word、Google Docs和Google Sheets都有正则表达式功能，在处理大型文件时可以节省大量时间。

在Microsoft Word中，查找和替换可以使用通配符，即可以代表一个或多个字符的键盘字符。例如，星号（*）通常代表一个或多个字符，而问号（?）通常代表一个字符。正则表达式是文字和通配符的组合，用来查找和替换文本的结构。文本字符表示目标文本字符串中必须存在的文本，通配符字符表示目标字符串中可以变化的文本。

在Google文档中，REGEXREPLACE命令允许使用正则表达式将文本字符串的一部分替换成不同的文本字符串。谷歌表格可以使用REGEXMATCH。谷歌文档官网可以查询谷歌的正则表达式使用规则。

正则表达式需要记忆和练习，若需要清理大型文本和文件集，其功能非常强大，且成本低廉。

## 软件

查找和替换以及正则表达式可以进行数据清洗，也有许多软件包可以用来清理、组织和管理文本。

### Adobe Acrobat

完整版的Adobe Acrobat（不是Adobe Reader）允许将PDF文件快速转换为纯文本，并进行高质量的光学字符识别（OCR）。若在处理存在格式问题的文本时遇到困难，可以考虑使用Acrobat。

### BBEdit

BBEdit是Mac上的专业HTML和文本编辑器，为网络作者和软件开发者设计。其功能包括正则表达式模式匹配、搜索和替换多个文件、项目定义工具、函数导航和不同源代码语言的语法着色、代码折叠、FTP和SFTP打开和保存、AppleScript、Mac OS X Unix脚本支持、文本和代码完成，以及一整套HTML标记工具。

### OpenRefine

一个免费的开源工具（前身为Google Refine），用于清理数据并进行格式转换。

### TextCleanr

一款简单易用的网络工具，用于在应用程序之间复制和粘贴文本时进行修正和清理。能够删除电子邮件缩进、查找和替换，并清理间距和换行。

### TextPipe

用于文本处理的软件，能够快速写出剥离HTML标签的指令或其他类似的格式化任务。

### TextSoap

TextSoap能自动删除不需要的字符，并能清除混乱的回车符号，拥有100多个内置清洁器，并支持正则表达式。

### Trifacta Wrangler

Trifacta Wrangler最初名为Data Wrangler，是一个文本清理和格式化工具，可以根据选定的内容自动查找数据中的结构，甚至可以推荐处理方法。会随着不断学习，持续改进推荐系统。

### UltraEdit

UltraEdit是基于Windows的工具，可以加载和处理大型文本文件。

# 附录C
# 文本分析软件

有些学生喜欢使用商业或免费软件，而不是Python或R等编程语言，本附录介绍社会科学研究中可以使用的文本挖掘和文本分析软件，包括Leximancer、Linguistic Inquiry and Word Count（LIWC）、RapidMiner、TextAnalyst和WordStat。

## Leximancer

由澳大利亚昆士兰大学开发，包括概念映射和情感分析软件。该软件以文本块为分析单位，基于贝叶斯定理，学习上传的数据集并反复阅读。概念映射功能可以创建由大约一段文本定义的概念网络。情感分析功能将概念的频率和共现与内置的情感词库（正面与负面）进行映射。

健康研究学者Bell、Campbell和Goldberg（2015）用它对护士职业身份进行福柯话语分析，心理学家Colley和Neal（2012）用它研究组织安全。

## LIWC词典和词频统计

基于James Pennebaker的心理学研究开发的文本分析程序，根据心理学中的概念分类统计文本字数。已用于许多有关注意力、情绪化、社会关系、思维方式和人格差异的研究（见Tausczik & Pennebaker，2010），也用于计算机科学研究（例如，Danescu-Niculescu-Mizil，Lee，Pang，& Kleinberg，2012）。

## RapidMiner

用于数据挖掘的开源系统，可作为数据分析的独立应用和数据挖掘引擎。用于商业用途以及研究和教育，支持数据挖掘全过程，包括数据准备、验证和结果可视化。

## TextAnalyst

TextAnalyst映射出文本或文本集中具体术语之间的语义关系，突显文本中的主题结构。根据术语与整个文本的总体相关性以及对其关系进行量化，通过应用语言规则和接近人类认知的“人工神经网络”程序，生成文本文件中关联主题的语义网络。已经应用在社会学家Adams（2009）、Roscigno（Adams & Roscigno 2005）和Ignatow（2009）的研究中。

## WordStat

WordStat与QDA Miner（见附录D）搭配使用，用于关键词识别、关键词检索、构建词典、机器学习和可视化功能。

## 研究聚焦

### 使用TextAnalyst研究集体认同

Adams, J. (2009). Bodies of change: A comparative analysis of media representations of body modification practices. *Sociological Perspectives*, 52(1), 103-129.

社会学家Adams使用TextAnalyst分析了72篇报纸文章，研究了主流媒体如何报道整容手术、纹身和穿孔。发现报纸将整容手术和纹身正面描述为消费者选择的生活方式，而将穿孔消极地描述为不健康和有问题的做法。与整容手术和纹身有关的风险得到淡化，纹身与非主流的联系也得到淡化，但过分强调人体穿孔的潜在风险。性别也是常用的新闻框架手段，一般用来强调正统的外表规范。

Adams, J., & Roscigno, V. (2005). White supremacists, oppositional culture and the world wide web. *Social Forces*, 84(2), 759-778.

Adams和社会学家Roscigno在2005年使用TextAnalyst调查了白人至上主义组织如何使用互联网。具体来说，调查了这些组织如何招募成员、建构集体身份和组织活动。作者使用TextAnalyst构建了主要的白人至上主义网站中主题内容的语义网络图（见附录G的概念图），并划定了与社会运动文化中三个方面有关的结构和主题关联：身份、因果解释框架以及政治效果。发现民族主义、宗教和负责任公民身份的定义与种族交织在一起，为团体成员和潜在的新成员创造了集体认同感。这些团体使用该解释框架发现威胁性的社会问题并提供相应的社会行动建议。论文也讨论了互联网如何成为白人至上主义团体的活动手段之一。

# 附录D
# 质性数据分析软件

叙事分析（见第10章）、主题分析（见第11章），隐喻分析（见第12章），以及其他形式的质性和混合方法的文本分析可以不需要专业软件（超越文字处理程序和电子表格）。但专业软件可以帮助扩大文本分析研究的范围，提升方法的复杂性和严谨性。用于文本分析的主流软件是计算机辅助质性数据分析软件（CAQDAS，或简称质性数据分析软件[QDAS]）。QDAS软件包是组织管理文本集的工具，以便能够更有效地进行质性分析，尽管一些QDAS软件包括统计分析和数据可视化模块，广泛用于心理学、社会学和市场营销研究，通常包括内容搜索、编码或文本标注、连接文本、查询、写作和注释以及结果可视化、网络或词云（见附录G）。

自20世纪80年代以来就出现了各类QDAS工具，用于辅助内容分析、话语分析、基础理论分析和混合方法研究。QDAS的第一个版本NUD*IST发布于1981年，ATLAS和WinMAX发布于1989年。这些软件后来不断进化：WinMAX成为MAXQDA，ATLAS成为ATLAS.ti，NUD*IST成为NVivo.

QDAS软件帮助研究者执行几个相互关联的功能。首先，允许研究者编码和检索文本样本。还允许使用编码后的文本从以下层面建立理论模型，包括社会、心理、认知和文本产生的语言过程。其操作界面可以轻松实现文本检索，以及管理和探索大型文本集。除了这些核心功能，许多软件可以对编码的文本单元之间的相互关系进行可视化和统计分析。

QDAS的一个核心功能是能够设置规则，进行文本编码。QDAS软件包拥有多种文本编码技术，具有编码和检索功能，比如一级编码，属于归纳法，旨在从文本本身选取词汇或短语作为编码或标签（King，2008）。其他形式的编码如下：自由编码，为任意的数据序列分配代码；语境编码，用户通过编码文本可以快速浏览并查看上下文中的编码文本；自动编码，为搜索结果自动分配编码；甚至还有基于人工智能的软件编码，软件基于自动文本分析进行编码。

QDAS软件包具有许多不同类型的文本搜索工具，比如说简单搜索；使用布尔运算符AND、OR和NOT的布尔搜索；允许使用某些字符占位符的占位符搜索；允许检索两个或多个文本字符串和/或代码组合的邻近搜索。模糊搜索，或称"近似搜索"，是NVivo独有的功能。允许在检索文本数据时忽略数据中存在的错误。组合搜索是指上述搜索类型的组合。

除了编码和搜索文本外，QDAS软件包还有不同工具，用于注释（如书写备忘录和存储）和生成不同格式的输出，包括可视化理论模型的变量图以及词云。大多数软件允许导出代码和词频数据，以便使用合适的统计软件包（如SPSS或

STATA）进行统计分析，或者本身具有分析词频、交叉表、聚类和词共现矩阵的统计工具。

一般情况下用户倾向于使用最熟悉或可用的软件，但花时间比较各种软件工具的优缺点是值得的。一些软件包的学习曲线非常陡峭，所需时间投入很大，选择最适合的工具很重要。

不同类型的研究项目需要具有不同功能的QDAS软件包。一些质性数据分析软件包操作界面易上手，一些软件包的项目管理和数据组织功能强大，还有一些软件包适合用来探索数据以及进行数据交互。

虽然QDAS软件在一些学科中很受欢迎并被广泛使用，但在质性分析中使用软件一直备受争论。Coffey、Holbrook、和Atkinson（1996），Macmillan（2005），以及Goble、Austin、Larsen、Kreitzer和Brintnell（2012）批评了QDAS软件（见拓展阅读）。

拉夫堡大学的QDAS网站有一些有用的指南用于匹配软件与研究项目。推荐MaxQDA或QDA Miner用于混合研究；NVivo和ATLAS.ti用于话语分析（见第1章）；ATLAS.ti、HyperRESEARCH或Qualrus用于虚拟民族志（见第1章）。当然，很有必要阅读软件官网以了解最新功能，因为商业和开源软件经常发布新版本。

## 商业软件

### ATLAS.ti

最早也是最成熟的QDAS工具之一，可以将编码后的数据导出，用SPSS等统计软件进行分析。

### Dedoose

Dedoose是基于网络的质性和混合方法研究软件，建立在其前身EthnoNotes之上，专门为支持分散在不同地点的研究团队同时分析大量混合数据而设计。

### f4analyse:

来自德国的入门级且性价比高的QDAS工具，上手容易。

### HyperRESEARCH

HyperRESEARCH是一款用于Mac OS的QDAS软件，具有先进的多媒体功能。

### Kwalitan

一款荷兰的软件，旨在开展扎根理论研究，可以进行分层编码，并通过布尔搜索进行数据导航。

### MAXQDA

MAXQDA是一个复杂的软件包，有统计和可视化等附加功能。

### NVivo

NVivo具有相对复杂的数据组织功能，允许用户以各种方式整合文本数据。

### QDA Miner

一款复杂的QDAS工具，与SimStat（统计分析模块）和WordStat（量化内容分析和文本挖掘模块）集成。

### Qualrus

Qualrus是一款“便携式”QDAS工具，可以在多个平台上使用（Mac、Windows）。

### Quirkos

Quirkos来自爱丁堡大学，易于使用且价格实惠。

### RQDA

虽然大多数商业QDAS软件包都有免费试用版，但完整版价格高昂，特别是对于没有机构注册码的个人用户来说。因此，也可能需要一些满足研究需求的免费和开源QDAS工具。编程语言R中的RQDA软件包可能是功能最强大的免费QDAS软件包之一，将文本编码与R的统计能力相结合，允许用户进行词云分析（见附录G）、为复杂的交叉编码检索创建查询、编制自动编码命令、绘制编码关系以及将数据导出为电子表格。RQDA的用户界面非常直观。

## 免费和开源的质性数据分析软件

有几十种免费开源的QDAS/CAQDAS软件，包括QDA Miner Lite，是QDA Miner的免费版本，功能有限，适用于PC和Mac，如Open Code（仅限PC）、Saturate（云端）和Coding Analysis Toolkit（CAT；云端）。上述软件有一些功能较为复杂：文本分析标注系统（Text Analysis Toolkit System，TAMS）和RQDA允许进行归纳和演绎编码以及编码备忘，支持分层或结构化编码，提供基本的编码统计，并进行文本和编码检索。对于快速和简单编码，Open Code和Saturate很容易上手，但只能给每个预设文本单元分配一个编码。Saturate特别适合由多个成员共同编码。

### AQUAD

Aquad是德国的开源QDAS软件包，具有布尔搜索等一些复杂功能。

### Cassandre

Cassandre是比利时的免费QDAS软件包，适用于Windows、Mac和Linux。

大部分帮助文档为法语。

### Coding Analysis Toolkit

编码分析工具包（CAT）是匹兹堡大学的免费网络工具，主要使用按键而非鼠标进行编码，可以导入ATLAS.ti项目进行量化分析，自身也有一套编码机制。

### CATMA

CATMA是汉堡大学主要为人文科学研究者开发的Windows、Mac OS和Linux软件。

### Compendium

Compendium是英国开放大学开发的通用共享和协作工具。

### FreeQDA

FreeQDA是开源的QDAS工具。

### libreQDA

一款在乌拉圭开发的免费西班牙语QDAS软件。

### Open Code

Open Code可在瑞典于默奥大学免费下载，最初为扎根理论开发，但现在是通用的质性数据分析软件。

### QDA Miner Lite

QDA Miner Lite是QDA Miner的简化版，具有基本的QDAS功能。

### RQDA

RQDA是R语言的一个包，可以进行质性和量化分析。

### Saturate

Saturate是英国哈德菲尔德大学开发的在线QDAS工具。

### Text Analysis Markup System

TAMS是一个开源的QDAS工具。

### Text Analysis Markup System Analyzer

TAMS分析器与TAMS搭配使用，使用户能够为文本段落合理地分配代码。

## QDAS建议

- 不同的软件适合不同类型的研究，在选择软件时不要急于求成。
- 考虑所选软件是否能够以研究后期需要的格式输出代码，例如，用于统计分析或可视化。

## 网络资源

CAQDAS Networking Project

Loughborough University's CAQDAS Site

## 拓展阅读

Coffey, A., Holbrook, B., & Atkinson, P. (1996). Qualitative data analysis: Technologies and representations. *Sociological Research Online, 1*(1).

Goble, E., Austin, W., Larsen, D., Kreitzer, L. E., & Brintnell, S. (2012). Habits of mind and the split-mind effect: When computer-assisted qualitative data analysis software is used in phenomenological research. *Forum: Qualitative Social Research*, 13(2).

Macmillan, K. (2005). More than just coding? Evaluating CAQDAS in a discourse analysis of news texts. *Forum: Qualitative Social Research, 6*(3).

# 附录E
# 观点挖掘软件

观点挖掘（情感分析）可以在Python或在其他编程环境中进行，但也有许多观点挖掘软件。虽然这些软件主要用于商业情报收集，但也有一些可用于社会科学研究。

## Lexicoder

Lexicoder是一个基于Java的多平台软件，用于文本内容自动分析，免费供学术研究使用；内置了情感字典，旨在捕捉政治文本中的情感。

## OpinionFinder

OpinionFinder是一个处理文本并自动识别主观句子以及句子主观性的系统，包括意见来源主体、直接主观表达和言语活动以及情感表达。由匹兹堡大学、康奈尔大学和犹他大学的研究者合作开发。

## RapidMiner Sentiment Analysis

RapidMiner是用于网络数据爬取和挖掘的分析平台（见附录C），为机器学习、数据挖掘、文本挖掘、预测分析和商业分析提供了综合环境。

## SAS Sentiment Analysis Studio

SAS在商业领域广泛使用，但由于其成本较高，在社会科学领域使用相对较少。

# 附录F
# 索引和关键词频软件

正如第1章所述，索引因实际需要而出现，圣经学者需要按照字母顺序排列并引用圣经中的单词和段落。语言学家在20世纪50年代开始使用计算机创建索引，而文学学者以及图书馆和信息科学家在20世纪70年代开始使用计算机生成的索引分析上下文中的关键词（KWIC）。语料库语言学一词直到20世纪80年代初才开始普遍使用，社会科学家直到20世纪90年代才开始使用语料库语言学软件，以Fairclough等批评话语分析（CDA）研究者（见第1章）为代表。

## Adelaide Text Analysis Tool

AdTAT是一个跨平台软件，可以进行基本的单词和短语搜索及其相关单词和短语搜索，生成搜索词前后词语的频率列表，打印和保存结果，并可以协助构建语料库。

## AntConc

AntConc是一个免费的语料库分析工具，用于生成索引和文本分析。可以在多个平台上使用，包括索引器、词表和关键词频率生成器、词群分析工具以及词分布图。AntConc还可以进行简单的通配符搜索或正则表达式搜索（见附录B），用户界面易于操作。

## Simple Concordance Program

Simple Concordance Program是适用于Windows和Mac的免费索引和词表生成软件，可以创建词表并搜索自然语言文本中的单词、短语和结构。能够阅读英语、法语、德语、波兰语、希腊语、俄语等文本。2014年，社会学家Leondar-Wright在关于社会运动和社会阶级的书中，使用Simple Concordance Program分析了阶级话语差异。

## TextSTAT

TextSTAT操作简单，可以直接从互联网上读取文本文件和HTML文件，并从这些文件中生成词频列表和索引。允许使用正则表达式（见附录B），并能处理不同语言和文件编码。传播学研究者Hellsten、Dawson和Leydesdorff在2010年使用TextSTAT进行了社会科学研究，使用语义图（见附录G）分析了1980年至2006年间《纽约时报》上有关人造甜味剂的报纸辩论。

## Wmatrix

Wmatrix是基于网络的软件包，具有语料库标注工具和标准的语料库语言学方法，如词频列表和索引。

## WordSmith

WordSmith是一款流行的Windows软件，可以分析上下文中的关键词（KWIC）、词共现以及建立词典。1996年由Lexical Analysis Software和牛津大学出版社出版，Fairclough（2006）等批评话语分析（见第1章）研究者已经在研究中使用。媒体研究者也在使用（如Ensslin & Johnson，2006）。

# 附录G 可视化软件

在社会科学研究中，对文本中的用词模式和主题进行可视化的软件越来越受欢迎。本附录介绍可以与质性数据分析软件（QDAS）（见附录D）搭配使用的可视化工具以及与其他软件结合的可视化工具。

虽然可视化领域发展迅速，不断出现文本模式可视化的新软件，但这些工具都有一些局限。大多数可视化方法最终会将质性数据转化为可量化的片段，这种分析方法可能与质性研究方法的目标背道而驰（见Biernacki，2014）。若使用不当，可视化可能会削弱分析的意义和效果。

文本视觉转化可能会导致丧失情感基调和意义的细微差别，也可能会造成分析结果依然存在模糊和矛盾的印象，虽然可能比分析前相对好一些。因此，除了可视化，应该考虑在分析中纳入文本摘录或论述，并将发现传达给读者。

有许多软件可以直观地表示文本中的词语和主题（见Henderson & Segal，2013），包括对应分析（LeRoux & Rouanet，2010）、路径和网络图（Durland & Fredericks，2005）、决策树（Ryan & Bernard，2010）以及情感分析的可视化工具（Gregory et al.，2006）。本附录介绍几个容易获取的文本挖掘和文本分析的可视化工具，包括词云、词树和短语网，以及矩阵和地图。

## Word Clouds

词云可以进行一个或多个文本中词频的可视化展示。一个词出现的频率越高，在词云中就显示得越大（Viégas & Wattenberg，2008）。直到最近，主流在线应用程序，如Wordle或TagCrowd才可以在词云或标签云中直观地展示词云，而且词云工具已经添加到许多QDAS软件中，包括NVivo、ATLAS.ti、Dedoose和MAXQDA（见附录D）。尽管词云可以展示强大的视觉效果，但一些学者也提出了担忧。其中一个问题是，词云完全依赖词频，不能为读者提供上下文以了解文本中的词语使用（Harris，2011）。词云无法区分正面或负面词汇，而且在视觉上会产生误导，因为较长的词会占据更多空间（Viégas & Wattenberg，2008，p. 51）。虽然如此，若合理使用并承认其局限性，词云的易用性可以使其成为社会科学家的实用工具。尽管对复杂的分析不是很有用，但在研究的早期阶段，可以用来识别文本中的关键词或对比多个语料库或文本（Weisgerber & Butler，2009）。例如，可以同时生成两个或更多词云，对比不同语料库或文本的用词（例如，Uprichard，2012）。parallel tag clouds（Collins，Viégas，& Wattenberg，2009）和SparkClouds（Lee，Riche，Karlson，& Carpendale，2010）等是最新的高级词云可视化软件，用户可以比较多个词云。最后，与书面分析和解释结合时，词云可以面向非专业人士说明观点或主题。

## Word Trees and Phrase Nets

Word Trees and Phrase Nets是用句子和短语（词云采用单词）来对文本进行可视化的两个主要软件。最初都是IBM的Many Eyes的子项目，但现在可以在NVivo和其他QDAS软件中使用。Word Trees软件能够展示词语如何在句子或短语中使用，并通过分支系统直观地展示一个或多个词与语料库中其他词的联系（Viégas & Wattenberg，2008）。分支系统允许研究者将树枝延伸到某个单词之前或之后，展示单词的语境，改进了词云。例如，Henderson和Segal（2013）研究了一所研究型大学和当地社区组织之间的关系，发现这两个群体对研究的理解和目标有所不同。基于研究文本生成词汇树，展示所有包含research一词的句子，以便更好地了解该词如何使用及其使用的变化。短语网与单词树类似，区别在于关注单词对的关系，而不是整个句子（见van Ham，Wattenberg，& Viégas，2009）。

尽管句子可视化工具比单字分析展示了更多上下文信息，但适合用于探索性的数据分析（Weisgerber & Butler，2009），而非复杂的分析或假设验证。通过关注句中的关键词，单词树和短语图使社会科学家能够快速识别语料库中的用词模式，以及单词在文本或文本之间是否存在不同的使用方式。

## Matrices and Maps

矩阵和地图是可视化文本主题（而不是单词或句子）的软件。由于识别主题至少需要初步分析文本（见第11章），因此主题可视化在研究的分析和报告阶段比在探索阶段更有价值。因为研究者可以对主题进行排序，或者将其归入无序类别，在主题层面上对语料库进行可视化，比在词或句子层面上的可视化有更多选择和维度。

矩阵是按行或列排列的一组数字。在文本分析中，矩阵是指“两个或多个维度的交叉……分析其如何相互作用”（Miles & Huberman 1994，p. 239）。矩阵有助于组织文本数据、可视化数据类别之间的关系、分析类别与理论概念的关系以及寻找连接数据类别的命题。与聚类热图（Wilkinson & Friendly，2009）或类型聚类图（Dohan，Abramson，& Miller，2012）类似，矩阵的优势在于展示了语料库内的主题模式，并允许比较不同语料库。正如QDAS软件增加了词云功能，大多数质性软件都可以根据主题频率创建矩阵，并链接到相应的文本。然而，由于矩阵并不包含主题背后的故事或背景，在创建矩阵或其他可视化图形时，研究者应将各个方框与辅助读者理解主题的引文联系起来。矩阵、思维导图和概念图（Trochim，1989；Wheeldon & Ahlberg，2012）侧重主题之间的联系和关系。在思维导图和概念图中，箭头表示影响的方向，若有足够信息，可以用粗细程度表示联系的紧密程度。使用标准或专业软件，如ATLAS. ti、

MAXQDA 和 NVivo，可以轻松创建可视化图形，用于数据分析和报告。例如，Trochim、Cook 和 Setze（1994）使用概念图开发了一个概念框架，诠释一家精神病康复机构的 14 名工作人员对帮扶严重精神疾病患者就业的看法。Wheeldon 和 Faubert（2009）在对四个加拿大人的看法进行探索性研究时，展示了概念图如何用于数据收集。

## 网络资源

The Collaboration Site of Viégas and Wattenberg

“Visualizing the Future of Interaction Studies”

The Word Tree, an Interactive Visual Concordance

Wordle

TagCrowd

# 附录H 统计工具

传统的统计分析针对以表格（电子表格）形式组织的数据。在电子表格中，数据按照表格排列，行代表记录，列代表变量，即记录的特征。文本挖掘数据包含两种类型的变量：（1）量化或数值变量，如词频；（2）名义或分类变量，如不同的词或短语的编码。

STATA、SPSS、SAS和R等统计软件经常用来分析文本挖掘研究中以表格形式存储的数据。在社会科学统计学课程中，有几种统计方法和处理通常会在文本挖掘和文本分析中使用，包括信度系数、方差分析（ANOVA）、卡方检验和多元回归（见Field，2013；Field & Miles，2012）。

## 信度系数

在统计学中，评分者信度（或评分者一致性）是指评分者评分的一致程度，可以确定量表是否适用于测量变量。如果多个评分者不一致，可能是量表有缺陷，也可能需要重新培训评分者。

有许多统计方法可以用来评估评分者信度，不同的统计方法适合不同的测量类型。可以选择一致性的联合概率、Cohen's kappa、Fleiss's kappa、评分者相关系数、一致性相关系数和类内相关系数等。但对于隐喻分析、叙述分析和主题分析等文本分析和内容分析法，使用最多的是传播学家和统计学家Krippendorff（2013，pp. 221-250）的阿尔法系数。Krippendorff的优势在于可以处理缺失观测值，不要求每个观测都有相同数量的评分者。阿尔法值可以采用SPSS和SAS等软件计算（Hayes & Krippendorff，2007），也可以在统计软件包R中用interrater reliability包中的kripp.alpha（）函数计算。

一项有关NCAA（全美大学体育协会）新闻中的男女体育报道使用了信度系数。2004年，体育学研究者Cunningham、Sagas、Satore、Amsden和Schellhase（2004）让两名编码员对杂志样本中的5745个段落分别进行编码，标注性别和该段落在杂志中和内容中的位置。在正式编码之前，已经用之前的几期杂志进行了三次预编码。预编码能使研究小组确定每个类别的定义，提高编码过程中的一致性。研究小组从文章中随机选择了一些编码的段落进行阅读，确保编码与每段的信息一致。研究者使用Cohen's kappa估计信度，发现对段落的性别（$\kappa = .912$，$p < .001$）、内容（$\kappa = .912$，$p < .001$）进行编码的信度很高。皮尔逊乘积矩相关系数得出的长度系数（$r = .995$）也证明信度很高。当编码出现分歧时，研究者可以开会讨论直到达成一致。

## 方差分析

由统计学家和进化生物学家Fisher开发的方差分析是用于分析组间差异的统计模型集合。最简单的方差分析计算几个组的平均值是否相等。方差分析在比较三个或更多组或变量的平均值时很有用。

方差分析模型有两种主要类型：（1）固定效应模型；（2）随机效应模型。固定效应方差分析模型适用于实验者对实验对象进行一个或多个处理，观察因变量值是否发生变化。若从较大群体中抽样研究的各种因素水平，就会使用随机效应模型。

下面分析Cunningham等（2004）在研究中为什么以及如何使用方差分析来比较不同小组，因为该研究旨在分析文本集（各期杂志）中对男女运动队的报道内容是否平均分布。随机效应模型适合该研究，Cunningham等（2004年）使用方差分析比较男子运动队和女子运动队新闻报道的平均段落长度。没有发现两者有明显差异（男队的M=2.25，SD=2.17；女队的M=2.25，SD=2.42），F（1，4063）=.01，p=. 94，其中M和SD分别是每组的平均数和标准差，F值代表方差分析中组间方差（本例中男子运动队与女子运动队）与组内方差之间的差异。与t检验不同的是，方差分析可用于计算大于两组之间的差异。在该研究中，p值为0.94，表明F值对比较组没有统计学意义。除了比较段落长度外，该研究还用方差分析比较了杂志中男女运动员的新闻照片尺寸（另见Hirschman，1987）。

## 卡方检验

方差分析用来比较两个或更多组的平均值，卡方检验用来比较可能大小不同的文本或文本集的词频。卡方检验是由数学家和生物统计学家Pearson提出的良好性检验方法，根据观察到的（实际）频率$O_i$、预期（平均）频率$E_i$和语料库i中的总频率$N_i$来计算。卡方检验的零假设是，两个语料库中的词频没有差异。即使没有拒绝零假设，也不能判定确实没有差异。卡方检验通常在2×2表格上计算，比较两个语料库之间的词或其他变量的频率。

回到Cunningham等（2004）对NCAA新闻的研究，分析如何使用卡方检验。为什么Cunningham等（2004）在方差分析之外还进行了卡方检验？首先，用卡方检验来确定1999年至2001年有关女子运动队的报道量没有变化，$\chi^2$（1）=3.65，p=0.06，其中p值超过0.05，说明女子运动和男子运动的报道比例没有变化，具有统计学上的显著意义。方差分析可以对不同性别或不同时间的平均值进行比较，卡方检验则可以对两个时期的男女报道比例进行比较。这些比例可以被视为一个2×2表格，性别是一个轴，时间是另一个轴。除了对男性运动与女性运动队的报道进行历时比较，Cunningham等（2004）还从报道是否包含与田径有关的信息方面进行了比较。结果表明，关注女子和女子运动队的段落与关注男子和男子团队的段落（69.3%）中在包含体育相关信息方面没有明显差异

(70.4%), $\chi^2$(1) = .57, p = .45。该研究还用卡方检验比较历年报道照片中女性的比例(见Ignatow, 2003, p. 12, 也采用卡方检验比较词频比例)。

## 回归分析

在社会科学中,多元回归分析广泛用于分离一个或多个因素(自变量)对某些结果(一个或多个因变量)的影响。基于矢量微积分的多元回归是社会科学领域所有统计软件的基本功能(见Field, 2013)。在文本挖掘和文本分析应用中,回归分析就像方差分析和卡方检验一样,是在数据编码和单变量统计(词频和各组平均数)之后使用。若研究问题涉及一些因素(如说话人的年龄、性别或朋友数量)对一个结果(如频率或情感分数)有独立的积极或消极影响,就可以使用回归分析(见第14章和附录E)。

第12章介绍了管理学家Gibson和Zellmer-Bruhn的研究,其中就使用了多元回归分析。Gibson和Zellmer-Bruhn(2001)分析了四个国家的隐喻使用和员工态度之间的关系。用理论框架解释了不同国家和组织文化中团队概念的差异。在对四个不同地区的六家跨国公司的访谈中,采用质性数据分析软件QSR NUD*IST和TACT(见附录D),分析团队成员使用了五种不同的团队隐喻及其频率。在假设检验方面,Gibson和Zellmer-Bruhn(2001)使用了多项式logit回归模型(p. 293),其中因变量是五种团队隐喻,模型中的自变量是代表国家的三个虚拟变量(二进制变量,编码为1[真]或0[假])和代表组织的五个虚拟变量。模型中包括性别、团队职能和访谈的总字数这三个控制变量(与研究问题无关的自变量)。多重回归分析能够控制(保持不变)性别、团队职能和采访中的总字数。发现了显著的交互影响,表明在排除其他因素后,团队合作隐喻在不同的国家和组织中存在差异(详见Gibson & Zellmer-Bruhn, 2001, pp. 293-296)。

# 附录I
# 网络资源

## 文本挖掘网站

### The DiRT Directory

The DiRT Directory（数字研究工具）是供学术界使用的数字研究工具汇总网站，旨在使数字研究学者能够找到并比较研究工具，包括内容管理系统、光学字符识别软件、统计分析软件和可视化软件。

### Loughborough University's CAQDAS Site

此网站比较了不同的计算机辅助质性数据分析软件（CAQDAS）（见附录D）。按产品功能而非软件进行归类排序。

### The National Centre for Text Mining

The National Centre for Text Mining（NaCTeM）是世界上第一个政府资助的文本挖掘中心。由曼彻斯特大学运营，链接到NaCTeM的文本挖掘服务、软件工具、研讨会、日常活动、会议、工作坊、教程、演示和出版物。

### The QDAS Networking Project

由萨里大学运营，在使用质性数据分析软件方面提供支持、培训和信息。其特色在于为使用这些软件背后的方法论和认识论提供讨论平台。

### Text Analysis Portal for Research

Text Analysis Portal for Research（TAPoR）推荐了可用于文本挖掘和文本分析的工具。该项目由Rockwell、Sinclair、Uszkalo和Radzikowska运营，设在阿尔伯塔大学。以软件评论和推荐为特色，并链接到论文、文章和其他有关软件的信息。

## 社会科学研究伦理网站

Ethical Decision-Making and Internet Research: Recommendations From the AoIR Ethics Working Committee

The American Psychological Association Report Psychological Research Online: Opportunities and Challenges

The British Psychological Society's Ethics Guidelines for Internet-Mediated Research

The Davis-Madsen Ethics Scenarios From the Academy of Management Blog Post

"Ethics in Research Scenarios: What Would YOU Do?"

The Ethicist Blog From the Academy of Management

The Office of Research Integrity, U.S. Department of Health and Human Services

## 社会科学写作网站

The Social Science Writing Project

"What Is a Social Science Essay?"

"Becoming a "Stylish" Writer: Attractive Prose Will Not Make You Appear Any Less Smart" by Rachel Toor

## 开放获取的期刊文章

"Opening up to Big Data: Computer-Assisted Analysis of Textual Data in Social Sciences" by Gregor Wiedemann

"Hypertextuality, Complexity, Creativity: Using Linguistic Software Tools to Uncover New Information about the Food and Drink of Historic Mayans" by Rose Lema

"Text Mining Tools in the Humanities: An Analysis Framework" by Geoffrey Rockwell, John Simpson, Stéfan Sinclair, Kirsten Uszkalo, Susan Brown, Amy Dyrbye, and Ryan Chartier

"Mapping Texts: Viisualizing American Newspapers" by Andrew J. Torget and Jon Christensen

# 术语表

**溯因法**（Abduction） 溯因法是一种推论逻辑，其结论是一个假设，可以用新的或修改过的研究设计进行检验。溯因是一种“法医式”的逻辑，通常用于社会科学研究，也可用于自然科学领域，如地质学和天文学，因为这些领域很少开展实验。

**Alceste** Alceste由Reinert在20世纪80年代开发，旨在测量由他本人提出的词汇世界。词汇世界指说话者持续居住的“心理房间”，每个房间都有自己的特色词汇。

**类比**（Analogy） 一种隐喻语言，涉及两个事物之间的比较，通常基于二者的对应关系或部分相似性。

**方差分析**（Analysis of variance，ANOVA） 由统计学家和进化生物学家Fisher开发的方差分析（ANOVA）是指用于分析群体平均值之间的差异和其他与群体之间变化有关的统计模型。

**匿名化**（Anonymize） 在绝大多数文本挖掘研究中，社会科学家都需要对用户的用户名和全名进行匿名化处理（使用化名）。

**附录**（Appendix） 附录位于社会科学研究论文的末尾，不是必要的部分，通常用A、B、C等字母表示，其内容可能对读者有用，但并不是论文学术贡献的关键部分。附录可能包含原始数据、补充分析或其他材料。

**背景隐喻**（Background metaphors） 根据Schmitt（2005）的比较隐喻分析方法，背景隐喻指可以从百科全书、学术期刊、专业书籍和大众书籍等收集的在特定社区或群体中广泛使用的隐喻。

**词袋**（Bag of words） 在主题建模中，将文本作为词语共现的组合来处理，而不考虑语法、叙事或词语在文本中的位置。

**自助法**（Bootstrapping） 从文本中逐步学习的组织名称（或其他类型的命名实体）和用来识别这些组织名称的模式或规则的清单。

**案例选择**（Case selection） 民族志和历史研究中用于选择数据来源的策略和程序。

**人物**（Characters） 在叙事理论中，人物与行动汇集为不断发展的情节线。

**认知语言学**（Cognitive linguistics） 认知隐喻理论是一个研究领域，为大多数当代隐喻分析方法提供了概念基础。

**认知隐喻理论**（Cognitive metaphor theory，CMT） 由认知语言学家Lakoff和Johnson（1980年）开创，认知隐喻理论（CMT）主张语言在神经层面上由隐喻构成，自然语言中使用的隐喻揭示了社会群体成员共享的认知模式和相关的神经连接模式。

**融贯论**（Coherence theory） 影响社会科学的一个主要哲学立场，即真理、知识和理论必须符合一个连贯的命题系统。该系统只能根据一般系统的属性适用于特定的情况。

**搭配**（Collocation） 与语言共现密切相关，在语料库语言学中，搭配指一连串词或术语，其共现频率高于偶然的预期。

**搭配识别**（Collocation identification） 自动识别作为一个短语时具有特殊意义的词语序列。

**概念隐喻**（Conceptual metaphors） 在认知隐喻理论中，自然语言围绕原型隐喻形成常规的隐喻表达，Lakoff和Johnson（1980）将其称为概念隐喻。

**结论**（Conclusion） 作为研究论文的最后一节（虽然在参考文献和附录之前），结论总结了论文的主要观点，并对未来的研究提出建议。

**索引**（Concordance[s]） 文本中使用的主要词汇的列表，列出词汇的实例及其语境。

**建构主义**（Constructionism） 建构主义为一种哲学立场，质疑关于外部现实的观点，强调不同群体如何构建观点（见Gergen，2015）。

**内容分析**（Content analysis） 使用系统和常见定量工具，从人类语言交流中推断信息的研究方法（见Krippendorff，2013）

**语境层面**（Contextual level） 在语境层面上进行的文本分析关注文本产生和接受的直接社会背景，包括情景和作者的特点。

**会话分析**（Conversation analysis） 研究社会互动的方法，最初关注日常休闲谈话，但后来扩展到包括以任务和机构为中心的互动，如办公室、法庭和学校。

**共现**（Co-occurrences） 共现通常理解为语义相似的指标，与语言搭配有关但不同，主要指文本语料库中的两个术语以一定顺序相互临近，且概率较高。

**符合论**（Corresponse theory） 与科学实证主义相关的传统知识和真理模式，认为真理和现实之间存在着对应关系，真理和现实的概念与世界上实际存在的事物相对应。

**爬虫**（Crawlers） 浏览网络并收集数据的自动程序。

**关键案例**（Critical case） 因对研究问题具有战略意义而被选中的案例。

**批评话语分析**（Critical discourse analysis，CDA） 基于Fairclough（1995）的“互文性”概念，即人们在说话或写作时从其社会空间中流通的话语中获取信息。批评话语分析是一种质性文本分析方法，包括在待分析的文本或话语中寻求其他话语的特征。

**批评隐喻分析**（Critical metaphor analysis） Charteris-Black（2009，2012，2013）提出的一种质性方法，借鉴了认知语言学、语料库语言学和批评语言学的方法和观点，用来研究政治修辞、新闻报道和宗教中的隐喻。

**批判实在论**（Critical realism） 批判实在论将符合论的实在论与社会建构主义的社会文化反身性相结合，主张一些事物比其他事物更具有社会建构性。

**数据挖掘**（Data mining） 归纳分析海量数据，寻找趋势和模式。

**数据抽样**（Data sampling） 从大规模数据集中选择和分析有代表性的数据子集，确定数据集中的趋势和模式的统计技术。

**决策树**（Decision tree） 决策树是类似流程图的结构，每个内部节点代表对一个特征的测试，节点代表分类决策。

**演绎法**（Deduction） 与科学方法密切相关的逻辑推理形式，从理论抽象开始，得出研究假设，进行研究设计，采用经验数据检验假设。

**深度学习**（Deep learning） 机器学习的最新分支之一，由旨在学习高级数据表征的算法组成，可用于有效学习。

**词典**（Dictionary） 按字母顺序排列的词汇表，包括词汇的定义、用法示例、词源、翻译等信息。

**数字档案**（Digital archives） 数字信息的集合，如数字化的报纸档案或历史文件档案，通常可以在线访问，与文本挖掘研究兼容。

**消歧**（Disambiguation） 一种文本挖掘过程，使用上下文线索确定词汇指代其多种含义中的某一种。

**话语分析**（Discourse analysis） 根据人们在说话或写作时在社会空间中流通的话语，在要分析的文本或话语中寻找其他话语的特征。

**话语立场**（Discourse positions） 人们在日常交流实践中所采用的典型话语角色，对话语立场的分析（通常为质性分析）将文本与其出现的社会空间联系起来。

**讨论**（Discussion） 论文的讨论部分位于结果（研究发现）之后、结论之前。讨论部分通常需要考虑结果对于研究假设/预测和主要论点的意义和影响。

**情节化**（Emplotment） 情节化是指将人物和行动汇集到历时变化情节的过程。

**实体抽取**（Entity extraction） 实体抽取是信息抽取的子任务，旨在识别特定类型的实例，包括命名类型（如人或地点）或语义类型（如动物或颜色）。

**计数**（Enumeration） 任何抽样策略的第一要务是计数，即为总体中的每个个体添加排序编号。

**认识论**（Epistemology） 社会科学研究中关于知识本质的假设。

**伦理准则**（Ethical guidelines） 一般由学术、专业协会以及高校出版，是社会科学研究的伦理准则，涵盖了知情同意和隐私保护等问题。

**极端案例**（Extreme case） 为研究而选择的案例，可以揭示更多的信息，因其在具体研究问题中激活了更多的主体和基本机制。

**特征消融**（Feature ablation） 通过一次使用一个特征（前向消融）或一次从全部特征集中删除一个特征（后向消融）运行分类器，比较不同特征的性能。

**特征向量**（Feature vector） 特征向量是属性的集合，用来表征事件的实例。

**特征加权**（Feature weighting） 用来表示个别特征在分类器中所发挥作用的技术。

**特征（或属性）**（Features [or attributes]） 被观察事件的可测量属性。

**福柯话语分析**（Foucauldian analysis） 一种文本分析方法，需要分析文本产生和接受的社会空间中流通的话语。

**自由句**（Free clause） 在Labov（1972）的叙事理论中，叙事中的自由句没有时间成分，可以在文本中自由移动而不改变文本的意义（另见最小叙事结构）。

**叙事功能分析**（Functional approach） 由心理学家Bruner（1990）开创的叙事方法，主张人类对经验的排序以两种模式发生：（1）范式或逻辑科学模式，试图实现描述和解释的正式化、数学化和系统化；（2）事件的特殊性和具体性，以及人们对特定事件的参与、解释和责任是叙事分析的重要内容。

**General Inquirer** 一个长期、大规模的内容分析项目，由哈佛大学负责，涉及开发词典，将句法、语义和语用信息附加到已标注词性的词上。

**宏大理论**（Grand theory） 高度抽象和正式的宏观社会理论。

**扎根理论**（Grounded theory） 根据观察结果归纳出的系统理论，这些观察结果被归入不同的概念类别（见Bryant & Charmaz，2010）。

**Heaps定律**（Heaps' law） 词汇量与语料库规模的函数关系模型。

**假设**（Hypotheses） 在演绎研究中，解释一组现象的一个或一组命题。

**个殊式方法**（Idiographic approaches） 强调导致特定结果的事件、思想和行动序列的因果解释方法。

**当地类别**（Indigenous categories） 以非常规方式使用的沟通术语，可以用来洞察研究群体的主题和次主题。

**归纳法**（Induction） 以经验数据为出发点展开推论，上升到理论概括。

**推论**（Inference） 在证据和推理的基础上得出结论的过程。

**最佳解释推论**（Inference to the best explanation） 与归纳法密切相关的一种推论类型。

**信息抽取**（information extraction，IE） 信息抽取是指从非结构化数据中抽取结构化信息的任务，如实体、事件或关系。

**知情同意**（Informed consent） 在第二次世界大战后确立的人类研究伦理的核心原则，要求研究对象在全面了解研究要求的基础上，明确同意成为参与者。

**基于实例的学习**（Instance-based learning） 属于懒惰学习方法，包括k最近邻算法（k-nearest neighbors，KNN）和向量机。

**伦理审查委员会**（Institutional review board，IRB） 负责审查、批准和监督涉及人类的社会科学和生物医学研究的大学委员会。

**知识产权**（Intellectural property，IP） 指法律赋予其指定所有者垄断权的知识创造物，常见的类型有商标、版权和专利。

**引言**（Introduction） 在社会科学研究论文中，引言部分包括被调查现象的背景信息、相关研究文献的回顾以及论文的研究问题。

**语言模型**（Language models） 语言的概率表示法。

**隐含狄利克雷分布**（Latent Dirichlet allocation，LDA） 由 Blei、Ng 和 Jordan（2003）为主题模型引入的语言统计模型，假设文本集合中的每一个文本都类似于词袋，是作者或作者计划讨论的主题的混合产物。

**潜在语义分析**（Latent semantic analysis，LSA） 在主题模型中使用的概率模型，基于文本或段落中单词词义的相似性，使用向量空间建模呈现词和文本，将文本数据编入按文件分类的术语矩阵，显示术语的加权频率，以代表术语空间中的文本。

**学习曲线**（Learning curve） 学习效果（y 轴）随训练数据量（x 轴）增加的图形表示。

**词形还原**（lemmatization） 确定词汇基本形式（或词根）的过程。

**分析层面**（Levels of analysis） 社会科学中用于指出所要研究的社会现象的范围或规模的术语。

**语言市场**（Linguistic markets） 在社会语言学和社会学中的术语，指发生语言交流的符号市场。一般认为在语言市场上标准的语言比边缘语言（因口音、词汇和其他因素）具有更高的价值（威望）。

**文献综述**（Literature review） 文献综述有时出现在论文的引言中，但一般是独立的部分。优秀的文献综述不只简单回顾某一特定主题的研究历史，而在结构上强调该研究如何基于解决一个矛盾、难题或开辟全新的研究路径对现存文献做出贡献。

**逻辑-科学模式**（Logico-scientific mode） 在 Bruner（1990）的叙事功能理论中，该经验组织模式试图实现描述和解释的正式化、数学化和系统化（另见典范模式）。

**机器学习**（Machine learning） 机器学习是人工智能的分支领域，帮助解决不同学科面临的问题，包括信息管理、语言学、天体物理学等。

**MALLET**（Machine Learning for Language Toolkit） 基于 Java 的软件，用于社会科学和人文学科的主题建模。

**中观理论**（Meso theory） 与宏大理论相比，中观理论并不是那么全面和抽象，与实证研究联系更紧密，借鉴了有经验支持的实质理论和模型。

**隐喻**（Metaphors） 虽然隐喻语言有多种语法形式，包括类比、明喻和提喻，但在所有情况下，均涉及隐含比较的言语形象，即一个领域使用的单词或短语用于另一个领域。

**元理论**（Metatheory） 涉及社会科学研究中理论的作用。

**方法**（Methods） 社会科学论文的方法部分讨论研究人员选择和执行的分析方法。通常讨论为什么所选择的方法是所有可用方法中的最佳选择，以及如何使用该方法分析论文中使用的数据细节。

**最小叙事结构**（Minimal narrative） 在Labov（1972）的叙事理论中，任何两个分句的序列都是有时间顺序的（另见自由句）。

**混合方法**（Mixed methods） 包含量化和质性元素的研究方法。

**模态分析**（Modality analysis） 一种混合叙事分析方法，旨在进行跨文化和跨语言的比较研究，通过分析多种语言海量文本中的情态句来评估语言，以确定每种语言的使用者认为哪些活动可能出现、不可能出现、不可避免或偶然出现（见Roberts，2008）。

**朴素贝叶斯**（Naive Bayes） 基于贝叶斯定理的分类技术。

**命名实体识别**（Named entity recognition，NER） 用于识别不同类型专有名词的工具。

**叙事分析**（Narrative analysis） 一种质性分析方法，关注人们如何通过讲述故事来理解生活中的日常经历和事件（见Holstein & Gubrium，2011）。

**叙事分句**（Narrative clauses） 在叙事学家Labov（1972）的术语中，叙事分句是故事中具有时间成分的句子（而不提供背景信息）。叙事分句在故事中改变位置将会改变故事的意义。

**叙事模式**（Narrative mode） 在Bruner（1990）的叙事功能理论中，叙事模式是一种组织经验的模式，事件的特殊性、具体性以及人们在具体事件过程中的参与、解释和责任是核心。

**自然语言处理**（Natural language processing，NLP） 机器或程序理解自然（或人类）文本或语音的过程或能力。

**网络民族志**（Netnography） 使用民族志方法研究在线群体（另见虚拟民族志）。

**网络分析**（Network techniques） 网络分析对词语之间的统计关联进行建模，推断群体成员共享的心理模式。

**N倍交叉验证**（N-fold cross-validation） 一种评估机器学习分类器的技术，将数据划分为N组，在（N-1）组中重复训练分类器，在剩余的组中测试分类器。

**通则式方法**（Nomothetic approaches） 强调一些案例或事件的共同影响的因果解释方法。

**标准化**（Normalization） 将文本转化为标准形式的过程（例如，缩写扩展、拼写纠错）。

**本体论**（Ontology） 有关现实本质的假设。

**观点挖掘**（Opinion mining） 识别语言中私人状态的任务，包括两个主要子任务：（1）主观性分析；（2）情感分析。

**OpinionFinder** 由具有主观性的单词和短语以及极性标记组成。

**典范模式**（Paradigmatic mode） 在Bruner（1990）的叙事功能理论中，该经验组织模式试图实现描述和解释的正式化、数学化和系统化（另见逻辑-科学模式）。

**词性标注**（Part-of-speech tagging） 词性标注是指为文本中的词汇分配正确的句法角色，如名词、动词等。

**数据加密**（Password-protected data） 由于在有密码保护的网站上发帖的用户可能期待隐私得到保护，一般认为需要注册和密码的网站属于私人领域。

**社会科学哲学**（Philosophy of social science） 社会科学哲学是处于哲学和社会科学交叉点的学术研究领域，涉及对社会科学研究实践中基础概念的发展和批判。

**抄袭**（Plagiarism） 社会科学研究中的主要伦理问题，涉及侵占其他研究者的语言或想法，并将其作为自己的原创作品。

**情节线**（Plotline） 在叙事理论中，叙事结构中的人物和行动汇集在一起，并随着时间的推移而变化。

**点互信息**（Pointwise mutual information，PMI） 源于信息理论的（词）关联度衡量标准。

**极性标签**（Polarity label） 表示词或短语是积极、消极还是中性。

**实用主义**（Pragmatism） 社会科学哲学的路径之一，将真理定义为证明对其拥护者或使用者有用的知识，真理和知识通过经验和实践得到验证（James，1907）

**预处理**（Preprocessing） 在复杂文本处理之前的一系列基本文本处理步骤，包括分词、词形还原和标准化。

**隐私**（Privacy） 文本挖掘研究人员面对的主要伦理问题，在不同的国家（如欧盟和美国），以及不同的学术和专业协会的伦理准则中，规定均有不同。

**概率抽样**（Probability sampling） 采用科学方法获得代表性的概率样本，用于代表总体特征。

**非自发数据**（Prompted data） 通过操纵网络环境收集用户的文本数据，可以用来评估行为或回应。

**公共领域**（Public domain） 公共领域的数据可以由文本挖掘研究人员自由使用，尽管许多网站和社交媒体平台都有隐私政策，规定保护用户隐私的政策可以作为指导方针判断将网站数据视为公共领域是否符合伦理，或是否需要获得知情同意。

**公共故事**（Public stories） 流行文化中流传的叙事。

**目的抽样**（也见关联抽样）（Purposive sampling [see also Relevance sampling]） 一种研究问题驱动的非概率抽样技术，研究者了解研究群体，根据文本与研究问题的相关性，依次删除不相关的文本。

**质性分析**（Qualitative analysis） 由人对文本进行解释的文本分析方法。

**量化分析**（Quantitative analysis） 基于数学和统计学的文本分析方法。

**随机抽样**（Random sample） 通过使用软件或在线随机数生成器等随机设备从数据集中选择数据项并减少样本偏差的抽样策略。

**参考文献**（References） 社会科学论文的参考文献部分包括论文中引用的所有出版物（论文、书籍、图书章节、会议论文集、网站）。在社会科学领域广泛使用几种不同的参考文献格式，包括APA（美国心理学会）和芝加哥格式。

**注册**（Registration） 需要用户注册和登录密码的网站一般属于私人领域。

**回归**（多元回归）（Regression [multiple regression]） 回归由一组统计技术组成，根据两个或多个其他变量（“自变量”）的值预测一个变量（“因变量”）的值。

**关系抽取**（Relation extraction） 关系抽取是信息抽取的子任务，旨在识别实体之间的关系，如“是……的首都”或者兄弟姐妹等。

**关联抽样**（见目的抽样）（Relevance sampling [see Purposive sampling]） 一种研究问题驱动的非概率抽样技术，研究者了解研究群体，根据文本与研究问题的相关性，依次删除不相关的文本。

**反复阅读**（Repeated reading） 这是主题分析的第一步，研究者获得一组文本并反复阅读，同时寻找主题并做笔记（见Braun & Clarke，2006）。

**典型案例**（Representative case） 若一个项目的目标是获得关于某一现象尽可能多的信息时，就会选择典型案例以代表更大群体的数据。

**研究设计**（Research design） 研究设计主要涉及研究项目的基本结构，将理论、数据和方法系统地衔接起来，最大化实现研究目标。

**结果**（Results） 结果部分展示分析的结果。结果以直截了当的方式呈现，一般包含技术细节，但不解释其含义。

**Rocchio分类器**（Rocchio classifier） 基于信息检索中使用的矢量空间模型的理念建立。

**样本偏差**（Sample bias） 互联网数据样本的一个主要缺点是很难推断出样本数据所代表的更大群体。这是由互联网接入水平、互联网技术水平以及网站和社交媒体平台的具体特征（如评论审核策略）等因素造成的。

**抽样**（Sampling） 从总体中选择一个子集估计总体的特征。

**科学方法**（Scientific method） 正式的研究方法，包括确定问题、收集数据、提出假设，以及对假设进行实证检验。

**抓取**（Scrapers） 从网站中自动提取数据的流程。

**语义网络**（Semantic networks） 规定词语之间语义关系的网络。

**语义关系**（Semantic relations） 词义之间存在的关系。

**语义分析**（Semantic techniques） 有时称阐释学或结构阐释学，包括各种旨在识别文本潜在意义的方法。

**语义三联体**（Semantic triplet） 在Franzosi的叙事方法中，基本的语义结构涉及主体、行动和对象。

**情感分析**（Sentiment analysis） 使用软件辨别包含主观性的材料并提取各种形式的态度信息，如情绪、观点、心情和情感等。

SentiWordNet 基于WordNet建立的观点挖掘词典，为WordNet中的每个同义词集标注了三种极性分数，表明每个单词的极性强度。

**明喻**（Simile） 比喻的一种形式，将一个事物与另一个不同类型的事物相比较，用来强调或者使描述更生动。

**滚雪球抽样**（Snowball sampling） 质性研究中广泛使用的抽样技术是滚雪球抽样，采用迭代法从一个小样本开始抽样，反复运用抽样标准，直到达到最大样本量。

**社会学叙事分析**（Sociological approaches） 社会学的叙事分析关注文本中的文化、历史和政治语境，特定的叙述者（可以）向特定的听众讲述特定的故事。

**社会学层面**（Sociological level） 确定文本与产生和接受这些文本的社会背景之间因果关系的分析层次。

**源域**（Source domain） 在认知隐喻理论中，来自具身源领域的感知和感觉经验，如推、拉、支撑、平衡、直-弯、近-远、前-后、高-低，用来代表目标领域的抽象实体。

**词干提取**（Stemming） 基于规则删除词汇屈折变化的过程。

**故事语法**（Story grammar） 在结构叙事分析中，故事语法是一种基本叙事结构，在不同的叙事体裁中重复出现。

**分层抽样**（Stratified sampling） 涉及从总体的分支类别（“层级”）内抽样的抽样策略。

**叙事结构分析**（Structural approaches） Propp（1968）和Labov（1972）提出的叙事分析方法，以故事语法和其他基本的叙事结构特征为中心，这些特征在不同来源的叙事中都能找到。

**主观性分析**（Subjectivity analysis） 识别文本是否包含观点，并将文本标记为主观或客观。

**实质理论**（Substantive theory） 实体理论由数据分析得出，对社会和历史现实进行概念化。

**监督学习**（Supervised learning） 使用自动系统从“事件”的历史中学习，对该事件的未来做出预测。

**支持向量机**（Support vector machines，SVMs） 监督学习机器算法确定可以分离训练数据的超平面。

**提喻**（Synecdoche） 隐喻的一种形式，是用部分来代表整体（反之亦然）的修辞。

**句法分析**（Syntactic parsing） 在计算语言学中，句法分析是指使用软件对句子或其他短语的成分进行形式分析，形成表示单词和短语之间句法关系的解析树。

**系统抽样**（Systematic sampling） 从列表中抽出每个第k个单元的抽样策略。

**目标域**（Target domain） 在认知隐喻理论中，目标域是相对抽象或复杂的实体，由源域的知觉和感觉经验来代表。例如，相对抽象的论证（argument）概念构成目标域，战斗（battle）可以成为其源域。这样一来，论证（argument）可就具有战斗（war）的许多特性（例如，存在赢家和输家）。

**模板填充**（Template filling） 为模板中的项目填写值的过程。

**文本分析**（Text analysis） 在社会科学中，文本分析指系统地分析文本中用词模式的方法，通常结合统计方法和人类的主观解释。

**文本分类**（Text classification） 将文本分配给一个或多个预先设定的类别的过程。

**文本聚类**（Text clustering） 根据文本的相似性将其归入文本群组的过程。

**文本挖掘**（Text mining） 使用数字研究工具，从文本数据中获取高质量的信息。

**文本层面**（Textual level） 描述或确定文本组成和结构的分析层面。

**主题分析**（Thematic analysis） 用于识别、分析和报告文本主题模式的文本分析方法（见Boyatzis，1998）。

**主题编码**（Thematic coding） 在主题分析中，根据预先确定的或浮现的类别对文本进行系统标记的过程。

**主题分析**（Thematic techniques） 发现文本显性意义的文本分析技术，包括商用方法以及社会科学中常用的方法，如主题模型。

**理论模型**（Theoretical models） 绝大多数社会科学研究都选择这种对复杂社会现象进行简单、图式化的表述，尤其是在实证主义研究领域。

**同义词词典**（Thesauruses） 基于语义相似性对词汇进行分类的数据库。

**分词**（Tokenization） 在不改变原文意义的情况下，分离标点符号与单词。

**主题模型**（Topic models） 采用有意义的类别对文本集进行编码，这些类别代表文本的主要主题。

**转变**（Transformation） 在叙事学中，转变指随着时间推移，人物因事件和人物的行为而发生的变化。

**遍历策略**（Traversal strategies）　确定网络爬虫工作步骤的方法，典型的遍历策略是深度优先和广度优先。

**分析单位**（Units of analysis）　对于文本来说，分析单位可以有多种，比如包括多个层次的层级结构，或按顺序排列的事件，或作为互文性网络。

**非结构化数据**（Unstructured data）　自由形式的文本数据，因其没有以预先设定的方式组织（如以行和列组织的矩阵）。

**无监督学习**（Unsupervised learning）　一种机器学习算法，使用未标记的数据进行推理。

**URL**　网页地址。

**差异概率抽样**（Varying probability sampling）　一种抽样策略，基于数据的不同规模或重要程度按比例抽样，如不同发行量的报纸。

**"动词化"**（"Verbed"）　学术写作中普遍存在的将名词变成不熟悉且复杂的动词的倾向。应该尽量避免这种做法。

**虚拟民族志**（Virtual ethnography）　使用民族志方法研究在线群体（另见网络民族志）。

**网络爬虫**（Web crawling）　使用网络机器人系统地浏览互联网，实现网络索引的目的。

**网络（开放）信息抽取**（Web [open] information extraction，IE）　大规模执行信息抽取的新技术，不需要预先定义需要抽取的实体或关系。

**网络抓取**（Web scraping）　从网站中提取信息的计算机软件技术，通常采用模拟人类浏览互联网的程序。

**词义消歧**（Word sense disambiguation）　将词汇映射到字典中的词义，并将词义视为其上下文意义的变量。

**词语相似度**（Word similarity）　衡量两个词之间语义接近程度的方法。

**WordNet-Affect**　WordNet的扩展版，给词义分配情感标签；六个情感类别是：（1）愤怒；（2）厌恶；（3）恐惧；（4）快乐；（5）悲伤；（6）惊讶。

**Zipf定律**（Zipf's law）针对语料库中词汇分布建立模型，用数学方法回答下列问题：第r个最高频的词在拥有N个词的语料库中出现了多少次？

**僵尸名词**（Zombie nouns）　通常由后缀-ism构成，结合其他词性如形容词和动词等构成的名词。与"动词化"类似，应该避免使用僵尸名词。

# 参考文献


Acerbi, A., Lampos, V., Garnett, P., & Bentley, A. (2013, March 20). The expression of emotions in 20th century books. *PLOS ONE*. Retrieved from http://journals.plos.org/plosone/ articleid=10.1371/journal.pone.0059030

Adams, J. (2009). Bodies of change: A comparative analysis of media representations of body modification practices. *Sociological Perspectives*, *52*(1), 103-129.

Adams, J., & Roscigno, V. (2005). White supremacists, oppositional culture and the World Wide Web. *Social Forces*, *84*(2), 759-778.

Albergotti, R., & Dwoskin, E. (2014, June 30). Facebook study sparks soul-searching and ethical questions. *Wall Street Journal*.

Alder, K. (2007). *The lie detectors: The history of an American obsession*. New York, NY: Simon & Schuster.

Alm, C. O., Roth, D., & Sproat, R. (2005). Emotions from text: Machine learning for text-based emotion prediction. *Proceedings of the Conference on Human Language Technology and Empirical Methods in Natural Language Processing* (pp. 579-586). Stroudsburg, PA: Association for Computational Linguistics.

Andersen, D. (2015). Stories of change in drug treatment: A narrative analysis of "whats" and "hows" in institutional story-telling. *Sociology of Health & Illness*, *37*(5), 668-682.

Asher, K., & Ojeda, D. (2009). Producing nature and making the state: Ordenamiento territorial in the Pacific lowlands of Colombia. *Geoforum*, *40*(3), 292-302.

Asplund, T. (2011). Metaphors in climate discourse: An analysis of Swedish farm magazines. *Journal of Science Communication*, *10*(4), 1-10.

Attard, A., & Coulson, N. (2012). A thematic analysis of patient communication in Parkinson' s disease online support group discussion forums. *Computers in Human Behavior*, *28*(2), 500-506.

Ayers, E. L. (1999). *The pasts and futures of digital history*. Retrieved June 17, 2015, from http://www.vcdh.virginia.edu/ PastsFutures.html

Bail, C. (2012). The fringe effect: Civil society organizations and the evolution of media discourse about Islam since the September 11th attacks. *American Sociological Review*, *77*(6), 855-879.

Baker, P., Gabrielatos, C., Khosravinik, M., Krzyzanowski, M., Mcenery, T., & Wodak, R. (2008). A useful methodological synergy? Combining critical discourse analysis and corpus linguistics to examine discourses of refugees and asylum seekers in the UK press. *Discourse & Society*, *19*(3), 273-306.

Balog, K., Mishne, G., & de Rijke, M. (2006). Why are they excited? Identifying and explaining spikes in blog mood levels. *Proceedings of the Eleventh Meeting of the European Chapter of the Association for Computational Linguistics*. Stroudsburg, PA: Association for Computational Linguistics.

Bamberg, M. (2004). Form and functions of "slut bashing" in male identity constructions in 15-year-olds. *Human Development*, *47*(6), 331-353.

Banerjee, S., & Pedersen, T. (2002). An adapted Lesk algorithm for word sense disambiguation using

WordNet. *Proceedings of the International Conference on Intelligent Text Processing and Computational Linguistics*, Mexico City, Mexico.

Banko, M., Cafarella, M. J., Soderland, S., Broadhead, M., & Etzioni, O. (2007, January). Open information extraction from the web. *Communications of the ACM—Surviving the Data Deluge*, *51*(12), 68-74.

Bastin, G., & Bouchet-Valat, M. (2014). Media corpora, text mining, and the sociological imagination: A free software text 289

mining approach to the framing of Julian Assange by three news agencies. *Bulletin de Méthodologie Sociologique*, *122*, 5-25.

Bauer, M. W., Bicquelet, A., & Suerdem, A. K. (Eds.). (2014). Text analysis: An introductory manifesto. In M. W. Bauer, A. Bicquelet, & A. K. Suerdem (Eds.), *Textual analysis (SAGE benchmarks in social research methods)* (Vol. 1). Thousand Oaks, CA: Sage.

Bauer M. W., Gaskell, G., & Allum, N. (2000). Quantity, quality and knowledge interests: Avoiding confusions. In M. W. Bauer & G. Gaskell (Eds.), *Qualitative researching with text, image and sound* (pp. 3-17). Thousand Oaks, CA: Sage.

Becker, H. S. (1993). How I learned what a crock was. *Journal of Contemporary Ethnography*, *22*, 28-35.

Bednarek, M., & Caple, H. (2014). Why do news values matter? Towards a new methodological framework for analyzing news discourse in critical discourse analysis and beyond. *Discourse & Society*, *25*(2), 135-158.

Beer, F. A., & De Landtsheer, C. L. (2004). *Metaphorical world politics: Rhetorics of democracy, war and globalization*. East Lansing: Michigan State University.

Bell, E., Campbell, S., & Goldberg, L. R. (2015). Nursing identity and patient-centredness in scholarly health services research: A computational text analysis of PubMed abstracts, 1986-2013. *BMC Health Services Research*, *15*(3), 1-16.

Berelson, B. (1952). *Content analysis in communication research*. Glencoe, IL: Free Press.

Berger, P. L., & Luckmann, T. (1966). *The social construction of reality: A treatise in the sociology of knowledge*. Garden City, NY: Doubleday.

Berglund, E. (2001). Facts, beliefs and biases: Perspectives on forest conservation in Finland. *Journal of Environmental Planning and Management*, *44*, 833-849.

Bernard, R., Wutich, A., & Ryan, G. (2016). *Analyzing qualitative data: Systematic approaches*. Thousand Oaks, CA: Sage.

Berry, M., Dumais, S., & O' Brien, G. (1995). Using linear algebra for intelligent information retrieval. *SIAM Review*, *37*(4), 573-595.

Bhaskar, R. (2008). *A realist theory of science*. New York, NY: Routledge. (Original work published 1975)

Bickes, H., Otten, T., & Weymann, L. C. (2014). The financial crisis in the German and English press: Metaphorical structures in the media coverage on Greece, Spain and Italy. *Discourse & Society*, *25*(4), 424-445.

Bicquelet, A., & Weale, A. (2011). Coping with the cornucopia: Can text mining help handle the data deluge in public policy analysis? *Policy and Internet*, *3*(4), 1-21.

Biernacki, R. (2014). Humanist interpretation versus coding text samples. *Qualitative Sociology*, *37*

(2), 173-188.

Birke, J., & Sarkar, A. (2007). Active learning for the identification of nonliteral language. *Proceedings of the Workshop on Computational Approaches to Figurative Language*, 21-28.

Birnbaum, M. H. (2000). Decision making in the lab and on the web. In M. H. Birnbaum (Ed.), *Psychological experiments on the Internet* (pp. 3-34). Cambridge, MA: Academic Press.

Blei, D. M., Ng, A. Y., & Jordan, M. I. (2003). Latent Dirichlet allocation. *Journal of Machine Learning Research*, *3*, 993-1022.

Blevins, C. (2011, June 19-22). Topic modeling historical sources: Analyzing the diary of Martha Ballard. *Digital Humanities*, Stanford University, Stanford, CA. Retrieved from http://dh2011abstracts.stanford.edu/xtf/view?docId=tei/ab-173.xml;query=;brand=default

Bolden, R., & Moscarola, J. (2000). Bridging the quantitative-qualitative divide: The lexical approach to textual data analysis. *Social Science Computer Review*, *18*(4), 450-460.

Bollen, J., Mao, H., & Zeng, X. -J. (2011). Twitter mood predicts the stock market. *Journal of Computational Science*, *2*(1), 1-8.

Boroditsky, L. (2000). Metaphoric structuring: Understanding time through spatial metaphors. *Cognition*, *75*(1), 1-28.

Boussalis, C., & Coan, T. G. (2016). Text-mining the signals of climate change doubt. *Global Environmental Change*, *36*, 89-100.

Bourdieu, P., & Thompson, J. B. (1991). *Language and symbolic power*. Cambridge, MA: Harvard University Press.

Boyatzis, R. E. (1998). *Transforming qualitative information: Thematic analysis and code development*. Thousand Oaks, CA: Sage.

Bradley, J. (1989). *TACT user manual*. Toronto, Canada: University of Toronto Press.

Braun, V., & Clarke, V. (2006). Using thematic analysis in psychology. *Qualitative Research in Psychology*, *3*(2), 77-101.

Brill, E. (1992). A simple rule-based part of speech tagger. *Proceedings of the Third Conference on Applied Natural Language Processing*. Trento, Italy.

Broaddus, M. (2014, July 1). Issues of research ethics in the Facebook "Mood Manipulation" Study: The importance of multiple perspectives. *Ethics and Society*. Retrieved from https://ethicsandsociety. org/2014/07/01/issues-of-research-ethics-in-the-facebook-mood-manipulation-study-the-mportance-of-multiple-perspectives-full-text

Brugidou, M. (2003). Argumentation and values: An analysis of ordinary political competence via an open-ended question. *International Journal of Public Opinion Research*, *15*(4), 413-430.

Brugidou, M., Escoffier, C., Folch, H., Lahlou, S., Le Roux, D., Morin-Andréani, P., & Piat, G. (2000). Les facteurs de choix et d'utilisation de logiciels d'Analyse de Données Textuelles. The factors of choice and use of textual data analysis software. In *JADT 2000* (5èmes Journées Internationales d'Analyse Statistique des Données Textuelles).

Bruner, J. S. (1990). *Acts of meaning*. Cambridge, MA: Harvard University Press.

Bryant, A., & Charmaz, K. (Eds.). (2010). *The SAGE handbook of grounded theory*. Thousand Oaks, CA: Sage.

Buchholz, M. B., & von Kleist, C. (1995). *Psychotherapeutische Interaktion—Qualitative Studien zu Konversation und Metapher, Geste und Plan*. Opladen: Westdeutscher Verlag.

Bunn, J. (2012). *The truth machine: A social history of the lie detector (Johns Hopkins studies in the history of technology)*. Baltimore, MD: Johns Hopkins University Press.

Busanich, R., McGannon, K., & Schinke, R. (2014). Comparing elite male and female distance runners' experiences of disordered eating through narrative analysis. *Psychology of Sport and Exercise*, *15*(6), 705-712.

Cameron, L. (2003). *Metaphor in educational discourse*. New York, NY: Continuum.

Carenini, G., Ng, R., & Zhou, X. (2007). Summarizing emails with conversational cohesion and subjectivity. *Proceedings of the Sixteenth International Conference on World Wide Web*. New York, NY: Association for Computing Machinery.

Carlson, A., Betteridge, J., Kisiel, B., Settles, B., Hruschka, E. R., Jr., & Mitchell, T. M. (2010, July). Toward an architecture for never-ending language learning. *Proceedings of the Twenty-Fourth American Association for Artificial Intelligence Conference on Artificial Intelligence* (pp. 1306-1313). Cambridge, MA: AAAI Press.

Carver, T., & Pikalo, J. (2008). *Political language and metaphor: Interpreting and changing the world*. New York, NY: Routledge.

Cerulo, K. A. (1998). *Deciphering violence: The cognitive structure of right and wrong*. New York, NY: Routledge.

Chalaby, J. K. (1996). Beyond the prison-house of language: Discourse as a sociological concept. *The British Journal of Sociology*, *47*(4), 684-698.

Chambers, C. (2014, July 1). Facebook fiasco: Was Cornell's study of "emotional contagion" an ethics breach? *Guardian*. Retrieved from https://www.theguardian.com/science/head-quarters/2014/jul/01/facebook-cornell-study-emotional-contagion-ethics-breach

Charteris-Black, J. (2009). Metaphor and political communication. In A. Musolff & J. Zinken (Eds.), *Metaphor and discourse* (pp. 97-115). Basingstoke, England: Palgrave Macmillan.

Charteris-Black, J. (2012). Comparative keyword analysis and leadership communication: Tony Blair—A study of rhetorical style. In L. Helms (Ed.), *Comparative political leadership* (pp. 142-164). Basingstoke, England: Palgrave Macmillan.

Charteris-Black, J. (2013). *Analysing political speeches: Rhetoric, discourse and metaphor*. Basingstoke, England: Palgrave Macmillan.

Chilton, P. (1996). *Security metaphors: Cold War discourse from containment to common house*. New York, NY: Peter Lang.

Church, K. W., & Hanks, P. (1990). Word association norms, mutual information, and lexicography. *Computational Linguistics*, *16*(1), 22-29.

Coffey, A., Holbrook, B., & Atkinson, P. (1996). Qualitative data analysis: Technologies and representations. *Sociological Research Online*, *1*(1). Retrieved from http://www.socresonline.org.uk/1/1/4.html

Cohen, D. J., & Rosenzweig, R. (2005). *Digital history: A guide to gathering, preserving, and presenting the past on the web*. Philadelphia: University of Pennsylvania Press.

Collins, C., Viégas, F. B., & Wattenberg, M. (2009). Parallel tag clouds to explore and analyze faceted text corpora. *IEEE Symposium on Visual Analytics Science and Technology*. Retrieved June 17, 2015, from http://ieeexplore.ieee.org/xpls/abs_all.jsp?arnumber=5333443&tag=1

Collins, M. (2002). Ranking algorithms for named-entity extraction: Boosting and the voted perceptron. *Proceedings of the 40th Annual Meeting on Association for Computational Linguistics* (pp. 489-496). Stroudsburg, PA: Association for Computational Linguistics.

Collins, M. (2003). Head-driven statistical models for natural language parsing. *Computational Linguistics*, *29*(4), 589-637.

Collins, M., & Singer, Y. (1999). Unsupervised models for named entity classification. *Proceedings of the Conference on Empirical Methods in Natural Language Processing*.

Colley, S. K., & Neal, A. (2012). Automated text analysis to examine qualitative differences in safety schema among upper managers, supervisors and workers. *Safety Science*, *50*(9), 1775-1785.

Corley, P., Collins, Jr., P., & Calvin, B. (2011). Lower court influence on U.S. Supreme Court opinion content. *Journal of Politics*, *73*(1), 31-44.

Coulson, N. S. (2005). Receiving social support online: An analysis of a computer-mediated support group for individuals living with irritable bowel syndrome. *CyberPsychology & Behavior*, *8*(6), 580-584.

Coulson, N. S., Buchanan, H., & Aubeeluck, A. (2007). Social support in cyberspace: A content analysis of communication within a Huntington's disease online support group. *Patient Education and Counseling*, *68*(2), 173-178.

Couper, M. P. (2000). Web surveys: A review of issues and approaches. *Public Opinion Quarterly*, *64*(4), 464-494.

Creswell, J. D. (2014). *Research design: Qualitative, quantitative, and mixed methods approaches*. Thousand Oaks, CA: Sage.

Cunningham, G. B., Sagas, M., Sartore, M. L., Amsden, M. L., & Schellhase, A. (2004). Gender representation in the *NCAA News*: Is the glass half full or half empty? *Sex Roles*, *50*(11-12), 861-870.

Curd, M., Cover, J. A., & Pincock, C. (2013). *Philosophy of science: The central issues* (2nd ed.). New York, NY: W. W. Norton.

Danescu-Niculescu-Mizil, C., Lee, L., Pang, B., & Kleinberg, J. (2012, April 16-20). Echoes of power: Language effects and power differences in social interaction. *WWW 2012*. Retrieved March 29, 2016, from http://www. cs. cornell. edu/~cristian/ Echoes_of_power_files/ echoes_of_power.pdf

Danesi, M. (2012). *Linguistic anthropology: A brief introduction*. Toronto: Canadian Scholars' Press.

Deerwester, S., Dumais, S., Furnas, G., Landauer, T., & Harshman, R. (1990). Indexing by latent semantic analysis. *JASIS*, *41*(6), 391-407.

Denzin, N. K, & Lincoln, Y. S. (2011). Epilogue: Toward a "refunctioned ethnography." *The SAGE Handbook of Qualitative Research* (pp. 715-718). Thousand Oaks, CA: Sage.

DiMaggio, P., Nag, M., & Blei, D. (2013). Exploiting affinities between topic modeling and the sociological perspective on culture: Application to newspaper coverage of U.S. government arts funding. *Science Direct*, *41*(6), 570-606.

Dohan, D., Abramson, C. M., & Miller S. (2012). *Beyond text: Using arrays of ethnographic data to identify causes and construct narratives*. Presentation at the American Journal of Sociology Conference on Causal Thinking and Ethnographic Research. Chicago, IL.

Dumais, S. T. (2004). Latent semantic analysis. *Annual Review of Information Science and Technology*, *38*(1), 188-230.

Durland, M., & Fredericks, K. (2005). An introduction to social network analysis. *New Directions for Evaluation*, *107*, 5-13.

Edley, N., & Wetherell, M. (1997). Jockeying for position: The construction of masculine identities. *Discourse & Society*, *8*(2), 203-217.

Edley, N., & Wetherell, M. (2001). Jekyll and Hyde: Men' s construction of feminism and feminists. *Feminism & Psychology*, *11*(4), 439-457.

Ensslin, A., & Johnson, S. (2006). Language in the news: Investigating representations of "Englishness" using WordSmith tools. *Corpora*, *1*(2), 153-185.

Eshbaugh-Soha, M. (2010). The tone of local presidential news coverage. *Political Communication*, *27*(2), 121-140.

Esuli, A., & Sebastiani, F. (2006a). Determining term subjectivity and term orientation for opinion mining. *Proceedings of the Eleventh Conference of the European Chapter of the Association for Computational Linguistics*, Trento, Italy.

Esuli, A., & Sebastiani, F. (2006b). SentiWordNet: A publicly available lexical resource for opinion mining. *Proceedings of the Fifth Conference on Language Resources and Evaluation*, Genova, Italy.

Etzioni, O., Cafaraella, M., Downey, D., Kok, S., Popescu, A. M., Shaked, T., . . . Yates, A. (2004). Web-scale information extraction in KnowItAll: (Preliminary results). *Proceedings of the Thirteenth International Conference on World Wide Web* (pp. 100-110). New York, NY: Association for Computing Machinery.

Evison, J. (2013). Turn openings in academic talk: Where goals and roles intersect. *Classroom Discourse*, *4*(1), 3-26.

Eysenbach, G., & Till, J. E. (2001). Ethical issues in qualitative research on Internet communities. *British Medical Journal*, *323*, 1103-1105.

Fader, A., Soderland, S., & Etzioni, O. (2011). Identifying relations for open information extraction. *Proceedings of the Conference on Empirical Methods in Natural Language Processing* (pp. 1535-1545). Stroudsburg, PA: Association for Computational Linguistics.

Fairclough, N. (1992). Intertextuality in critical discourse analysis. *Science Direct*, *4*(3-4), 269-293.

Fairclough, N. (1995). *Critical discourse analysis: The critical study of language*. London, England: Longman.

Fass, D. (1991). Met*: A method for discriminating metonymy and metaphor by computer. *Computational Linguistics*, *17*(1), 49-90.

Feldman, J. (2006). *From molecule to metaphor*. Cambridge, MA: MIT Press.

Fellbaum, C. (Ed.). (1998). *WordNet: An electronic lexical database*. Cambridge, MA: MIT Press.

Fenton, F. (1911). The influence of newspaper presentations upon the growth of crime and other anti-social activity. *American Journal of Sociology*, *16*(3), 342-371.

Fereday, J., & Muir-Cochrane, E. (2006). Demonstrating rigor using thematic analysis: A hybrid approach of inductive and deductive coding and theme development. *International Journal of Qualitative Methods*, *5*(1), 80-92.

Fernandez, J. W. (1991). *Beyond metaphor: The theory of tropes in anthropology*. Stanford, CA:

Stanford University Press.

Field, A. (2013). *Discovering statistics using IBM SPSS statistics* (4th ed.). Thousand Oaks, CA: Sage.

Field, A., Miles, J., & Field, Z. (2012). *Discovering statistics using R*. Thousand Oaks, CA: Sage.

Flyvbjerg, B. (2001). *Making social science matter: Why social inquiry fails and how it can succeed again*. Cambridge, England: Cambridge University Press.

Fors, A., Dudas, K., & Ekman, I. (2014). Life is lived forwards and understood backwards—Experiences of being affected by acute coronary syndrome: A narrative analysis. *International Journal of Nursing Studies*, *51*(3), 430-437.

Foucault, M. (1973). *The order of things: An archaeology of the human sciences*. New York, NY: Vintage Books.

Foucault, M. (1975). *The birth of the clinic: An archaeology of medical perception*. New York, NY: Vintage Books.

Franklin, S. (2002). Bialowieza Forest, Poland: Representation, myth, and the politics of dispossession. *Environment and Planning*, *34*, 1459-1485.

Franzosi, R. (1987). The press as a source of socio-historical data: Issues in the methodology of data collection from newspapers. *Historical Methods*, *20*(1), 5-16.

Franzosi, R. (2010). *Quantitative narrative analysis*. Thousand Oaks, CA: Sage.

Franzosi, R., De Fazio, G., & Vicari, S. (2012). Ways of measuring agency: An application of quantitative narrative analysis to lynchings in Georgia (1875-1930). *Sociological Methodology*, *42*(1), 1-42.

Freud, S. (2011). *From the history of an infantile neurosis—A classic article on psychoanalysis*. Worcestershire, England: Read Books. (Original work published 1918)

Frith, H., & Gleeson, K. (2004). Clothing and embodiment: Men managing body image and appearance. *Psychology of Men & Masculinity*, *5*(1), 40-48.

Gamson, W., & Modigliani, A. (1989). Media discourse and public opinion on nuclear power: A constructionist approach. *American Journal of Sociology*, *95*(1), 1-37.

Gandy, L., Allan, N., Atallah, M., Frieder, O., Howard, N., Kanareykin, S., . . . Argamon, S. (2013). Automatic identification of conceptual metaphors with limited knowledge. *Proceedings of the Twenty-Seventh AAAI Conference on Artificial Intelligence*. Bellevue, Washington.

Garton, L., Haythornthwaite, C., & Wellman, B. (1997). Studying online social networks. *Journal of Computer Mediated Communication*, *3*(1) http://onlinelibrary. wiley. com/ doi/10.1111/j. 1083-6101.1997.tb00062. x/abstract.

Gatti, L., & Catalano, T. (2015). The business of learning to teach: A critical metaphor analysis of one teacher's journey. *Teaching and Teacher Education*, *45*, 149-160.

Gee, J. P. (1991). A linguistic approach to narrative. *Journal of Narrative and Life History*, *1*(1), 15-39.

Gergen, K. (2015). *An invitation to social construction*. Thousand Oaks, CA: Sage.

Gerrish, S., & Blei, D. (2012). How they vote: Issue-adjusted models of legislative behavior. *Neural Information Processing Systems*. Retrieved June 26, 2015, from https://www. cs. princeton. edu/ ~blei/papers/GerrishBlei2012.pdf

Gibbs, R. W. (1994). *The poetics of mind: Figurative thought, language, and understanding*.

Cambridge, England: Cambridge University Press.

Gibson, C. B., & Zellmer-Bruhn, M. E. (2001). Metaphors and meaning: An intercultural analysis of the concept of teamwork. *Administrative Science Quarterly*, *46*(2), 274-303.

Glaser, B., & Strauss, A. L. (1967). *The discovery of grounded theory: Strategies for qualitative research*. Piscataway, NJ: Transaction Publishers.

Goatly, A. (2007). *Washing the brain: Metaphor and hidden ideology*. Philadelphia, PA: John Benjamins Publishing Company.

Goble, E., Austin, W., Larsen, D., Kreitzer, L., & Brintnell, E. S. (2012). Habits of mind and the split-mind effect: When computer-assisted qualitative data analysis software is used in phenomenological research. *Forum: Qualitative Social Research*, *13*(2). Retrieved June 26, 2015, from http://www.qualitative-research.net/index.php/fqs/article/view/1709

Goldstone, A., & Underwood, T. (2012). What can topic models of PMLA teach us about the history of literary scholarship? *The Stone and the Shell*. Retrieved June 27, 2015, from tedunderwood.com/2012/12/14/what-can-topic-models- of-pmla-teach-us-about-the-history-of-literary-scholarship

González-Ibánez, R., Muresan, S., & Wacholder, N. (2011). Identifying sarcasm in Twitter: A closer look. *Proceedings of the Forty-Ninth Annual Meeting of the Association for Computational Linguistics: Human Language Technologies—Short Papers Volume 2*. Stroudsburg, PA: Association for Computational Linguistics.

Goodfellow, I., Bengio, Y., & Courville, A. (2016). *Deep learning*. Cambridge, MA: MIT Press.

Gorard, S. (2013). *Research design: Creating robust approaches for the social sciences*. Thousand Oaks, CA: Sage.

Gorbatai, A., & Nelson, L. (2015). *The narrative advantage: Gender and the language of crowdfunding*. Retrieved from http://faculty.haas.berkeley.edu/gorbatai/working%20papers%20and%20word/Crowdfunding-GenderGorbataiNelson.pdf

Gorski, D. (2014, June 30). Did Facebook and PNAS violate human research protections in an unethical experiment? *Science-Based Medicine*. Retrieved from https://sciencebased medicine.org/did-facebook-and-pnas-violate-human-research-protections-in-an-unethical-experiment

Gottschall, J. (2012). *The storytelling animal*. New York, NY: Houghton Mifflin.

Gregory, M., Chinchor, N., Whitney, P., Carter, R., Hetzler, E., & Turner, A. (2006). User-directed sentiment analysis: Visualizing the affective content of documents. *Proceedings of the Workshop on Sentiment and Subjectivity in Text*, Sydney, Australia.

Greene, D., O'Callahan, D., & Cunningham, P. (2014). How many topics? Stability analysis for topic models. In T. Calders, F. Esposito, E. Hüllermeier, & R. Meo (Eds.), *Machine learning and knowledge discovery in databases* (Vol. 87352, pp. 498-513). Berlin, Germany: Springer.

Grimmelmann, J. (2015, May 27). Do you consent? If tech companies are going to experiment on us, they need better ethical oversight. *Slate*. Retrieved from http://www.slate.com/articles/technology/future_tense/2015/05/facebook_emotion_ contagion_study_tech_companies_need_irb_review.html

Grimmer, J. (2010). A Bayesian hierarchical topic model for political texts: Measuring expressed agendas in Senate press releases. *Political Analysis*, *18*(1), 1-35.

Grimmer, J., & Stewart, B. M. (2013). Text as data: The promise and pitfalls of automatic content analysis methods for political texts. *Political Analysis*, *21*(3), 267-297.

Günther, E., & Quandt, T. (2016). Word counts and topic models: Automated text analysis methods for digital journalism research. *Digital Journalism*, *4*(1), 75-88.

Haigh, C., & Jones, N. (2005). An overview of the ethics of cyber-space research and the implications for nurse educators. *Nurse Education Today*, *25(1)*, 3-8.

Haigh, C., & Jones, N. (2007). Techno-research and cyber ethics: Research using the Internet. In T. Long & M. Johnson (Eds.), *Research ethics in the real world: Issues and solutions for health and social care* (pp. 157-174). Philadelphia, PA: Elsevier Health Sciences.

Hair, N., & Clark, M. (2007). The ethical dilemmas and challenges of ethnographic research in electronic communities. *International Journal of Market Research*, *49(6)*. Retrieved from https://www.mrs.org.uk/ijmr/archive#Articles

Hakimnia, R., Holmström, I., Carlsson, M., & Höglund, A. (2014). Exploring the communication between telenurse and caller—A critical discourse analysis. *International Journal of Qualitative Studies on Health and Well-Being*, *9*, 1-9.

Halberstadt, A., Langley, H., Hussong, A., Rothenberg, W., Coffman, J., Mokrova, I., & Costanzo, P. (2016). Parents' understanding of gratitude in children: A thematic analysis. *Early Childhood Research Quarterly*, *36*, 439-451.

Hanna, A. (2013). Computer-aided content analysis of digitally enabled movements. *Mobilization*, *18(4)*, 367-388.

Hardie, A., Koller, V., Rayson, P., & Semino, E. (2007). Exploiting a semantic annotation tool for metaphor analysis. In M. Davies, P. Rayson, S. Hunston, & P. Danielsson (Eds.), *Proceedings of the Corpus Linguistics 2007 Conference.* Retrieved June 27, 2015, from ucrel.lancs.ac.uk/people/paul/ publications/HardieEtAl_CL2007.pdf

Hardy, C. (2001). Researching organizational discourse. *International Studies of Management & Organization*, *31(3)*, 25-47.

Harris, J. (2011). Word clouds considered harmful. *Nieman Journalism Lab.* Retrieved June 26, 2015, from http://www.niemanlab.org/2011/10/word-clouds-considered-harmful

Hart, C. (2010). *Critical discourse analysis and cognitive science: New perspectives on immigration discourse.* Basingstoke, England: Palgrave Macmillan.

Hatzivassiloglou, V., & McKeown, K. (1997). Predicting the semantic orientation of adjectives. *Proceedings of the Thirty-Fifth Annual Meeting of the Association for Computational Linguistics and Eighth Conference of the European Chapter of the Association for Computational Linguistics* (pp. 174-181). Stroudsburg, PA: Association for Computational Linguistics.

Hayes, A., & Krippendorff, K. (2007). Answering the call for a standard reliability measure for coding data. *Communication Methods and Measures*, *1(1)*, 77-89.

Heath, C., & Luff, P. (2000). Technology in action. Cambridge, England: Cambridge University Press.

Hellsten, I., Dawson, J., & Leydesdorff, L. (2010). *Implicit media frames: Automated analysis of public debate on artificial sweeteners. Public Understanding of Science*, *19(5)*, 590-608.

Hempel, C., & Oppenheim, P. (1948). Studies in the logic of explanation. *Philosophy of Science*, *15 (2)*, 135-175.

Henderson, S., & Segal, E. (2013). Visualizing qualitative data in evaluation research. *New*

*Directions for Evaluation*, *139*, 53–71.

Heritage, J., & Raymond, G. (2005). *The terms of agreement: Indexing epistemic authority and subordination in talk–in– interaction. Social Psychology Quarterly*, *68(1)*, 15–38.

Herrera, Y. M., & Braumoeller, B. F. (2004, Spring). *Symposium: Discourse and content analysis. Qualitative Methods Newsletter*, 15–19. Retrieved from http://www. braumoeller. info/wp–content/uploads/2012/12/Discourse–Content–Analysis.pdf

Hewson, C. (2014). Qualitative approaches in Internet–mediated research: Opportunities, issues, possibilities. In P. Leavy (Ed.), *The Oxford handbook of qualitative research* (pp. 423–452). New York, NY: Oxford University Press.

Hewson, C., & Laurent, D. (2012). Research design and tools for Internet research. In J. Hughes (Ed.), *SAGE Internet research methods: Volume 1*. Thousand Oaks, CA: Sage.

Hewson, C., Vogel, C., & Laurent, D. (2015). *Internet research methods: A practical guide for the behavioural and social sciences*. Thousand Oaks, CA: Sage.

Hewson, C., Yule, P., Laurent, D., & Vogel, C. (Eds.). (2003). *Internet research methods: A practical guide for the social and behavioural sciences*. Thousand Oaks, CA: Sage.

Hine, C. (2000). *Virtual ethnography*. Thousand Oaks, CA: Sage.

Hirschman, E. C. (1987). People as products: Analysis of a complex marketing exchange. *Journal of Marketing*, *51(1)*, 98–108.

Hoffman, M. (1999). Problems with Peirce' s concept of abduction. *Foundations of Science*, *4(3)*, 271–305.

Hofstede, G. (1980). *Culture ' s consequences: International differences in work–related values*. Beverly Hills, CA: Sage.

Holstein, J., & Gubrium, J. (2011). *Varieties of narrative analys*is. Thousand Oaks, CA: Sage.

Howell, K. (2013). *An introduction to the philosophy of methodology*. Thousand Oaks, CA: Sage.

Hu, M., & Liu, B. (2004). Mining and summarizing customer reviews. *Proceedings of the Tenth ACM SIGKDD International Conference on Knowledge Discovery and Data Mining* (pp. 168–177). New York, NY: Association for Computing Machinery.

Hugo, R. (1992). *In defense of creative writing classes. The triggering town: Lectures and essays on poetry and writing* (pp. 53–66). New York, NY: W. W. Norton.

Ignatow, G. (2003). "Idea hamsters" on the "bleeding edge": Profane metaphors in high technology argon. *Poetics*, *31*(1), 1-22.

Ignatow, G. (2004). Speaking together, thinking together? Exploring metaphor and cognition in a shipyard union dispute. *Sociological Forum*, *19*(3), 405-433.

Ignatow, G. (2009). Culture and embodied cognition: Moral discourses in Internet support groups for overeaters. *Social Forces*, *88*(2), 643-669.

Ignatow, G., & Williams, A. T. (2011). New media and the "anchor baby" boom. *Journal of Computer-Mediated Communication*, *17*(1), 60-76.

Ilieva, J., Baron, S., & Healey, N. M. (2002). Online surveys in marketing research: Pros and cons. *International Journal of Market Research*, *44*(3), 361-376.

Illia, L., Sonpar, K., & Bauer, M. W. (2014). Applying co-occurrence text analysis with Alceste to studies of impression management. *British Journal of Management*, 25 (2), 352-372.

Jacobi, C., van Atteveldt, W., & Welbers, K. (2016). Quantitative analysis of large amounts of journalistic texts using topic modelling. *Digital Journalism*, *4*(1), 89-106.

James, W. (1975). *Pragmatism: A new name for some old ways of thinking*. Cambridge, MA: Harvard University Press. (Original work published 1907)

James, W. (1975). *The meaning of truth*. Cambridge, MA: Harvard University Press. (Original work published 1909)

Jockers, M. L. (2010, March 19). Who's your DH blog mate: Match-making the day of DH bloggers with topic modeling. *Matthew L. Jockers*. Retrieved from http://www.matthewjockers.net/2010/03/19/whos-your-dh-blog-mate-match-making-the-day-of-dh-bloggers-with-topic-modeling

Jockers, M. L., & Mimno, D. (2013). Significant themes in 19th-century literature. *Poetics*, *41*(6), 750-769.

Johnson-Laird, P. N. (1983). *Mental models: Toward a cognitive science of language, inference, and consciousness*. Cambridge, MA: Harvard University Press.

Jones, M. V., Coviello, Y., & Tang, Y. K. (2011). International entrepreneurship research (1989-2009): A domain ontology and thematic analysis. *Journal of Business Venturing*, *26*(6), 632-649.

Jurafsky, D., & Martin, J. (2009). *Speech and language processing*. Upper Saddle River, NJ: Prentice Hall.

Kallus, N. (2014). Predicting crowd behavior with big public data. *WWW '14 Companion Proceedings of the 23rd International Conference on World Wide Web*, 625-630. doi: 10.1145/2567948.2579233

Kaplan, D. (Ed.). (2009). *Readings in the philosophy of technology*. Lanham, MD: Rowman & Littlefield.

Kassarjian, H. (1977). Content analysis in consumer research. *Journal of Consumer Research*, *4*(1), 8-18.

Kim, S. -M., & Hovy, E. (2006). Identifying and analyzing judgment opinions. *Proceedings of the Main Conference on Human Language Technology Conference of the North American Chapter of the Association of Computational Linguistics*. Stroudsburg, PA: Association for Computational Linguistics.

King, A. (2008). In vivo coding. In L. Given (Ed.), *The SAGE encyclopedia of qualitative research methods*. Thousand Oaks, CA: Sage.

Klein, D., & Manning, C. D. (2004). Corpus-based induction of synactic structure: Models of dependency and constituency. *Proceedings of the Forty-Second Annual Meeting of the Association for Computational Linguistics*. Stroudsburg, PA: Association for Computational Linguistics.

Kleinman, D., & Moore, K. (2014). *Routledge handbook of science, technology, and society*. New York, NY: Routledge.

Koller, V., & Mautner, G. (2004). Computer applications in critical discourse analysis. *Applying English grammar* (pp. 216-228). London, England: Hodder and Stoughton.

Koppel, M., Argamon, S., & Shimoni, A. R. (2002). Automatically categorizing written texts by author gender. *Literary and Linguistic Computing*, *17*(4), 401-412.

Kovecses, Z. (2002). *Metaphor: A practical introduction*. Oxford, England: Oxford University Press.

Kozinets, R. V. (2002). The field behind the screen: Using netnography for marketing research in online communities. *Journal of Marketing Research*, *39*(1), 61-72.

Kozinets, R. V. (2009). *Netnography: Doing ethnographic research online*. Thousand Oaks, CA: Sage.

Kramer, A., Guillory, J., & Hancock, J. (2014). Experimental evidence of massive-scale emotional contagion through social networks. *Proceedings of the National Academy of Sciences*, *111*(24), 8788-8790.

Krippendorff, K. (2013). *Content analysis: An introduction to its methodology*. Thousand Oaks, CA: Sage.

Krishnamurthy, R. (1996). Ethnic, racial and tribal: The language of racism? In C. R. Caldas-Coulthard & M. Coulthard (Eds.), *Texts and practices: Readings in critical discourse analysis* (pp. 128-149). London, England: Routledge.

Krueger, R. A., & Casey, M. A. (2014). *Focus groups: A practical guide for applied research*. Thousand Oaks, CA: Sage.

Kuckartz, U. (2014). *Qualitative text analysis: A guide to methods, practice, and using software*. Thousand Oaks, CA: Sage.

Labov, W. (1972). *Sociolinguistic patterns*. Philadelphia: University of Pennsylvania Press.

Labov, W., & Waletzky, J. (1967). Narrative analysis. In J. Helm (Ed.), *Essays on the verbal and visual arts* (pp. 12-44). Seattle: University of Washington Press.

Lahlou, S. (1996). A method to extract social representations from linguistic corpora. *Japanese Journal of Experimental Social Psychology*, *35*(3), 278-291.

Laird, E. A., McCance, T., McCormack, B., & Gribben, B. (2015). Patients' experiences of in-hospital care when nursing staff were engaged in a practice development programme to promote person-centredness: A narrative analysis study. *International Journal of Nursing Studies*, *52*(9), 1454-1462.

Lakoff, G. (1987). *Women, fire, and dangerous things: What categories reveal about the mind*. Chicago, IL: University of Chicago Press.

Lakoff, G. (1996). *Moral politics*. Chicago, IL: University of Chicago Press.

Lakoff, G., & Johnson, M. (1980). *Metaphors we live by*. Chicago, IL: University of Chicago Press.

Lakoff, G., & Johnson, M. (1999). *Philosophy in the flesh*. New York, NY: Basic Books.

Landauer, T. K. (2002). On the computational basis of learning and cognition: Arguments from LSA. *Psychology of Learning and Motivation*, *41*, 43-84.

Landauer, T. K., Foltz, P. W., & Laham, D. (1998). An introduction to latent semantic analysis. *Discourse Processes*, *25*(2-3), 259-284.

Lasswell, H. (1927). Propaganda technique in the world war. *American Political Science Review*, *21* (3), 627-631.

Lazard, A., Scheinfeld, E., Bernhardt, J., Wilcox, G., & Suran, M. (2015). Detecting themes of public concern: A text mining analysis of the Centers for Disease Control and Prevention's Ebola live Twitter chat. *American Journal of Infection Control*, *43*(10), 1109-1111.

Lee, B., Riche, N. H., Karlson, A. K., & Carpendale, S. (2010). SparkClouds: Visualizing trends in tag clouds. *Visualization and Computer Graphics, IEEE Transactions on Knowledge and Data Engineering*, *16*(6), 1182-1189.

Lee, D. D., & Seung, S. (1999). Learning the parts of objects by non-negative matrix factorization.

*Nature*, *401*, 788-791.

Leondar-Wright, B. (2014). *Missing class: Strengthening social movement groups by seeing class cultures*. Ithaca, NY: Cornell University Press.

LeRoux, B., & Rouanet, H. (2010). *Multiple correspondence analysis*. Thousand Oaks, CA: Sage.

Lesk, M. (1986). Automatic sense disambiguation using machine readable dictionaries: How to tell a pine cone from an ice cream cone. *Proceedings of the SIGDOC Conference 1986* (pp. 24-26). New York, NY: ACM.

Levenberg, A., Pulman, S., Moilanen, K., Simpson, E., & Roberts, S. (2014). *Predicting economic indicators from web text using sentiment composition*. Retrieved from http://www.robots.ox.ac.uk/~parg/pubs/sentiment_ICICA2014.pdf

Levina, N., & Arriaga, M. (2012). Distinction and status production on user-generated content platforms: Using Bourdieu's theory of cultural production to understand social dynamics in online fields. *Information Systems Research*, *25*(3), 468-488.

Levy, K., & Franklin, M. (2013). Driving regulation: Using topic models to examine political contention in the U.S. trucking industry. *Social Science Computer Review*, *32*(2), 182-194.

Light, R., & Cunningham, J. (2016). Oracles of peace: Topic modeling, cultural opportunity, and the Nobel Peace Prize, 1902-2012. *Mobilization: An International Quarterly*, *21*(1), 43-64.

Lindseth, A., & Norberg, A. (2004). A phenomenal hermeneutical method for researching lived experience. *Scandinavian Journal of Caring Sciences*, *18*(2), 145-153.

Lipton, P. (2003). *Inference to the best explanation*. New York, NY: Routledge.

Liu, B., & Mihalcea, R. (2007). *Of men, women, and computers: Data–driven gender modeling for improved user interfaces*. Paper presented at the Proceedings of the International Conference on Weblogs and Social Media, Boulder, CO.

Lloyd, L., Kechagias, D., & Skiena, S. (2005). Lydia: A system for large-scale news analysis. *Processing and Information Retrieval*, *3372*, 161-166.

Maas, A. L., Daly, R. E., Pham, P. T., Huang, D., Ng, A. Y., & Potts, C. (2011). Learning word vectors for sentiment analysis. *Proceedings of the Forty-Ninth Annual Meeting of the Association for Computational Linguistics: Human Language Technologies*. Stroudsburg, PA: Association for Computational Linguistics.

Macmillan, K. (2005). More than just coding? Evaluating CAQDAS in a discourse analysis of news texts. *Forum: Qualitative Social Research*, *6*(3). Retrieved June 27, 2015, from qualitative-research.net/index.php/fqs/article/view/28

Magnini, B., & Cavaglia, G. (2000). Integrating subject field codes into WordNet. *Proceedings of the Conference on Language Resources and Evaluations (LREC-2000)* (pp. 1413-1418). Athens, Greece.

Maguire, S., Hardy, C., & Lawrence, T. (2004). Institutional entrepreneurship in emerging fields: HIV/AIDS treatment advocacy in Canada. *Academy of Management Journal*, *47*(5), 657-679.

Mairesse, F., Walker, M., Mehl, M., & Moore, R. (2007). Using linguistic cures for the automatic recognition of personality in conversation and text. *Journal of Artificial Intelligence Research*, *30*, 457-501.

Marcus, M. P., Marcinkiewicz, M. A., & Santorini, B. (1993). Building a large annotated corpus of English: The Penn Treebank. *Computational Linguistics*, *19*(2), 313-330.

Marwick, B. (2013). Discovery of emergent issues and controversies in anthropology using text mining, topic modeling, and social network analysis of microblog content. In C. Yonghua & Y. Zhao (Eds.), *Data mining applications with R*, 63-93. Cambridge, England: Academic Press.

Mason, Z. J. (2004). Cormet: A computational, corpus-based conventional metaphor extraction system. *Computational Linguistics*, *30*(1), 23-44.

Mathews, A. S. (2005). Power/knowledge, Power/ignorance: Forest fires and the state in Mexico. *Human Ecology*, *33*(6), 795-820.

McCallum, A., & Li, W. (2003). Early results for named entity recognition with conditional random fields, feature induction and web-enhanced lexicons. *Proceedings of the Seventh Conference on Natural Language Learning*. Stroudsburg, PA: Association for Computational Linguistics.

McCallum, A., & Nigam, K. (1998). *A comparison of event models for Naive Bayes text classification*. Paper presented at the AAAI-98 Workshop on Learning for Text Categorization.

McFarland, D., Ramage, D., Chuang, J., Heer, J., Manning, C., & Jurafsky, D. (2013). Differentiating language usage through topic models. *Poetics*, *41*(6), 607-625.

Merkl-Davies, D. M., & Koller, V. (2012). "Metaphoring" people out of this world: A critical discourse analysis of a chairman's statement of a UK defence firm. *Accounting Forum*, *36*(3), 178-193.

Merton, R. K. (1949). On sociological theories of the middle range. In R. K. Merton, *Social theory and social structure* (pp. 39-53). New York, NY: Free Press.

Meyer, M. (2014, June 30). Everything you need to know about Facebook's controversial emotion experiment. *Wired*. Retrieved from http://www.wired.com/2014/06/everything-you-need-to-know-about-facebooks-manipulative-experiment

Mihalcea, R. (2007). Using Wikipedia for automatic word sense disambiguation. *Proceedings of NAACL HLT* (pp. 196- 203). Retrieved June 27, 2015, from aclweb.org/anthology/ N07-1025

Mihalcea, R., Banea, C., & Wiebe, J. (2007). *Learning multilingual subjective language via cross-lingual projections*. Paper presented at the Proceedings of the Association for Computational Linguistics, Prague, Czech Republic.

Mihalcea, R., & Strapparava, C. (2009). The lie detector: Explorations in the automatic recognition of deceptive language. *Proceedings of the ACL-IJCNLP 2009 Conference Short Papers* (pp. 309-312). Stroudsburg, PA: Association for Computational Linguistics.

Mikolov, T., Sutskever, I., Chen, K., Corrado, G., & Dean, J. (2013). Distributed representations of words and phrases and their compositionality. *Advances in neural information processing systems* (pp. 3111-3119).

Miles, M. B., & Huberman, A. M. (1994). *Data management and analysis methods*. Thousand Oaks, CA: Sage.

Miller, G. A. (1995). WordNet: A lexical database for English. *Communications of the ACM*, *38* (11), 39-41.

Mische, A. (2014). Measuring futures in action: Projective grammars in the Rio+20 debates. *Theory & Society*, *43*(3-4), 437-464.

Mohr, J. W., & Bogdanov, P. (2013). Introduction—Topic models: What they are and why they matter. *Poetics*, *41*(6), 545-569.

Moser, K. (2000). Metaphor analysis in psychology—Method, theory, and fields of application.

*Forum: Qualitative Social Research*, *1*(2), Art. 21. Retrieved from http://nbn-resolving. de/urn: nbn:de:0114-fqs0002212

Mukherjee, A., & Liu, B. (2012). Aspect extraction through semi-supervised modeling. *Proceedings of the 50th Annual Meeting of the Association for Computational Linguistics*. (pp. 339-348). Stroudsburg, PA: Association for Computational Linguistics.

Mützel, S. (2015). Facing big data: Making sociology relevant. *Big Data & Society*, *2*(2), 1-4.

Nakagawa, T., Inui, K., & Kurohashi, S. (2010). Dependency tree-based sentiment classification using CRFs with hidden variables. In *Human Language Technologies: The 2010 Annual Conference of the North American Chapter of the Association for Computational Linguistics* (pp. 786-794). Stroudsburg, PA: Association for Computational Linguistics.

Narayanan, A., & Shmatikov, V. (2008). Robust de–anonymization of large sparse datasets (How to break anonymity of the Netflix prize dataset). *IEEE Symposium on Security & Privacy*, Oakland, CA. Retrieved from http://arxiv.org/pdf/ cs/0610105v2

Narayanan, A., & Shmatikov, V. (2009). De-anonymizing social networks. *IEEE Symposium on Security & Privacy*, Oakland, CA. Retrieved from http://www. cs. utexas. edu/~ shmat/ shmat_oak09.pdf

Navigli, R., & Ponzetto, S. (2012). *Artificial Intelligence*, *193*, 217-250.

Neuman, Y., Assaf, D., Cohen, Y., Last, M., Argamon, S., Newton, H., & Frieder, O. (2013). Metaphor identification in large texts corpora. *PLOS ONE*, *8*(4), 1-9.

Newman, M. L., Pennebaker, J. W., Berry, D. S., & Richards, J. M. (2003). Lying words: Predicting deception from linguistic styles. *Personality and Social Psychology Bulletin*, *29*(5),665-675.

Noel-Jorand, M. -C., Reinert, M., Bonnon, M., & Therme, P. (1995). Discourse analysis and psychological adaptation to high altitude hypoxia. *Stress Medicine*, *11*(1), 27-39.

O' Halloran, K., & Coffin, C. (2004). Checking over-interpre-tation and under-interpretation: Help from corpora in critical linguistics. *Text and Texture: Systemic Functional Viewpoints on the Nature and Structure of Text*, 275-297.

O' Keefe, A., & Walsh, S. (2012). Applying corpus linguistics and conversation analysis in the investigation of small group teaching in higher education. *Corpus Linguistics and Linguistic Theory*, *8*(1), 159-181.

Olthouse, J. (2014). How do preservice teachers conceptualize giftedness? A metaphor analysis. *Roeper Review*, *36*(2), 122-132.

O' Mara-Shimek, M., Guillén-Parra, M., & Ortega-Larrea, A. (2015). Stop the bleeding or weather the storm? Crisis solution marketing and the ideological use of metaphor in online financial reporting of the stock market crash of 2008 at the New York Stock Exchange. *Discourse & Communication*, *9*(1), 103-123.

Ortony, A., Clore, G. L., & Collins, A. (1990). *The cognitive structure of emotions*. New York, NY: Cambridge University Press.

Osmond, A. (2016). *Academic writing and grammar for students*. Thousand Oaks, CA: Sage.

Ott, M., Choi, Y., Cardie, C., & Hancock, J. T. (2011). Finding deceptive opinion spam by any stretch of the imagination. *Proceedings of the Forty-Ninth Annual Meeting of the Association for Computational Linguistics: Human Language Technologies— Volume 1 Association for Computational Linguistics* (pp. 309-319). Stroudsburg, PA: Association for Computational

Linguistics.

Pang, B., & Lee, L. (2004). A sentimental education: Sentiment analysis using subjectivity summarization based on minimum cuts. *Proceedings of the Forty-Second Annual Meeting on Association for Computational Linguistics*. (pp. 271-278). Stroudsburg, PA: Association for Computational Linguistics.

Pang, B., & Lee, L. (2008). Opinion mining and sentiment analysis. *Foundations and Trends in Information Retrieval*, *2*(1-2), 1-35.

Parker, I. (1992). *Discourse dynamics: Critical analysis for social and individual psychology*. London, England: Routledge.

Patton, M. Q. (1990). *Qualitative evaluation and research methods*. Thousand Oaks, CA: Sage.

Patton, M. Q. (2014). *Qualitative research & evaluation methods: Integrating theory and practice* (4th ed.). Thousand Oaks, CA: Sage.

Pauca, V. P., Shahnaz, F., Berry, M. W., & Plemmons, R. J. (2004). Text mining using non-negative matrix factorizations. *Proceedings of the Fourth SIAM International Conference on Data Mining*. Retrieved June 27, 2015, from epubs.siam.org/ doi/pdf/10.1137/1.9781611972740.45

Peirce, C. S. (1901). Truth and falsity and error. *Dictionary of Philosophy and Psychology*, *2*, 716-720.

Pennebaker, J. W., Francis, M., & Booth, R. J. (2001). *Linguistic Inquiry and Word Count (LIWC): A computerized text analysis program*. Mahwah, NJ: Lawrence Erlbaum.

Pennebaker, J. W., & King, L. (1999). Linguistic styles: Language use as an individual difference. *Journal of Personality and Social Psychology*, *77*, 1296-1312.

Phillips, N., & Hardy, C. (2002). *Discourse analysis: Investigating processes of social construction*. Thousand Oaks, CA: Sage.

Plummer, K. (1995). *Telling sexual stories: Power, change and social worlds*. London, England: Routledge.

Popping, R. (1997). Computer programs for the analysis of texts and transcripts. In *Text analysis for the social sciences: Methods for drawing statistical inferences from texts and transcripts* (pp. 209-221). Mahwah, NJ: Lawrence Erlbaum.

Potter, J., & Wetherell, M. (1987). *Discourse and social psychology: Beyond attitudes and behavior*. Newbury Park, CA: Sage.

Propp, V. (1968). *Morphology of the folktale*. Austin: University of Texas Press.

Puschmann, C., & Burgess, J. (2014). Big data, big questions: Metaphors of big data. *International Journal of Communication*, *8*, 1690-1709.

Quinlan, J. (1993). *C4.5: Programs for machine learning*. San Francisco, CA: Morgan Kaufmann.

Quinn, K. M., Monroe, B. L., Colaresi, M., Crespin, M. H., & Radev, D. R. (2010). How to analyze political attention with minimal assumptions and costs. *American Journal of Political Science*, *54* (1), 209-228.

Ratnaparkhi, A. (1996, May). A maximum entropy model for part-of-speech tagging. *Proceedings of the Conference on Empirical Methods in Natural Language Processing* (Vol. 1., pp. 133-142).

Ravitch, S. M., & Riggan, J. M. (2016). *Reason & rigor: How conceptual frameworks guide research*. Thousand Oaks, CA: Sage.

Rees, C. E., Knight, L. V., & Wilkinson, C. E. (2007). Doctors being up there and we being down here: A metaphorical analysis of talk about student/doctor-patient relationships. *Social Science and Medicine*, *65*(4), 725-737.

Resnik, P., Garron, A., & Resnik, R. (2013). Using topic modeling to improve prediction of neuroticism and depression in college students. *Proceedings of the 2013 Conference on Empirical Methods in Natural Language Processing* (pp. 1348-1353). Stroudsburg, PA: Association for Computational Linguistics.

Richards, L., & Morse, J. (2013). *README FIRST for a user's guide to qualitative methods*. Thousand Oaks, CA: Sage.

Richardson, D. C., Spivey, M. J., Barsalou, L. W., & McRae, K. (2003). Spatial representations activated during real-time comprehension of verbs. *Cognitive Science*, *27*(5), 767-780.

Ricoeur, P. (1991). Narrative identity. *Philosophy Today*, *35*(1), 73-81.

Riloff, E., & Jones, R. (1999). Learning dictionaries for information extraction by multi-level bootstrapping. *Proceedings of the Sixteenth National Conference on Artificial Intelligence and the Eleventh Innovative Applications of Artificial Intelligence Conference Innovative Applications of Artificial Intelligence* (pp. 474-479). Menlo Park, CA: American Association for Artificial Intelligence.

Roberts, C. W. (1997). *Text analysis for the social sciences: Methods for drawing statistical inferences from texts and transcripts*. Mahwah, NJ: Lawrence Erlbaum.

Roberts, C. W. (2008). *The fifth modality: On languages that shape our motivations and cultures*. Leiden, Netherlands: Brill Publishers.

Roberts, C. W., Zuell, C., Landmann, J., & Wang, Y. (2010). Modality analysis: A semantic grammar for imputations of intentionality in texts. *Quality & Quanitity*, *44*(2), 239-257.

Roberts, C. W., Popping, R., & Pan, Y. (2009). Modalities of democratic transformation forms of public discourse in Hungary's latest newspaper, 1990-1997. *International Sociology*, *24*(4), 498-525.

Roberts, M., Stewart, B., & Airoldi, E. (2016). A model of text for experimentation in the social sciences. *Journal of the American Statistical Association*, *111*(515), 988-1003.

Roderburg, S. (1998). *Sprachliche konstruktion der wirklichkeit. Metaphern in therapiegesprächen*. Wiesbaden, Germany: Deutscher Universitäts Verlag.

Roget, P. (1987). *Roget's thesaurus of English words and phrases*. New York, NY: Longman. (Original work published 1911)

Rosenwald, G. C., & Ochberg, R. L. (1992). *Storied lives: The cultural politics of self-understanding*. New Haven, CT: Yale University Press.

Rousselière, D., & Vézina, M. (2009). Constructing the legitimacy of a financial cooperative in the cultural sector: A case study using textual analysis. *International Review of Sociology: Revue Internationale de Sociologie*, *19*(2), 241-261.

Ruan, X., Wilson, S., & Mihalcea, R. (2016, August 7-12). Finding optimists and pessimists on Twitter. *Proceedings of the 54th Annual Meeting of the Association for Computational Linguistics* (pp. 320-325). Berlin, Germany.

Ruiz Ruiz, J. (2009). Sociological discourse analysis: Methods and logic. *Forum: Qualitative Social Research*, *10*(2). Retrieved June 27, 2015, from qualitative-research.net/index.php/fqs/ article/view/1298/2882

Ryan, G. W., & Bernard, H. R. (2010). *Analyzing qualitative data: Systematic approaches.* Thousand Oaks, CA: Sage.

Sahpazia, P., & Balamoutsoua, S. (2015). Therapists' accounts of relationship breakup experiences: A narrative analysis. *European Journal of Psychotherapy & Counselling*, *17*(3), 258-276.

Salganik, M. (in press). *Bit by bit: Social research in the digital age*. Retrieved from http://www.bitbybitbook.com

Salmons, J. (2014). *Qualitative online interviews*. Thousand Oaks, CA: Sage.

Salton, G. (1989). *Automatic text processing: The transformation, analysis, and retrieval of information by computer*. Reading, PA: Addison-Wesley.

Santa Ana, O. (2002). *Brown tide rising metaphors of Latinos in contemporary American public discourse*. Austin: University of Texas Press.

Sapir, J., & Crocker, J. (Eds.). (1977). *The social use of metaphor: Essays on the anthropology of rhetoric*. Philadelphia: University of Pennsylvania Press.

Saussure, de, F. (1959). *Course in general linguistics*. New York, NY: The Philosophical Library.

Schmidt, B. M. (2012). Words alone: Dismantling topic models in the humanities. *Journal of Digital Humanities*, *2*(1).

Schmitt, R. (2000). Notes towards the analysis of metaphor. *Forum: Qualitative Social Research*, *1* (1).

Schmitt, R. (2005). Systematic metaphor analysis as a method of qualitative research. *The Qualitative Report*, *10*(2), 358-394.

Schonhardt-Bailey, C. (2013). *Deliberating American monetary policy: A textual analysis*. London, England: MIT Press.

Schuster, J., Beune, E., & Stronks, K. (2011). Metaphorical constructions of hypertension among three ethnic groups in the Netherlands. *Ethnicity and Health*, *16*(6), 583-600.

Schwandt, T. A. (2001). *Dictionary of qualitative research*. Thousand Oaks, CA: Sage.

Shaw, C., & Nerlich, B. (2015). Metaphor as a mechanism of global climate change governance: A study of international policies, 1992-2012. *Ecological Economics*, *109*, 34-40.

Shepherd, A., Sanders, C., Doyle, M., & Shaw, J. (2015). Using social media for support and feedback by mental health service users: Thematic analysis of a Twitter conversation. *BMC Psychiatry*, *15*(29).

Silverman, D. (1993). *Interpreting qualitative data: Methods for analyzing talk, text and interaction.* Newbury Park, CA: Sage.

Silverman, D. (Ed.). (2016). *Qualitative research*. Thousand Oaks, CA: Sage.

Snow C. P. (2013). *The two cultures and the scientific revolution*. London, England: Martino Fine Books. (Original work published 1959)

Socher, R., Perelygin, A., Wu, J. Y., Chuang, J., Manning, C. D., Ng, A. Y., & Potts, C. (2013). Recursive deep models for semantic compositionality over a sentiment treebank. *Proceedings of the Conference on Empirical Methods in Natural Language Processing*.

Soroka, S., Stecula, D., & Wlezien, C. (2015). It's (change in) the (future) economy, stupid: Economic indicators, the media, and public opinion. *American Journal of Political Science*, *59* (2), 457-474.

Speed, G. J. (1893). Do newspapers now give the news? *Forum*, *15*, 705-711.

Spradley, J. P. (1972). Adaptive strategies of urban nomads: The ethnoscience of tramp culture. In T. Weaver & D. J. White (Eds.), *The anthropology of urban environments*. Boulder, CO: Society for Applied Anthropology.

Stark, A., Shafran, I., & Kaye, J. (2012). Hello, who is calling?: Can words reveal the social nature of conversations? *Proceedings of the 2012 Conference of the North American Chapters of the Association for Computational Linguistics: Human Language Technologies* (pp. 112-119).

Stone, P. J., Dunphry, D., Smith, M. S., & Ogilvie, D. M. (1966). *The General Inquirer: A computer approach to content analysis*. Cambridge, MA: MIT Press.

Stone, P. J., & Hunt, E. B. (1963). A computer approach to content analysis: Studies using the General Inquirer system. *AFIPS '63 (Spring) Proceedings of the May 21-23, 1963, Spring Joint Computer Conference* (pp. 241-256). doi:10.1145/1461551.1461583

Strachan, J., Yellowlees, G., & Quigley, A. (2015). General practitioners' assessment of, and treatment decisions regarding, common mental disorder in older adults: Thematic analysis of interview data. *Ageing and Society*, *35*(1), 150-168.

Strapparava, C., & Mihalcea, R. (2007). SemEval-2007 task 14: Affective text. *Proceedings of the Fourth International Workshop on the Semantic Evaluations*, *Prague, Czech Republic* (pp. 70-74). Stroudsburg, PA: Association for Computational Linguistics.

Strapparava, C., & Valitutti, A. (2004). WordNet-Affect: An affective extension of WordNet. *Proceedings of the 4th International Conference on Language Resources and Evaluation*, Lisbon, Portugal.

Strauss, C. (1992). What makes Tony run? Schemas as motives reconsidered. In R. D'Andrade & C. Strauss (Eds.), *Human motives and cultural models* (pp. 191-224). Cambridge, England: Cambridge University Press.

Stroet, K., Opdenakker, M.-C., & Minnaert, A. (2015). Need supportive teaching in practice: A narrative analysis in schools with contrasting educational approaches. *Social Psychology of Education*, *18*(3), 585-613.

Strunk, W., & White, E. B. (1999). *The elements of style* (4th ed.). New York, NY: Pearson.

Stubbs, M. (1994). Grammar, text, and ideology: Computer-assisted methods in the linguistics of representation. *Applied Linguistics*, *15*(2), 201-223.

Sudhahar, S., Franzosi, R., & Cristianini, N. (2011). Automating quantitative narrative analysis of news data. *JMLR: Workshop and Conference Proceedings*, *17*, 63-71.

Sudweeks, F., & Rafaeli, S. (1996). How do you get a hundred strangers to agree: Computer mediated communication and collaboration. In T. M. Harrison & T. D. Stephen (Eds.), *Computer networking and scholarship in the 21st century university* (pp. 115-136). New York, NY: SUNY Press.

Sun, Y., & Jiang, J. (2014). Metaphor use in Chinese and US corporate mission statements: A cognitive sociolinguistic analysis. *English for Specific Purposes*, *33*, 4-14.

Sveningsson, M. (2003). Ethics in Internet ethnography. *International Journal of Global Information Management*, *11*(3). Retrieved from http://www. irma-international. org/ viewtitle/ 28292

Sweeney, L. (2003). Navigating computer science research through waves of privacy concerns:

Discussions among computer scientists at Carnegie Mellon University. *Tech Report*, CMU CS 03-165, CMU-ISRI-03-102. Pittsburgh, PA.

Sweetser, E. (1990). *From etymology to pragmatics: The mind-body metaphor in semantic structure and semantic change*. Cambridge, England: Cambridge University Press.

Sword, H. (2012a). Stylish academic writing. Cambridge, MA: Harvard University Press.Sword, H. (2012b, July 23). Zombie nouns. New York Times.

Takamura, H., Inui, T., & Okumura, M. (2006). Latent variable models for semantic orientations of phrases. *Proceedings of the Eleventh Meeting of the European Chapter of the Association for Computational Linguistics* (pp. 201-208). Trento, Italy.

Tashakkori, A. M., & Teddlie, C. B. (2010). *SAGE handbook of mixed methods in social & behavioral research* (2nd ed.). Thousand Oaks, CA: Sage.

Tausczik, Y. R., & Pennebaker, J. W. (2010). The psychological meaning of words: LIWC and computerized text analysis methods. *Journal of Language and Social Psychology*, *29*(1), 24-54.

Teddlie, C. B., & Tashakkori, A. M. (Eds.). (2008). *Foundations of mixed methods research: Integrating quantitative and qualitative approaches in the social and behavioral sciences*. Thousand Oaks, CA: Sage.

Toerien, M., & Wilkinson, S. (2004). Exploring the depilation norm: A qualitative questionnaire study of women's body hair removal. *Qualitative Research in Psychology*, *1*(1), 69-92.

Toor, R. (2012, July 2). Becoming a "stylish" writer. *Chronicle of Higher Education*. Retrieved from http://chronicle.com/ article/Becoming-a-Stylish-Writer/132677

Törnberg, A., & Törnberg, P. (2016). Combining CDA and topic modeling: Analyzing discursive connections between Islamophobia and anti-feminism on an online forum. *Discourse & Society*, *27*(4), 401-422.

Toutanova, K., Klein, D., Manning, C. D., & Singer, Y. (2003, May). Feature-rich part-of-speech tagging with a cyclic dependency network. *Proceedings of the 2003 Conference of the North American Chapter of the Association for Computational Linguistics on Human Technology—Volume 1* (pp. 173-180). Stroudsburg, PA: Association for Computational Linguistics.

Trappey, C., Wu, H., Liu, K., & Lin, F. (2013, September 11-13). Knowledge discovery of service satisfaction based on text analysis of critical incident dialogues and clustering methods. *2013 IEEE 10th International Conference on e-Business Engineering* (pp. 265-270). Coventry, United Kingdom: ICEBE 2013.

Trochim, W. M. K. (1989). Concept mapping: Soft science or hard art? *Science Direct*, *12*(1), 87-110.

Trochim, W. M. K., Cook, J. A., & Setze, R. (1994). Using concept mapping to develop a conceptual framework of staff 's views of a supported employment program for individuals with severe mental illness. *Journal of Consulting and Clinical Psychology*, *62*(4), 766-775.

Turney, P. D. (2001). Mining the web for synonyms: PMI-IR versus LSA on TOEFL. *Proceedings of the Twelfth European Conference on Machine Learning (ECML-2001)* (pp. 491-502). Freiburg, Germany. NRC 44893.

Turney, P. D. (2002). Thumbs up or thumbs down? Semantic orientation applied to unsupervised classification of reviews. *Proceedings of the Fortieth Annual Meeting on Association for Computational Linguistics* (pp. 417-424). Stroudsburg, PA: Association for Computational

Linguistics.

Turney, P. D., Neuman, Y., Assaf, D., & Cohen, Y. (2011). Literal and metaphorical sense identification through concrete and abstract context. *Proceedings of the Conference on Empirical Methods in Natural Language Processing* (pp. 680-690). Stroudsburg, PA: Association for Computational Linguistics.

Uprichard, E. (2012). Describing description (and keeping causality): The case of academic articles on food and eating. *Sociology*, *47*(2), 368-382.

van Dijk, T. A. (1993). Principles of critical discourse analysis. *Discourse & Society*, *4*(2), 249-283.

van Ham, F., Wattenberg, M., & Viégas, F. (2009). Mapping text with phrase nets. *IEEE Transactions on Visualization and Computer Graphics*, *15*(6). Retrieved from http://ieeexplore.ieee.org/abstract/document/5290726

van Herzele, A. (2006). A forest for each city and town: Story lines in the policy debate for urban forests in Flanders. *Urban Studies*, *43*(3), 673-696. doi:10.1080/00420980500534651

van Meter, K. M., & de Saint Léger, M. (2014). American, French & German sociologies compared through link analysis of conference abstracts. *Bulletin of Sociological Methodology*, *122*(1), 26-45.

Vapnik, V. (1995). *The nature of statistical learning theory*. New York, NY: Springer.

Viégas, F. B., & Wattenberg, M. (2008). TIMELINES: Tag clouds and the case for vernacular visualization. *Interactions*, *15*(4), 49-52. doi:10.1145/1374489.1374501

Walejko, G. (2009). Online survey: Instant publication, instant mistake, all of the above. In E. Hargittai (Ed.), *Research confidential: Solutions to problems most social scientists pretend they never have* (pp. 101-115). Ann Arbor: University of Michigan Press.

Watson, M., Jones, D., & Burns, L. (2007). Internet research and informed consent: An ethical model for using archived emails. *International Journal of Therapy & Rehabilitation*, *14*(9), 396-403.

Weale, A. Bicquelet, A., & Bara, J. (2012). Debating abortion, deliberative reciprocity and parliamentary advocacy. *Political Studies*, *60*(3), 643-667.

Weisgerber, C., & Butler, S. H. (2009). Visualizing the future of interaction studies: Data visualization applications as a research, pedagogical, and presentational tool for interaction scholars. *The Electronic Journal of Communication*, *19*(1-2). Retrieved June 26, 2015, from http://www.cios.org/ejcpublic/ 019/1/019125.HTML

Wertsch, J. V. (1985). *Vygotsky and the social formation of mind.* Cambridge, MA: Harvard University Press.

Wetherell, M., & Edley, N. (1999). Negotiating hegemonic masculinity: Imaginary positions and psycho-discursive practices. *Feminism and Psychology*, *9*(3), 335-356.

Wheeldon, J., & Ahlberg, M. (2012). *Visualizing social science research: Maps, methods, & meaning*. Thousand Oaks, CA: Sage.

Wheeldon, J., & Faubert, J. (2009). Framing experience: Concept maps, mind maps, and data collection in qualitative research. *International Journal of Qualitative Methods*, *8*(3), 68-83.

White, H. (1978). *Tropics of discourse: Essays in cultural criticism*. Baltimore, MD: Johns Hopkins University Press.

White, P. W. (1924). Quarter century survey of press content shows demand for facts. *Editor and*

*Publisher*, 57.

Wiebe, J., Bruce, R., & O'Hara, T. (1999). Development and use of a gold-standard data set for subjectivity classifications. *Proceedings of the Thirty-Seventh Annual Meeting of the Association for Computational Linguistics* (pp. 246-253). Stroudsburg, PA: Association for Computational Linguistics.

Wiebe, J., & Mihalcea, R. (2006). *Word sense and subjectivity*. Paper presented at the Fourty-Fourth Annual Meeting of the Association for Computational Linguistics, Sydney, Australia.

Wiebe, J., Wilson, T., & Cardie, C. (2005). Annotating expressions of opinions and emotions in language. *Language Resources and Evaluation*, *39*(2-3), 165-210.

Wilcox, D. F. (1900). The American newspaper: A study in social psychology. *The ANNALS of the American Academy of Political and Social Science*, *16*(1), 56-92. doi: 10.1177/000271620001600104

Wilkinson, L., & Friendly, M. (2009). The history of the cluster heat map. *The American Statistician*, *63*(9), 179-184.

Wilson, T. (2008). *Fine-grained subjectivity and sentiment analysis: Recognizing the intensity, polarity, and attitudes of private states* (PhD thesis, University of Pittsburgh).

Windelband, W. (1998). On history and natural science. *History and Theory*, *19*, 165-185. (Original work published 1894)

Windelband, W. (2001). *A history of philosophy*. Cresskill, NJ: The Paper Tiger. (Original work published 1901)

Winkel, G. (2012). Foucault in the forests—A review of the use of "Foucauldian" concepts in forest policy analysis. *Forest Policy and Economics*, *16*, 81-92.

Wofford, T. (2014, July 28). OkCupid co-founder: "We experiment on human beings . . . that's how websites work."

Newsweek. Retrieved from http://www. newsweek. com/okcupid-founder-we-experiment-human-beingsthats-how-websites-work-261741

Woodwell, D. (2014). *Research foundations: How do we know what we know?* Thousand Oaks, CA: Sage.

Wu, H., Liu, K., & Trappey, C. (2014). Understanding customers using Facebook pages: Data mining users feedback using text analysis. *IEEE*, 346-350.

Yarowsky, D. (2000). Hierarchical decision lists for word sense disambiguation. *Computers and the Humanities*, *34*(1), 179-186.

Yu, H., & Hatzivassiloglou, V. (2003). *Towards answering opinion questions: Separating facts from opinions and identifying the polarity of opinion sentences*. Paper presented at the Conference on Empirical Methods in Natural Language Processing, Sapporo, Japan.

Yun, G. W., & Trumbo, C. W. (2000). Comparative response to a survey executed by post, e-mail, & web form. *Journal of Computer-Mediated Communication*, *6*(1).

Zagibalov, T., & Carroll, J. (2008). Automatic seed word selection for unsupervised sentiment classification of Chinese text. *Proceedings of the Twenty-Second International Conference on Computational Linguistics* (pp. 1073-1080). Stroudsburg, PA: Association for Computational Linguistics.